畜牧工程概论

（农经专业）

张建新　主编

中国农业大学出版社
·北京·

内 容 简 介

"畜牧工程概论"是农经专业学生必修的专业课程之一。随着我国国民经济发展和科技进步，畜禽养殖的集约化、规模化、专业化、标准化、工程化成为时代发展主题。为了适应新形势下教学与生产的需要，编写组广泛征求了农经专业相关老师的意见和建议，紧密结合多年来畜牧业研究与实践的成果，对山西农业大学岳文斌主编的《畜牧学》教材进行修订，更名为《畜牧工程概论》。其内容分为两大部分，第一部分主要讲解现代规模化畜牧场工程化运行的关键技术环节，包括规模化畜牧场规划设计、分区布局、环境控制、卫生防护、畜禽品种培育、高效繁殖、饲草营养与加工调制、饲草生产、畜产品加工和畜牧企业市场经营；第二部分以第一部分为基础，分别讲解猪、鸡、牛、羊和特种经济动物集约化、规模化生产的具体生产技术。修订后的新版本针对农经专业学生和科技工作者的需求重点介绍畜牧生产的过程和各个生产环节的技术参数，比如生产设施的单位造价、单位畜禽的畜产品产量、饲草料的只（头）均消耗量、饲料转化率、各种生产成本等等，专业针对性更强，内容更加完善，参数更加具体，为农经专业学员了解畜牧业生产活动，进行科学的经济评价、盈亏分析及经营预测、项目评估、规避风险等提供依据。

图书在版编目（CIP）数据

畜牧工程概论（农经专业）/张建新主编. —北京：中国农业大学出版社，2016.7
ISBN 978-7-5655-1637-5

Ⅰ.①畜…　Ⅱ.①张…　Ⅲ.①畜牧学-概论　Ⅳ.①S81

中国版本图书馆 CIP 数据核字（2016）第 163242 号

书　　名	畜牧工程概论（农经专业）			
作　　者	张建新　主编			
策划编辑	孙　勇		责任编辑	洪重光　郑万萍
封面设计	郑　川		责任校对	王晓凤
出版发行	中国农业大学出版社			
社　　址	北京市海淀区圆明园西路 2 号		邮政编码	100193
电　　话	发行部 010-62818525，8625		读者服务部 010-62732336	
	编辑部 010-62732617，2618		出　版　部 010-62733440	
网　　址	http：//www.cau.edu.cn/caup		**E-mail** cbsszs @ cau.edu.cn	
经　　销	新华书店			
印　　刷	涿州市星河印刷有限公司			
版　　次	2016 年 8 月第 1 版　　2016 年 8 月第 1 次印刷			
规　　格	787×980　　16 开本　　17 印张　　310 千字			
定　　价	33.00 元			

图书如有质量问题本社发行部负责调换

编 审 人 员

主　编　张建新

副主编　李发弟　赵俊星

编　者　（按姓氏拼音顺序排列）

曹玉凤	河北农业大学
姜勋平	华中农业大学
李发弟	兰州大学
刘永斌	内蒙古自治区农牧业科学院
任战军	西北农林科技大学
苏国贤	山西农业大学
徐刚毅	四川农业大学
许贵善	塔里木大学
张春香	山西农业大学
张建新	山西农业大学
张子军	安徽农业大学
赵俊星	山西农业大学

审　稿　张英杰　河北农业大学

前　言

畜牧业是国民经济的一个重要组成部分,畜牧业在农业中的比重和人民对畜产品的占有量,被看作一个国家的发达程度和衡量人民生活水平的重要标志之一。十余年来,随着我国国民经济进一步崛起和城镇化建设的加快,畜牧经济随时代要求不断充实新的内涵,支撑畜牧经济发展的关键技术如畜禽遗传育种与繁殖技术、营养平衡与饲料调制技术、集约化高效饲养管理技术、环境调控与粪污等废弃物无害化处理技术、疫病防控技术、畜产品深加工技术及高新生物工程技术,在全新的研发手段支持下得到空前的发展。"科技作为第一生产力"推动畜牧生产实现巨大飞跃,家畜生产力和畜产品商品率进一步提高,畜禽养殖集约化、规模化、专业化、标准化、产业化成为新时代发展的主题。

为了适应新时代、新形势下教学与生产实践的需要,编写组通过研讨会、电话、邮件等方式广泛征求了农经专业和动医专业相关老师的意见和建议,紧密结合多年来畜牧业研究与实践的成果,对山西农业大学岳文斌主编的《畜牧学》教材进行修订,更名为《畜牧工程概论》,并根据农经专业和动医专业的专业特点和学生的不同需求,编写了《畜牧工程概论》(农经专业)和《畜牧工程概论》(动医专业)两个版本。本书是面向农经专业学生的版本,修订后的新版本专业针对性更强,内容更加完善,参数更加具体,在工作和生产中更加适用。

"畜牧工程概论"是紧密结合我国畜牧产业发展进程,积极响应国家推动农牧业现代化的号召,针对农经专业的学生框架性地了解现代畜牧生产经营关键技术环节的综合性课程。其内容大体分为两大部分,第一部分主要讲解现代规模化畜牧场工程化运行的关键技术环节,包括规模化畜牧场规划设计、分区布局、环境控制、卫生防护,畜禽品种培育、高效繁殖,饲草营养与加工调制、饲草生产、畜产品加工和畜牧企业市场经营;第二部分以第一部分为基础,分别讲解猪、鸡、牛、羊和特种经济动物集约化、规模化生产的具体生产技术。本学科要求学生了解现代畜牧业集约化、规模化、专业化、标准化生产的基础理论,掌握畜牧业工程化生产的关键环节及实用技术,培养基本生产技能,积极推动畜牧养殖专业化水平和工程化进程。

学习"畜牧工程概论"的目的在于了解畜牧生产的过程,以及各个生产环节的技术参数,比如:①畜舍采用的材料、结构,每平方米造价;饲槽只均栏位,畜舍内只均占位;②饲草料比例,各种饲草料的单价,日采食量,奶牛日产奶量,肉牛肉羊日增重,蛋鸡平均产蛋量,肉牛、肉羊、肉鸡的出栏体重及市场参考价格;③饲养管理平均费用,包括人工工资、水电费、兽医费等;从而对畜牧业生产活动进行科学的经济评价、盈亏分析等,为畜牧业经营预测、项目评估、规避风险等提供依据。

当前,我国农业和农村经济发展已进入了一个新的历史时期,为了适应新的形势要求,农业产业结构必须进行战略性调整。畜牧领域也在由粗放散养或者小型集约化的生产方式向规模化、专业化、工程化转变,农经专业的学生或者科技工作者要适应现代畜牧业的发展趋势和生产需求,把所学的经济学知识与畜牧业生产活动紧密结合,积极推动畜牧业集约化、规模化、专业化、标准化、工程化发展。

新教材修订与编写工作限于编者水平与编写时间,文中不当之处,敬请大家批评指正。

编　者
2016 年 3 月

目　录

第一章　畜牧场建设

第一节　畜牧场规划设计

畜牧场是集中饲养家畜和组织畜牧生产的场所,是家畜的重要外界环境条件之一。为了有效地组织畜牧场的生产,必须以农林牧紧密结合、全面发展为基础,以不污染、不破坏生态环境为前提,以有利于家畜健康与生产力的充分发挥和提高劳动效率为原则,对畜牧场进行精心设计、综合规划,按最佳的生产联系和卫生要求等配置有关建筑物,合理利用自然和社会经济条件,实现绿色生态畜牧业的持续、稳定发展。

一、场址的选择

选择畜牧场的场址时,应根据畜牧场的经营方式、生产特点、饲养管理方式,以及生产集约化程度等基本特点,对地势、地形、土质、水源,以及居民点的配置、交通、电力、物资供应、废弃物处理等条件进行全面的考察。

(一)地形、地势

地势要求高燥平坦,向阳避风,最好有一定坡度以利排水,但坡度不能太大。

地形要求宽大、不要过于狭长和边角太多,以免场内建筑物布局松散,拉长生产作业线,增加劳动强度和管道等设备投资。

(二)土质

不良的土壤或被污染的土壤对畜牧场的建筑物、环境卫生、畜禽健康、防病防疫、畜产品质量等产生不利影响,因而在建场前必须认真选择土质。以下几种情况不宜建造畜牧场。

1. 纯粹黏土类土质不宜建场

黏土类土质颗粒细,粒间孔隙极小,毛细管作用明显,因而吸湿性强、容水量大、透气透水性差,容易潮湿、泥泞,不利于防疫卫生。此外,冬天湿黏土结冰,体积膨胀变形,可导致建筑物基础损坏。如果别无选择,应使建筑物基础深入冻土层以下,且加设防潮层;地面也要设置混凝土等防水层,并设置有效的集水、集粪系统。

2.地下水位高的土壤不宜建场

地下水位高会导致畜舍潮湿,不仅影响畜舍的环境卫生与防病防疫,而且能缩短建筑物的使用寿命。

3.被病原微生物污染的土壤不宜建场

病原微生物是畜牧生产的巨大威胁,轻则影响畜禽健康与生产力,重则导致所有畜禽全军覆没,全国畜牧生产每年要为此付出巨大的损失。有些病原微生物在适宜的土壤中会存活好长时间,尤其是能形成芽孢的微生物,如炭疽杆菌,可存活数十年。因此,建场时必须对当地土壤进行严格的检测和详细的调查。

4.土壤中某些化学成分缺乏或过剩不宜建场

土壤中某些化学成分可以通过植物和水作用于家畜,导致家畜产生特异性疾病或地方病。如我国从东北向西南走向的缺硒带,内蒙古的赤峰、河北的阳原、山西的山阴、陕西的靖边的高氟带,这些地带如建牧场应针对性地采取措施。

(三)水源

水是维持家畜生命、健康及生产力的必要条件,充足、清洁的水源是畜牧生产顺利进行的重要保障。在畜牧场的生产过程中,家畜饮用,饲料调制,畜舍和用具的清洗,畜体的刷拭等,都需使用大量的水。所以,建立一个畜牧场,必须有可靠的水源。水源应符合下列要求:

水量充足,能满足畜牧场内的人畜饮用和其他生产、生活用水,以及防火和未来发展的需要。水质良好,无任何污染,不经处理即能符合饮用标准。水源便于防护,不受周围环境污染。取用方便,设备投资少,处理技术简便易行。

(四)社会联系

社会联系是指畜牧场与周围社会的关系,如与居民区的关系,交通运输和电力供应等。畜牧场场址的选择,必须遵循社会公共卫生准则,使畜牧场不致成为周围社会的污染源,同时也要注意不受周围环境所污染。因此,畜牧场的位置应选在居民区的下风向或者地势较低的地方,但要远离居民区排污口。另外要注意切不可靠近化工厂、屠宰场、制革厂、兽医院等污染源和传染源附近,更不应处于其下风向。

畜牧场与居民点的间距一般至少保持 500 m,与大型猪、鸡场距离 1 500 m 以上;与各种污染性的、病源性的工厂、企业至少间隔 1 500 m。

畜牧场要求交通便利,特别是大型集约化的商品牧场,其物资供应和产品营销量极大,对外联系密切,因此在保证交通便利的同时,为了防疫安全,畜牧场与主要公路的距离要在 300 m 以上，与国道、省际公路的距离保持 500 m 以上；而且畜牧场的输水、运料道路最好不与主要公路干线交叉。

此外，选择场址时，还应考虑电力、能源和劳动力等供应情况。

总之，合理而科学地选择场址，对组织畜牧场高效生产具有重大意义。

二、分区规划和建筑物合理布局

畜牧场要根据自己的生产方向和经营特点合理规划场地，精心布局建筑物，以最经济的投资、最紧凑的生产线、最便捷的生产条件，实现最高效的生产。

(一)畜牧场分区规划

畜牧场通常分为三个功能区，即管理区、生产区、粪污及病死畜处理区。

1. 管理区

管理区的职能是对整个畜牧场实施经营管理，采购和贮藏饲料原料，供应其他相关物资，进行畜产品加工与包装，对外营销等。由于管理区与社会联系频繁，造成疫病传播的机会极大，因此要以围墙分隔，单独设区，严格管理，认真消毒、防疫。管理区一般处于畜牧场的最上风向或者地势最高的地方。

2. 生产区

生产区是畜牧场的核心，是实施畜禽生产的场所，包括畜舍、饲料加工调制车间、防病防疫室、人工采精授精室、粪尿污物处理场等。为了饲养管理方便和防病防疫安全，生产区内的畜群要按种公畜、种母畜、仔畜、商品畜分群分区管理，而且按生产联系合理布局。一般原则是把数量少、污染小、较昂贵或易被污染的畜禽或场所放在上风向或者地势较高的地方，把数量多、污染大的动物或场所放在下风向或者地势较低的地方。由上到下的一般次序是饲料间、种公畜、种母畜、仔畜、商品畜、粪尿污物处理场。

3. 粪污及病死畜处理区

此区为污染区，主要是处理粪污、销毁病死畜的场所，其中包括粪污处理厂，隔离病畜舍、焚尸炉等设施。病死畜管理区要与外界隔绝，防止疫病的蔓延与传播。此区应设在生产区的下风向或地势最低处，并与畜舍相距 300 m 的距离。

(二)畜牧场建筑物的布局

畜牧场的各功能建筑物布局是否合理、联系是否紧密、操作是否便利，直接影响基建投资、生产效率、防疫效果和环境状况。为了搞好畜牧场建筑物的合理布局，必须依据畜牧场的任务、要求与经营特点，确定饲养管理方式、集约化程度和机械化水平，以及饲料需要量和饲料供应方式，然后进一步确定各种建筑物的功能、面积和数量。在此基础上综合考虑场地的各种因素,因地制宜,制订最好的布局方案。任何畜牧场的规划布局在遵循基本原则的前提下,应立足于实际条件,制订切实可行的实施方案,而不应当生搬硬套现成的模式。要遵循的基本原则是:

(1)根据生产环节确定建筑物之间的最佳生产联系。

(2)根据防疫卫生要求和防火安全规定设置建筑物。

(3)兼顾减轻劳动强度、提高劳动效率实现各功能建筑物的最佳配置。

(4)合理利用地形地势、主风和光照。

三、总平面设计

畜牧场总平面设计是根据畜牧场生产联系、卫生防疫、环境管理等需要,进行合理的功能分区和总体布局,并结合地形地势和周边条件进行各种建筑设施的总体设计(图 1-1)。总平面设计必须遵循国家和地方的设计规范与设计标准,总平面设计是否合理,直接影响基建投资、生产运行、环境状况和防疫卫生。

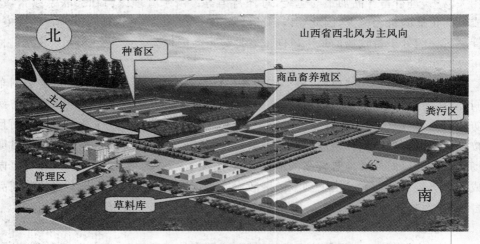

图 1-1　山西省畜牧科技园区总平面设计图

四、大门设计

畜牧场的大门设计以满足生产需求为第一准则,力求经济、适用、美观、大方。大门一般包括主门、侧门、门卫室、人员消毒通道、车辆消毒通道、消毒池;大门的宽度应大于场区进出的最大车辆的宽度;小门是场内人员出入通道,一般宽 1.0～1.2 m;人员消毒通道至少要设计紫外灯、消毒垫,规格高的畜牧场还要增设喷雾消毒装置;车辆消毒池宽度应大于进出场区的最大车辆的宽度,长度应大于车辆最大轮胎的周长,深20 cm,规格高的畜牧场在消毒池两侧增设车辆喷雾消毒装置,整车消毒。

五、畜舍间距

畜舍间距是指相邻两栋畜舍纵墙之间的距离,畜舍间距的大小关系到畜舍的采光、通风、防疫、防火和占地面积。畜舍间距一般不小于檐高的5~6倍。

六、道路设置

畜牧场场区道路分主道和辅道,主道是出入场区、运输饲草料、畜群周转的道路,一般为净道,路面宽度为5~8 m,路的两侧设较大的排水明沟,明沟和畜舍之间种植绿化树木。辅道是连接主道和各生产设施之间的道路,运输饲草料、健康畜禽和人员行走的辅道(净道)与运送粪污、病死畜禽的辅道(污道)不得交叉;辅道的宽度根据不同畜种、不同规模而定,宽度一般为3~5 m,辅道两侧也应设排水明沟,与主道相连。

道路建造要求:遵循各建筑物之间的最佳生产联系,道路直而短;路面光而不滑,一般为柏油路、水泥路、砖路,铺设时中间高于两侧,保持1%~3%的坡度。

七、卫生设施

1.场界

畜牧场与外界之间、场内各功能区之间应该设有场界,如围墙,把畜牧场各功能区隔离开来,防止小动物随意进出场内传播疫病。

2.消毒设施

在畜牧场管理区与生产区之间设车辆消毒池和人员消毒通道,进出畜舍的门口设脚踏消毒池。不同畜牧场根据各自防疫级别的要求配备相应的配套设备及设施,如人员消毒通道除紫外灯、消毒垫以外,可增设更衣柜、清洗雨靴的小喷淋池、喷雾消毒器等;车辆消毒池两侧可安装自动喷雾消毒设备。

此外,在规模化、标准化的畜舍,可安装自动喷雾消毒装置,程控定期自动喷雾消毒。

八、场区绿化

畜牧场绿化可以减少尘埃、微生物和有害气体,减小噪声对畜禽的影响,改善小气候;各功能区或畜舍之间设置隔离林木,还可减小防疫间距。

场区绿化应统筹考虑生产设施的总体布局、生产要求和各种林灌草的特性和功能,合理布置防风林、隔离林、行道树木、草坪等。

防护林带一般设置在畜牧场的上风向,以降低风速防止风沙或低温气流影响为目的,乔灌木相结合,宽5～8 m。隔离林带一般沿着各功能区围墙或者畜舍纵墙方向种植,多选择疏枝乔木,树干高5 m以上,宽2～3 m。行道两侧种植阔叶乔木可以遮阳吸尘;此外,要综合利用各建筑设施之间的空地种植饲用植物(如苜蓿、三叶草)和经济植物(如用于绿化和观赏的乔灌木、草坪草),在绿化美化环境的同时,进行合理的管理和更替可增加经济收入。

第二节　畜牧场建筑设计

一、建筑设计

1.概念

建筑设计是根据建筑物的功能要求及具体条件,从构造到各个部件进行设计的过程。

2.原则

(1)满足畜禽生物学特性和行为习性;

(2)符合畜禽生产工艺要求;

(3)有利于各种技术措施的实施和应用,满足建筑功能要求;

(4)坚固耐用、技术先进、就地取材;

(5)经济、美观、标准化程度高。

3.依据

(1)畜禽生长、生活、生产的必需空间的相关参数;

(2)不同生产工艺所配套的生产设备尺寸及其必要的操作使用空间的相关参数;

(3)当地气候条件和环境要求;

(4)地形和地质条件;

(5)不同畜种、不同规模、不同标准化程度的相关建筑参数。

二、建筑物分类

1.按主要承重结构的材料分类

土木结构:生土墙,木屋架。其特点是造价低,保温隔热性好,但抗震防潮能力差,承载力差;常用于农户小型养殖。

砖木结构:砖墙,以前常用木屋架,现在多用钢屋架,配套夹保温材料的彩钢顶,目前是最常用畜牧场建筑结构。

砖混结构:砖墙,钢筋混凝土楼板和屋顶;增加了抗震和承载力,造价适中,常见于猪场、鸡场。

钢筋混凝土结构:主要承重构件全部采用钢筋混凝土,增加了承载力和建筑物的跨度,可作为大中型厂房建筑,但造价较高。

钢结构建筑物:屋顶采用钢材支撑,增加了建筑物的跨度,用于奶牛舍、大跨度羊舍、大型鸡舍等。

2.按承重结构的承重方式分类

墙承重式建筑物:全部荷载由墙承重,比较普遍。建筑物在使用时不能改变承重墙的结构。适合于一般建筑物。

骨架承重式建筑物:由柱和梁组成的结构承重,增加了建筑物的跨度。

空间结构承重式建筑物:用空间骨架承重,增加了活动空间,但造价较高,设计和施工要求较高。适合于大型厂房建筑。

三、建筑工程基础知识

(一)地基与基础

基础是埋入地下的承重结构,是墙的延续。地基是基础下面的承重土层,承受建筑物的全部荷载。

1.地基分类

天然地基:岩石类、碎石类、沙土类、黏土类、沙壤土类和填土类地基。

人工地基:经过人工改善或加固后的地基。

复合地基:天然地基在地基处理过程中部分土体得到增强,或被置换,或在天然地基中设置加筋材料,加固区是由基体和增强体两部分组成的人工地基。在荷载作用下,基体和增强体共同承担荷载的作用。

2.建筑要求

墙和整个畜舍的坚固与稳定状况取决于基础和地基,因此基础应该坚固、耐久,具有良好的防潮、抗震、抗冻能力及抗机械作用能力;地基必须具备足够的强度和稳定性,要求土层组成一致、抗压抗冲刷力强、膨胀性小、地下水位在 2 m 以下,且无侵蚀作用,以防畜舍下沉或产生不均匀沉降而引起裂缝和倾斜。

沙砾、碎石、岩性土层,以及有足够厚度且不受地下水冲刷的沙质土层是良好的天然地基;黏土、黄土含水多时压缩性很大,且冬季膨胀性也大,如不能保证干燥,不适于做天然地基;富含植物有机质的土层、壤土也不适用。

(二)地面

家畜直接在畜舍地面上生活,地面既是畜床,又是从事生产的场地,是畜舍建筑的主要结构,而且在很大程度上可以决定畜舍的空气环境、卫生状况和使用价值。畜舍地面质量好坏、地面是否保持正常以及能否对地面进行应有的管理与维修,不仅可影响舍内小气候与卫生状况,还会影响畜体及产品(奶、毛)的清洁,甚至影响家畜的健康及生产力。

1. 地面分类

畜舍地面有混凝土、三合土、砖、漏粪地板等类型。地面的特性取决于所用材料,单一材料难以同时具备导热性小、不透水、有弹性、易于消毒,且坚固、耐久、抗压等优良性能,必须对多种材料进行科学组合、综合利用。比如在畜舍不同部位采用不同材料的地面,畜禽躺卧的地方采用三合土、木板,而在通道采用混凝土;在混凝土地面上,畜床部位铺设木板、橡皮或塑料厩垫,小型畜舍可因陋就简铺设柴禾等供畜禽躺卧。另外,可以根据生产特点和实际需要不同层次采用不同材料,取长补短,达到良好的效果。

2. 建筑要求

畜舍地面应具备以下要求:
(1)坚实、致密、平坦、有弹性、不硬、不滑;
(2)有足够的抗机械能力与抗各种消毒液和消毒方式的能力;
(3)温暖、不透水、易于清扫与消毒;
(4)保证粪、尿水及洗涤用水能及时排走,不致滞留及渗入土层。

地面温热状况对畜禽体热调节的影响,取决于其导热能力。导热能力强的地面,在炎热季节有利于家畜散热,而在寒冷季节则不适于做家畜直接躺卧的畜床。此外,由于受外界的影响,舍内不同部位的地面失热量不同,越近外墙失热越多,因而在寒冷地区围绕勒脚及基础应采取保温措施,设置隔热层,减少热量散失。

地面的温热状况对畜舍小气候的影响也很大,如果地面材料保温隔热、蓄热能力良好,寒冷季节畜体产生的体热不易流失,有利于舍温调节。此外,温暖的畜舍有利于寒冷季节畜舍有效的通风换气。

地面的防潮性能对地面本身的耐久性、导热性、舍内小气候状况及卫生状况的影响很大,地面防潮不好,会导致地面与畜舍潮湿、保温性能降低、微生物繁殖、有机物腐败分解产生有害气体等,从而使畜舍环境恶化。

地面要求平坦、有弹性,而且防滑。地面太硬,不适于家畜躺卧;地面太滑,家畜易摔倒,易导致摔伤、骨折、母畜流产;地面不平,如卵石地面,容易造成畜蹄损伤,且不便清扫、消毒。为了保证生产用水及尿水顺利排走,地面应向排尿沟倾斜适当坡度,适宜坡度为 1.0%～1.5%,猪舍为 3%～4%。

(三)墙体

墙是畜舍的主要结构,也是将畜舍与外部空间隔开的主要外围护结构,对舍内温湿状况的保持起着重要作用。据统计,冬季通过墙散失的热量占整个畜舍总失热量的 35%～40%。

1.墙体分类

墙因功能不同,可分为负载屋顶的承重墙和起间隔作用的隔墙;因与外界接触程度不同分为外墙和内墙。

2.建筑要求

墙体必须坚固、耐久、抗震、耐水、防火、抗冻、结构简单、便于清扫和消毒;同时应有良好的保温与隔热性能。墙的保温、隔热能力取决于所采用的建筑材料的特性与厚度,选用隔热性能好的材料,保证良好的隔热效果,在经济上是合算的。潮湿可提高墙的导热能力,影响墙体寿命,所以应采取严格的防潮、防水措施。

外墙与舍外地面接近的部位称为勒脚。勒脚经常受雨水及地下水的侵蚀,故应采取防潮措施。如采用防水好且耐久的材料抹面,沿外墙四周做好排水沟,设防潮层,在畜舍内墙下设水泥墙围等,这些措施对于加强墙的坚固性、防止水汽渗入墙体、提高墙的保温性均有重要意义。

(四)屋顶

屋顶是畜舍上部的外围护结构,用以防止降雨和风沙侵袭及隔绝太阳的强烈辐射。如果屋顶保温隔热性能不良,冬季畜舍内热空气上浮到屋顶处,大量热量将由此散失;夏季强烈的阳光直射屋顶,大量热量传入舍内,引起舍内过高温度。因此,无论对冬季保温和夏季隔热,屋顶比墙壁具有更重要的意义。

为了在生产中保证对畜舍环境的有效控制,屋顶除要求防水、保温、承重的功能外,还要求不透气、光滑、耐久、耐火、结构轻便、简单、造价便宜。为了达到以上性能,不仅要正确选择各种建筑材料,并合理组合,还要选择合理的屋顶形式。

(五)门窗

1.门

门的功能是保证家畜进出与生产过程的顺利进行,以及在意外情况下能将家畜迅速撤出。畜舍门一般宽 1.5～2.0 m,高 2.0～2.4 m,人行便门宽 1.2 m,高 1.9 m。每一栋畜舍通常设有两个外门,一般设在两端墙上,正对中央通道,便于运入饲料与清粪,同时便于实现机械化作业。在寒冷地区为加强门的保温,通常设门斗以防冷空气侵入,并缓和舍内热能的外流。

畜舍门应向外开,门上不应有尖锐突出物,不应设置门槛与台阶,但为了防止雨雪水淌入舍内,畜舍地面应高出舍外 20～25 cm。

2. 窗

畜舍窗户的功能在于保证畜舍的自然光照和自然通风,因此窗户多设在墙上或屋顶上,考虑到采光、通风与保温的矛盾,在窗户的设置上,应根据本地区的温热情况统筹兼顾、科学设计。一般原则是在保证采光系数与夏季通风要求的前提下尽量少设窗户。

四、畜牧场建设相关规范与标准

畜牧场建设时场址不得位于《中华人民共和国畜牧法》明令禁止的区域,土地使用符合相关法律法规与区域内土地使用规划,建筑设计及运行要符合国家和行业相关规范和标准,如 NY/T 682—2003《畜禽场场地设计技术规范》、NY 5027—2008《无公害食品 畜禽饮用水水质标准》、NY/T 1167—2006《畜禽场环境质量及卫生控制规范》等。

思 考 题

1. 畜牧场场址选择的依据是什么?

2. 畜牧场如何分区布局?

3. 畜牧场建筑设计的原则是什么?

4. 建筑物如何分类?

5. 什么是外围护结构?

6. 简述畜舍结构的建筑要求。

第二章　畜牧场环境卫生与防疫安全

第一节　畜牧场环境管理

清洁卫生的养殖环境是保证家畜健康、预防疾病、提高生产力和降低生产成本的重要保障。畜牧场的规划设计及建设过程中，一定要高度重视畜禽污染物的合理清除，搞好环境管理，以合理的规划布局、科学的减排工艺和完善的无害化处理设施保证畜禽安全健康生产。

一、合理规划布局

合理规划是畜牧场环境保护的前提条件，是减少环境污染、避免环境恶化、促进畜禽健康生产和节约污染物治理成本的重要保障。

第一，畜牧场应尽量建在农区，或者靠近农区的城镇郊区；在场址选择时，要充分考虑其养殖规模、粪尿排出量和周围农田的消纳能力，在粪污无害化处理的同时，为农田提供优质的农家肥，实现零排放。

第二，场区规划设计要充分考虑到地形、地势和主风向，把粪污处理场所设置在最下风向或地势最低的地方，有利于明沟排水和地下管道利用重力作用输送粪尿。

第三，建造与养殖规模相匹配的贮粪池、发酵池或者有机肥生产线，实现粪污的无害化处理和多层次转化。

第四，建立科学合理的粪污处理工艺，比如猪场、牛场适合建造沼气池，同时配套有机肥发酵工艺；而羊粪含水量很少，采用干清粪工艺，羊粪在贮粪池直接堆沤发酵后用作肥料。

二、节能减排生产

节能减排是高效、健康生产的前提，也是现代畜牧业的发展方向。

（1）大力推广优良品种，充分发掘畜禽生产潜力；科学配制饲料，实现营养平衡，提高饲草料的利用率和生产效率；从而实现高效生产，实现同等产量的最低排放量。

（2）减少微量元素超标排放。比如铜、铁、锌、锰等是动物健康生长和生产所必需的营养物质，但超量使用将造成环境污染，危及人畜安全。因此，饲料添加剂的使用必须符合饲养标准。

（3）减少氮磷排放。粪尿中氮磷超标也会造成环境污染，许多发达国家通过降低饲料蛋白含量，提高饲料蛋白的利用率，来减少氮的排出量。同时通过添加植酸酶制剂，提高植物饲料中植酸磷的利用效率，减少磷的排放量。

三、粪污无害化处理

（一）粪污的收集与贮运

规模化畜禽场的粪便一般采用漏粪地板加自动刮粪装置的干清粪工艺，刮出的粪便及时运至贮粪场所或者处理场所，尿液、污水通过粪尿沟或地下排出管道排到粪水池，进行固液分离，净化处理，重复利用。贮粪设施或堆粪场要防雨、防渗漏、防溢流。

（二）堆肥发酵技术

1. 堆肥发酵工艺

堆肥发酵包括前处理、主发酵、后发酵、后处理（脱臭）和贮存等步骤。

（1）前处理。堆集粪便，调整水分和碳氮比，适时添加菌种和酶制剂，以促进发酵过程正常进行。

（2）主发酵阶段。通过翻堆或底层的通风管向堆积层或发酵装置内提供氧气，促进微生物快速发酵，分解粪污有机物。经过发酵后的粪便臭味大大减轻，具有泥土的芳香。

（3）后发酵阶段。也是堆肥腐熟阶段，将主发酵阶段未完全分解的有机物进一步分解，使之变成腐殖酸、氨基酸等比较稳定的有机物，得到完全成熟的堆肥成品。

（4）后处理。经过除臭、破碎、筛分、干燥、营养复合、造粒，根据不同植物需要的粪调节氮、磷、钾含量，生产有机复合专用肥料。

（5）贮存。生产好的肥料要包装、贮存。

2. 畜禽粪便槽式堆肥发酵

将畜禽粪便堆放在固定的发酵槽内，在槽底设置通气管道，发酵槽的两侧安装固定的轨道，翻堆设备在轨道上可以来回移动，以此对槽内粪便进行捣碎、搅拌和翻动等，使物料达到好氧发酵的目的。如图 2-1 所示。槽式发酵综合了各种发酵方法的优点：一是发酵时间短，一般发酵时间为 $10 \sim 20$ d，腐熟干燥约 20 d；二是发酵过程较易控制,运行费用较低,能实现工厂化大规模生产;三是室内发酵不受季节天气影响,对环境不造成污染。根据设备的形式不同,发酵槽的宽度一般为 6 m,发酵槽的深度为 1.35 m,发酵槽的长度一般为 80 m,可根据实际情况而设计。翻抛设备为旋转式搅拌机,应具有搅拌功能、翻抛功能和破碎干燥功能。

图 2-1　畜禽粪便发酵槽

3. 畜禽粪便 EM 堆肥发酵

用畜禽粪便做原料,水分控制在 40%左右,5 kg 菌液加 2～3 kg 玉米粉均匀拌入 1.6 t 左右的粪便,堆成宽 2 m、高 0.5 m 的条形堆,用旧麻袋片或草帘盖好。一般在 24 h 内堆温可升至 50℃左右,48 h 内堆温可升至 60℃以上,甚至高达 70℃以上。这样的温度春、夏、秋季节一般 7～10 d 即可使堆中原料全部腐熟,恶臭消失,原料中的病原菌、虫卵、草籽等全部被杀死。用这种方法发酵成的肥料可称为生态有机肥,也可称为无公害有机肥料。

(三)沼气工程技术

饲料被动物采食后其中 49%～62%的能量用于生命、生产活动,38%～51%随粪尿排出,因此,利用沼气菌发酵粪便生产沼气不仅可获得清洁能源,而且沼渣无菌、无臭,是优质的有机肥。沼气发酵的条件包括严格的厌氧环境、适宜的温度、足量的沼气菌,发酵底物浓度、合适的酸碱度和碳氮比,这些条件缺一不可。

(1)沼气菌接种量。接种量一般为发酵液的 10%～50%;当采用老沼气池残留的发酵液体作为接种物时,接种量应占发酵液总量的 30%左右。

(2)厌氧环境。沼气池应按照沼气生产的相关规范建造,沼气菌是一类厌氧性细菌,其核心菌种是"甲烷菌",对氧特别敏感,生长、发育、繁殖、代谢等生命活动过程都不需要空气;空气中的氧会使其生命活动受到抑制,甚至导致死亡。

(3)发酵温度。沼气菌发酵温度为 8～60℃,最佳温度 35℃。

(4)碳氮比。畜禽粪便既是产生沼气的底物,又是沼气发酵细菌赖以生存的养料来源,发酵底物的碳氮比(C∶N)是指原料中有机碳素与氮素含量的比例关系,最佳碳氮比为 25∶1。

(5)发酵原料浓度。沼气池中的料液在发酵过程中需要保持一定的浓度,才能正常产气运行,一般采用 6%～10%的发酵料液浓度较适宜。

(6)适当的酸碱度。沼气发酵细菌最适宜的 pH 为 6.8～7.5,pH 6.4 以下7.6以上都对产气有抑制作用。pH 在 5.5 以下,是料液酸化的标志,沼气池酸化后,可用三种方法解决：①取出部分发酵原料,补充相等数量或稍多一些含氮多的发酵原料和水;②拌入草木灰,提高 pH,而且还能提高产气率;③加入适量的石灰澄清液,并与发酵液混合均匀,避免强碱对沼气细菌活性的破坏。

(7)畜舍消毒防疫过程中产生的消毒液、抗生素残留物不得进入沼气池。

(四)虫类转化技术

按照畜禽安全、健康生产的要求,粪污即便进行了无害化处理,也不能用作其他畜禽的饲料,但可用于蚯蚓等饲养。用牛粪养殖蚯蚓就是一个成功的范例,养殖的蚯蚓可以制药、维护草坪和作为动物饲料,产生的蚯蚓粪增加了肥效,这样不仅节约了单纯处理粪污的成本,而且延伸了产业链,增加了附加值。

将牛粪与饲料残渣混合堆成长 2 m、宽 1 m、高(厚度)20～25 cm 的粪堆。堆内不要压实,以免影响疏松通气。每天用铁耙疏松最上面的牛粪,待厚度为 5～8 cm,牛粪晒到约五成干,牛粪堆沤腐熟时即可放入蚯蚓种。每堆粪可放入产卵种蚯蚓 3 万条(太平 2 号、3 号)。每隔 10 d 收取 1 次蚓粪及蚓茧另开 1 堆进行孵化,可保证每批蚯蚓大小规格一致。在养殖期间发现蚓粪干了要及时喷 EM 水,并按 EM 与清水或洗米水或煮饭的米汤 1：5 的比例混合后喷洒。一般每隔 3～5 d 喷一次。按以上方法养出的蚯蚓生长快,产出的蚓茧多而且大。

第二节　畜牧场污染物及其危害

随着我国经济发展,人民生活水平稳步提高,对畜产品的需求不断增大,畜牧业得到了空前的发展。集约化、规模化程度不断提高,饲养密度及饲养量急剧增加,畜禽饲养及活体加工过程中产生的大量排泄物和废弃物,在满足畜产品供应的同时引起严重的环境污染。

一、畜牧场污染物及污染途径

1.空气污染

粪便中的碳水化合物和含氮有机物在厌氧条件下分解会产生硫化氢、氨气、粪臭素(甲基吲哚)、脂肪族的醛类、硫醇和胺类等有害气体,其成分高达 200 多种,释放出带有酸味、臭蛋味、鱼腥味和烂白菜味等刺激性气味。这些恶臭物质和有害气体会污染空气,损害动物和人类的身体健康。

2.水体污染

畜禽尿液、冲洗污水、加工厂废水中含有大量的有机物,进入水体腐败后产生高浓度的氮、磷等养分,水生生物(特别是藻类)获得氮、磷、钾等丰富的营养后立即大量繁殖,造成水质恶化,水体富营养化,水生生物和鱼类等因缺氧而死亡;如果排入稻田,会造成禾苗徒长、倒伏、稻谷晚熟或不熟。畜禽粪便污染物不仅能够污染地表水,其有毒、有害成分渗透到地下水中会造成地下水溶解氧含量减少,水质中有毒成分增多,严重时使水体发黑、变臭,失去使用价值。

3.土壤污染

畜禽饲料中添加的微量元素,经过畜禽消化道消化吸收后,仍有部分残存在排泄物中,为了生产需要过量添加的某种元素(如高铜、高锌能够促进动物生长)会随畜禽粪便进入土壤,导致某种元素在土壤中的高浓度富集,对农作物产生毒害作用。此外,还有畜牧生产中大量使用的消毒剂,在环境消毒过程中随着粪尿、污水进入农田土壤,导致土壤污染,被农作物吸收后部分残留在粮食和饲草中,危害人畜健康。

4.畜产品污染

抗生素等是动物生产中必不可少的药物,尤其在规模化生产的猪场、鸡场中会大量使用。抗生素被动物吸收后进入整个机体,尤其在肝、肾、脾等组织中含量较高,也有部分通过泌乳和产蛋等形式残留在乳、蛋中,造成畜产品药物残留。抗生素的残留不仅会影响畜产品的质量和风味,也是动物细菌耐药性向人类传递的重要途径。

5.病原污染

畜牧场中具备病原微生物生存、繁殖、传播的良好条件,如果消毒制度和防疫程序不完善,细菌、病毒、虫卵就会大量滋生和传播,危害畜牧生产的安全和人类健康。

二、畜牧场污染物产生的原因

1.畜牧生产方式的转变

随着我国经济的发展,畜牧业由分散经营转为集约化、规模化经营,饲养方式由自然放牧转向半舍饲与舍饲,集约化、规模化的生产方式使得粪尿等污染物排放量大大增加,粪污无害化处理设施及处理能力得不到相应提升,将造成环境严重污染。

2.养殖区域由农区向郊区的转变

在自给自足的小农经济时代,小规模的农户分散养殖占主体,家家养猪养鸡,户户耕田种地,农家肥是必不可少的生产物资,因而粪污堆沤后就地使用,没有积存,也没有污染。但现在随着我国城镇化建设的加快和人们对肉蛋奶需求的加大,小生产已经难以供应市场需求,于是在城镇郊区涌现出一大批规模养殖场,大量的粪污得不到及时还田,而处理粪污的设施、设备需要较大的投资,因而养殖场往往先生产后治污,最后导致污物横流。

3.重产量、轻质量的利益驱动

在社会主义初级阶段,先要解决吃饱的问题,无机肥的"廉价""便捷""速效"和"增产"被广大农民接受,于是家家使用化肥,优质的有机肥被大量废弃,规模养殖场产生的粪污难以进入大农业生态循环链,造成严重的环境污染。此外,为了防控疫病或追求高产,大量超标使用抗生素、维生素、激素和矿物质添加剂等,造成药物残留及环境污染。

三、畜牧场污染物治理措施

1.加强源头监管

畜牧主管部门和环保部门要高度重视畜禽养殖业造成的环境污染,要杜绝先污染后治理,要从建场的源头抓起。没有与生产规模相配套的粪污无害化处理设施的畜牧场不予审批,不符合无害化生产工艺的坚决关停,要逐步实现养殖场的全消纳、零排放。

2.减少污染排放

畜牧主管部门要按期检查畜牧场的生产运行情况,对粪污的贮存、处理及时监管,防止粪污大量积存产生污染。同时,政府部门通过项目支持大力推进沼气工程和有机肥生产线建设,延伸产业链,增加附加利润,为粪污的合理处理开拓渠道。

3.控制药物残留

要严格执行国家有关饲料、兽药管理规定,严禁畜禽饲养过程中使用国家明令禁止的药物,按照用药规程用药,限制某些抗生素及药物的滥用,严格执行畜禽宰前休药期的规定,保证畜产品的安全,减少对人畜的污染。

4.提高环保意识

通过电视、广播、报刊和网络等多种渠道宣传养殖环保意识及健康养殖理念,使从业人员真正重视畜禽养殖污染的危害性,真正意识到整治畜禽养殖污染的重要性、必要性和紧迫性,提高从业人员保护环境的责任感。

第三节　畜牧场卫生监测与防疫

一、畜牧场卫生监测

畜牧场卫生监测包括两方面:一是对畜牧生产所利用的畜舍、水源、土壤、空气、饲料等进行监测;二是对畜牧生产所排放的污水、废弃物以及畜产品进行监测,以防污染影响人体健康。前者是家畜所处的环境,后者是家畜对环境的污染。

一般情况下,对牧场、畜舍的空气、水质、土壤、饲料及畜产品的品质应给予全面监测,但在集约化饲养条件下,家畜的环境大都局限于圈舍内,环境质量应着重监测空气环境的理化指标。

1. 空气环境监测

主要包括温度、湿度、气流方向及速度、通风换气量、照度等;氨气、硫化氢、二氧化碳等有害气体;噪声、灰尘等。空气监测时,要针对畜牧场周围污染源类别确定重点监测指标。

2. 水质监测

水质监测时先进行感官性状观测,然后取样分析,监测的常规指标有 pH、总硬度、固体悬浮物、BOD、COD、氨氮、氯化物、氟化物等,以及病原微生物,如大肠菌群数和细菌总数,以判断水体是否受到粪污等污染。此外周边有化工厂等污染源的要监测化学污染物。

3. 土壤监测

土壤污染物可以直接或通过饲料作物间接危害畜禽健康,土壤监测的指标有硫化物、氯化物、氮化合物、农药和其他化工污染物,以及在土壤中的病原微生物。

4. 饲料品质监测

监测内容主要有有害植物以及结霜、冰冻、混入机械性夹杂物的物理性品质不良饲料;有毒植物以及在贮存过程中产生或混入有毒物质的化学性品质不良饲料;感染真菌、细菌及害虫的生物学品质不良饲料。

二、畜牧场消毒与防疫

疫病是畜牧业发展的巨大威胁,不仅严重影响畜禽的健康和生产力的充分发挥,并导致畜产品的数量和质量下降,甚至引起畜禽大批死亡。2014 年全国暴发的小反刍兽疫导致成批的羊只死亡,羊价格由此断崖式下跌,使羊产业蒙受巨大的经济损失。此外,如禽流感等病毒变异后会传染到人,危及人类安全。因此,要坚决贯彻《中华人民共和国动物防疫法》,使畜牧场防病防疫规范化、科学化、制度化、程序化,为畜牧业的安全、健康生产保驾护航。

(一)消毒

畜牧场要建立严格的消毒制度,定期消毒与不定期消毒相结合,彻底杀灭病原微生物。

1.物理消毒法

(1)日光照射。日光照射是将物品置于日光下暴晒,利用太阳光中的紫外线、阳光的灼热和干燥作用使病原微生物灭活的方法。在强烈的日光照射下,一般的病毒和非芽孢菌经数分钟到数小时内即可被杀灭,如巴氏杆菌为 6～8 min,口蹄疫病毒为 1 h,结核杆菌为 3～5 h,即使对恶劣环境抵抗能力较强的芽孢,在连续几天强烈阳光反复暴晒后也可以被杀灭或变弱。这种方法适用于对畜牧场、运动场场地、垫料和可以移出室外的用具等进行消毒。

(2)紫外线消毒。紫外线消毒是用紫外灯照射杀灭空气中或物体表面的病原微生物的方法。常用于种蛋室、兽医室等空间以及人员进入畜舍前的消毒,由于紫外线容易被吸收,对物体的穿透能力很弱,所以紫外线只能杀灭物体表面和空气中的微生物,当空气中微粒较多时,紫外线的杀菌效果降低。此外,紫外线的杀菌效果还受环境温度的影响,消毒效果最好的环境温度为 20～40℃,温度过高或过低均不利于紫外线杀菌。

(3)高温消毒。高温消毒是利用高温杀灭细菌、病毒、寄生虫等病原的方法,主要包括火焰法、煮沸法和高温高压灭菌法等。

火焰消毒是利用火焰喷射器喷射火焰,灼烧耐火的物体或者直接焚烧被污染的低价值易燃物品,以杀灭黏附在物体上的病原体的过程,常用于畜舍墙壁、地面、笼具、金属设备等表面的消毒。

煮沸消毒是将被污染的物品置于水中蒸煮,利用高温杀灭病原的过程。煮沸消毒经济方便,应用广泛,消毒效果好,病原微生物在 100℃沸水中持续 5～10 min 可被大部分杀死,持续 1～2 h 可被全部杀灭,常用于体积较小而且耐煮的物品如衣物、金属器械、玻璃器具等消毒。

高温高压灭菌是利用高温水蒸气杀灭病原体,常用于医疗器械等物品的消毒,常用的温度为 115℃、121℃或 126℃,一般需维持 20～30 min。

2.化学消毒法

通过化学消毒剂的作用破坏病原体的结构以直接杀死病原体,或者使病原体的代谢发生障碍而死亡的方法。化学消毒法以其速度快、效率高的独特优点在畜牧场最为常用。

(1)清洗法。用一定浓度的消毒剂对消毒对象进行擦拭或清洗,以达到消毒目的的方法,常用于对种蛋、畜舍地面、墙裙、器具进行消毒。

(2)浸泡法。把待消毒的物品浸泡于消毒液中进行消毒的方法,常用于对医疗器具、小型用具、衣物进行消毒。

(3)喷洒法。一定浓度的消毒液通过喷雾器或洒水壶喷洒于设施或物体表面进行消毒的方法,常用于对畜舍地面、墙壁、笼具及动物产品进行消毒,喷洒法简单易行、效力可靠,是畜牧场最常用的消毒方法。

(4)熏蒸法。利用化学消毒剂挥发或在化学反应中产生的气体杀死封闭空间中病原体的方法,常用于对孵化室、无畜禽的畜舍等空间进行消毒。

常用的消毒剂及其特性如下。

凝固蛋白质及溶解脂肪类消毒剂:酚类(石炭酸、甲酚、来苏儿、克辽林等)、醇类和酸类等。

溶解蛋白质类消毒剂:氢氧化钠、石灰等。

氧化蛋白质类消毒剂:高锰酸钾、过氧乙酸、漂白粉、氯胺、碘酊等。

阳离子表面活性剂:洗必泰、新洁尔灭等。

具有脱水作用的消毒剂:福尔马林、乙醇等。

不同病原微生物构造不同,对消毒剂敏感性和耐受能力不同,有些消毒剂对绝大多数微生物都具有杀灭效果,也有一些消毒剂只对有限的几种微生物有效。因此,在选择消毒剂时,要针对消毒的目的、对象,根据消毒剂的作用机理和适用范围选择最适宜的消毒剂。

3. 生物消毒法

利用微生物在分解有机物过程中释放出的生物热,杀灭病原性微生物和寄生虫卵的方法。在畜禽粪便堆沤发酵过程中,中心温度可以达到 $60 \sim 70 ℃$,可以杀灭绝大部分的病原性微生物及寄生虫卵。

(二)防疫

(1)畜牧场在选择场址时就要远离污染源,场内要按防疫要求合理分区布局。

(2)工作人员进入生产区必须经消毒室更换工作服与鞋帽,并严格消毒。非工作人员不得进入生产区,谢绝外界参观。

(3)场外车辆、用具不得进入生产区。

(4)畜禽调运严格管理,一经调出的畜禽严禁再送回生产区;引入畜禽必须严格检疫,并先在隔离区饲养观察,确实无病,再送入场内。

(5)制订科学、高效的免疫程序,并严格按免疫程序预防接种,有效地防止疫病发生。

(6)无害化处理粪便与病死畜禽。

(7)消灭鼠害蚊蝇,切断疫病传播途径。

(8)注意疫情监测,及时发现疫病。

三、畜牧场环境卫生相关规范与标准

畜牧场卫生与防疫应执行 GB 16548—2006《病害动物和病害动物产品生物安全处理规程》、GB 16549—1996《畜禽产地检疫规范》、GB 16567—1996《种畜禽调运检疫技术规范》、GB 18596—2001《畜禽养殖业污染物排放标准》、NY/T 388—1999《畜禽场环境质量标准》、NY/T 1168—2006《畜禽粪便无害化处理技术规范》、NY/T 1169—2006《畜禽场环境污染控制技术规范》、NY 5030—2006《无公害食品　畜禽饲养兽药使用准则》等规范和标准。

思 考 题

1.畜牧场主要污染物有哪些？有何危害？如何治理？

2.畜牧场的卫生监测包括哪些方面？

3.畜牧场消毒的方法主要有哪些？

4.如何做好畜牧场的防疫工作？

5.简述国家和行业颁布的畜牧场环境卫生的相关标准和规范。

第三章 畜舍内环境的改善与控制

第一节 畜舍的保温隔热设计

一、畜舍建筑材料及其应用

1. 天然石料

从天然岩石中开采而来,经过加工制成块状或板状的石料,统称天然石料。天然石料一般容重很大,具有较高的强度和硬度,因而耐磨、耐久,而且具有抗冻、防水和耐火等优点;由于石料导热性好,且蓄热系数高,在寒冷地区石料不宜用作外围护保温结构(如外墙)。在取材方便的山区,用其砌墙必须保证足够的厚度,以满足所要求的热阻。

在南方炎热地区,石料由于具有较高的蓄热性,故用其砌墙,并保证足够的厚度,有很好的隔热效果。

石料地面属于冷硬地面。具有结实、不透水、便于清扫与消毒等优点,但导热性好、易滑,在寒冷地区不适宜作畜舍地面,如用作地面材料时,一定要在家畜躺卧处多铺垫草,或者铺设木板,以加强地面保温。

2. 砖

砖是一种用途广泛的建筑材料,孔隙率较高,故导热性较差,而且具有一定的强度、较好的耐火性和耐久性,多用来砌筑墙体;但由于其毛细管作用,吸湿能力较强,不宜用作基础材料,一旦要用作基础材料,必须采取严格的防潮、隔水措施。

砖作为外围墙体时,勒脚部位应抹制水泥,并用1∶1的水泥砂浆勾缝,以防雨水渗入墙体内降低其保温隔热性能。

3. 土料

土料包括土坯、草泥、夯实土结构、三合土等。其特点是就地取材、造价低,干燥时具有一定的耐久性和耐火性,而且导热性差,有利于夏季防暑、冬季防寒。

土墙的缺点是强度小、耐水性差、不光滑、不易清扫消毒。因此,基础、勒脚部位应设防潮层,舍内墙面可用灰浆、水泥涂面。

土地面属于暖地面、软地面。其优点是易于建造、就地取材、造价低、柔软、富有弹性且导热性也较差;但不结实、易于形成坑穴,或存留污水、粪尿,不便清扫、消毒,也易于潮湿。所以在潮湿地区、地下水位高的地方,以及牛、猪等尿液多的动物不宜采用土地面。

任何一种建筑材料都难以既兼备承重、保温、防水三种不同的性能,又具备轻质、坚硬的特性,因此在建筑施工中应采用多种材料,发挥各种材料的特长,取长补短组成复合结构来解决这个矛盾。

二、畜舍形式及基本结构

同其他建筑物一样,畜舍由屋顶、顶棚、墙、基础、地面、门窗等组成。其中屋顶和外墙组成整个畜舍的外壳,将畜舍空间与外部空间隔开,称作外围护结构。

畜舍形式按其封闭程度分为开放舍、半开放舍和封闭舍三种。

1. 开放舍

开放舍指正面或四面无墙的畜舍。前者也叫敞舍,后者叫棚舍。这类形式的畜舍只能起到遮阳、避雨及部分挡风(敞舍)作用。开放舍耗材少,施工简易,造价低廉,适用于炎热及温暖地区,或者需要寒冷刺激的皮毛动物饲养。

2. 半开放舍

半开放舍指三面有墙,正面上部敞开,下部仅有半截墙的畜舍。这类畜舍的开敞部分在冬天可加以遮拦形成封闭状态,从而改善舍内小气候。

开放舍与半开放舍均属简易舍,适用于温暖地区,以及寒冷地区的耐寒动物,如牛、羊、鹿、犬。

3. 封闭舍

封闭舍指通过墙壁、屋顶等外围护结构形成全封闭状态的畜舍形式,畜舍内环境可以根据畜禽生产特点进行有效的人工控制。但是,需要说明的是,封闭畜舍的环境控制效果直接受其建筑材料及畜舍结构的影响,在设计与建造封闭畜舍时一定要科学地选择建筑材料,并优势互补、综合利用;一定要根据当地气候特点和生产要求合理设计畜舍结构,以实现封闭式畜舍良好的保温隔热能力和最为有效的人工控制环境。

不同地区气候特点差异很大,设计修建畜舍时不应拘泥于哪种固定形式,而应该立足于当地的实际条件与生产特点,灵活掌握。

三、畜舍保温隔热设计

加强畜舍的保温隔热设计,提高畜舍的保温隔热能力,利用家畜自身放散的体热维持或基本维持适宜的温度环境,可以减少动物在寒冷季节因维持体温而增加的饲料消耗,节约饲养成本,提高经济效益。同时,良好的保温隔热设计,在炎热的夏季可以有效地阻挡热量传入舍内,推迟畜舍内温度高峰的来临,有利于畜舍的降温,减轻动物热应激,从而保证高温季节的正常生产。

1. 屋顶、天棚的保温隔热设计

在畜舍外围护结构中,对舍内温热环境影响最大的部分是屋顶与天棚,其次是墙壁、地面。

冬季屋顶失热多,一方面因为它的面积一般均大于墙壁,另一方面热空气上升,在屋顶附近形成热空气层,增大屋顶内外的温差,如果保温隔热不好,热能易通过屋顶散失。夏季强烈的阳光近乎直射屋顶,保温隔热不好的屋顶会把大量的热量迅速传入舍内,引起舍内的急速增温。因此,为了保持相对适宜的舍温,加强屋顶的保温隔热具有重要意义。

天棚是一个重要的隔热结构,它的作用在于使屋顶与畜舍空间之间形成一个密闭的空气缓冲层,对保温极为重要。

屋顶、天棚的结构必须严密、不透气,透气的屋顶会导致内外空气的对流,降低保温隔热性能。在选择材料上也要根据要求科学选择,必要时还要综合几种材料建成多层屋顶。

比如,屋顶的内外两层选择热阻大的材料,中间一层选择蓄热强的材料,这样的结构适用于夏季炎热、冬季寒冷的地区。在炎热的夏天,强烈的太阳辐射到达屋顶后,首先受到外层高热阻材料的有效阻挡,通过外层的部分热量被中层蓄热材料吸收而升高很小的温度,内层又有热阻大的材料阻挡热传递,从而起到良好的隔热效果。严寒的冬天正好相反,畜舍内的热量通过屋顶向外传递受到阻挡,保温效果良好。

如果是夏季炎热、冬季温暖的地区,屋顶的最外层就要换成导热性强的材料。白天太阳辐射强烈,热量透过最外层到达中层,被蓄热系数高的材料容纳而升高较小的温度,热量进一步向内传播时受到内层高热阻材料的阻挡,舍内温度升高很慢,舍内温度高峰比外界延迟;当接近黄昏,一直到夜晚,外界温度迅速下降,屋顶中层蓄积的大量热量可以通过导热性强的外层材料快速发散出去,起到降温的效果。

此外,要避免屋顶与顶棚受潮,水汽侵入会使保温层导热性增强,同时对建筑物有破坏作用。

随着建材工业的发展,一些高效合成的轻型隔热材料已在国外用于天棚隔热,如玻璃棉、聚苯乙烯泡沫塑料、聚氨酯板,为改进屋顶保温开辟了广阔的远景。

2.墙壁的保温隔热设计

墙壁是畜舍的主要外围护结构,热传递仅次于屋顶,因而必须加强墙壁的保温设计。根据要求的热工指标,通过选择当地常用的导热系数较小的材料,确定最合理的隔热结构,并精心施工,就能有效提高畜舍墙壁的保温隔热能力。

比如,加厚的土墙在干燥条件下保温隔热能力远大于砖墙和石墙;选用空心砖代替普通红砖,墙的热阻值提高 41%;用加气混凝土块,热阻值可提高 6 倍。此外,在墙体的建筑结构上也可以精心设计,采用空心墙体或在空心中填充隔热材料,也会大大提高墙的热阻值,但有一个前提条件是空心墙体必须不透气、不透水,而且防潮。如果施工不合理,墙体不防潮、不严密,都会导致墙内空气对流和墙体传导失热的增加,从而降低墙体的热阻值。

在特别寒冷的地区,有时设置火墙,即在墙体的一侧建造炉体,另一侧建造烟囱,空心墙体为烟道,这种结构可以根据寒冷程度控制加温力度。

目前,国内一些养殖车间结构厂应用新型保温材料和无机玻璃钢制品,经过特殊生产工艺制成畜舍墙板、屋面、立柱等,组合黏合安装,保温隔热效果良好,造价为砖瓦结构畜舍的一半,是当代值得推广的畜舍形式。

3.地面的保温隔热设计

与屋顶、墙壁比较,地面失热在整个外围护结构中位于最后,但由于家畜直接在地面上活动,畜舍地面的热工状况直接影响畜体的体感温度,因而具有特殊的意义。

夯实土和三合土地面在干燥状况下,具有良好的温热特性,适用于鸡舍、羊舍等较干燥的畜舍;水泥地面具有坚固、耐久和不透水等优良特点,但又硬又冷,在寒冷地区直接用作畜床最好加铺木板、厩垫或垫草;另外还可把畜体躺卧的地面下面铺设空心砖,减少体热散失;对于特别寒冷的地区,在畜床下面可以铺设烟道、暖气管道等,以便适时供暖。

第二节　畜舍内有害物质及其消除措施

空气是家畜生存的必要条件,在家畜的生命代谢和生产活动中,与空气环境之间不断地进行物质代谢和能量交换。只有在正常的空气环境中,家畜才能保持正常的生理机能和生产活动,如果空气受到有害物质的污染,家畜会受到不同程度的影响,甚至导致疾病与死亡。空气中的有害物质大致可分为有害气体、微粒和微生物。

一、畜舍空气中的有害气体

1. 有害气体的种类及其危害

畜舍内由于受到密集家畜的呼吸、排泄物和生产过程中有机物的分解，有害气体成分要比舍外空气成分复杂，浓度较大。突出表现为氨气和硫化氢的浓度较高，其次是二氧化碳、甲烷、粪臭素等。特别是封闭式畜舍，如果通风换气不良，卫生管理不佳，这些有害气体将严重危害畜禽的健康，甚至造成慢性中毒或急性中毒。

(1) 氨 (NH_3)。氨为无色、有强烈刺激性的气体，极易溶于水，在标准状态下，每升质量为 0.771 g。

在畜舍内，氨大多由含氮有机物如粪、尿、饲料等腐败分解而来。根据畜舍内空气采样测定，氨含量少者为 6～35 mg/m^3，多者可达 150～500 mg/m^3。其含量的多少，决定于家畜的密集程度、管理水平、地面结构、通风换气情况等。

氨对家畜的危害：在畜舍中，NH_3 常被溶解或吸附在潮湿的地面、墙壁和家畜的黏膜上，氨被吸入呼吸系统后，刺激黏膜，引起黏膜充血，喉头水肿，甚至支气管炎，严重者引起肺水肿、肺出血等。短期吸入少量的氨，可被体液吸收，转变成尿素排出体外。

家畜长期处于低浓度氨的作用下，体质变弱，采食量、日增重、生产力和抗病力下降，这种症状称为"氨慢性中毒"。在畜牧生产上，急性氨中毒易被人发现，而慢性中毒不易觉察，往往导致生产上不必要的损失，因此不能忽视低浓度氨对畜禽生产带来的危害。

按照畜禽场环境质量标准 (NY/T 388—1999) 对畜舍内空气环境质量标准的规定，畜舍内氨的限量分别为：牛舍 20 mg/m^3，猪舍 25 mg/m^3，成禽舍 15 mg/m^3，雏禽舍 10 mg/m^3。生产人员闻到氨，但不刺眼、不刺鼻，其浓度一般为 7.0～11.0 mg/m^3；刺鼻流泪时，其浓度一般为 19.0～26.0 mg/m^3。

(2) 硫化氢 (H_2S)。硫化氢为无色、易挥发、具有臭鸡蛋味儿的有毒气体，易溶于水，在标准状态下，每升质量为 1.526 g。

在畜舍中，硫化氢主要是由含硫有机物分解而来，当家畜采食富含蛋白质的饲料而消化不良时，可由肠道排出大量的硫化氢。

硫化氢对家畜的危害：H_2S 主要是刺激黏膜，可以引起眼结膜炎、角膜混浊、畏光流泪等症状，引起鼻炎、气管炎、咽喉灼伤，甚至肺水肿。长期处于低浓度的硫化氢环境中，家畜体质变弱，抗病力下降，易发生肠胃病、心脏衰弱等。高浓度的硫化氢可直接抑制呼吸中枢，引起窒息和死亡。

畜禽场环境质量标准(NY/T 388—1999)对畜舍内空气环境质量标准的规定,畜舍内硫化氢的限量分别为:牛舍 8 mg /m³,猪舍 10 mg/m³,成禽舍 10 mg/m³,雏禽舍 2 mg/m³。

(3)二氧化碳(CO_2)。二氧化碳为无色、无臭、略带酸味的气体,在标准状态下,每升质量为 1.98 g。

在畜舍中二氧化碳主要来源于家畜呼吸。例如一头体重 100 kg 的肥猪,每小时可呼出二氧化碳 43 L;一头体重为 600 kg、日产奶 30 kg 的奶牛,每小时可呼出二氧化碳 200 L。

二氧化碳对家畜的危害:二氧化碳本身无毒性,它的危害主要是造成缺氧,引起慢性毒害。家畜长期在缺氧的环境中,表现精神萎靡,食欲减退,体质下降,生产力降低,对疾病的抵抗力减弱,特别对结核病等传染病易于感染。

在畜舍中,二氧化碳的浓度大小可以表明畜舍空气的污浊程度,以及畜舍空气中可能存在其他有害气体。因此,二氧化碳的增减可作为畜舍卫生评定的一项间接指标。

畜禽场环境质量标准(NY/T 388—1999)对畜舍内空气环境质量标准的规定,畜舍内二氧化碳的限量为 1 500 mg/m³。

2.消除畜舍中有害气体的措施

消除畜舍的有害气体是改善畜舍环境的一项重要措施,由于产生有害气体的途径多种多样,因而消除有害气体也应对症下药,通盘考虑。

(1)畜舍建筑设计。畜舍的建筑特点直接影响将来的环境控制,因而在建筑畜舍时就应精心设计,做到保温、隔热、防潮。

当畜舍中湿度太大时,一方面有机物易腐败变质产生有害气体,另一方面有害气体溶于水汽不易排除,因而对于畜舍的地基、地下墙体、外墙勒脚、地面要设防潮层,减小畜舍潮湿程度。

在寒冷季节,隔热不好的畜舍舍内温度低,当低于露点温度时,水汽容易凝结于墙壁与屋顶上,溶解有害气体,因而对于屋顶、墙壁都要进行保温、隔热设计。此外,地下排粪管要设粪漏与水封,防止化粪池臭气倒流入畜舍。

(2)日常管理。及时清理粪尿、污水,避免在畜舍内酵解和腐烂;训练家畜定点排便,或者舍外排便,从而有效地减少畜舍内有害气体的产生。垫料、垫草要勤铺、勤换,保持舍内干燥。冬季做好保暖工作。建立合理的通风换气制度,采用科学的通风换气方式,不留死角。此外,还应注意的是冬季通风时,抽入冷风如果低于水汽露点温度,舍内水汽凝结成小滴,不易排出水汽及有害气体。

二、畜舍空气中的微粒

1.畜舍空气中微粒的种类

畜牧场内空气微粒的种类和数量随自然环境、季节特点、土壤性质和植被等因素而变化,畜舍内的空气微粒的种类和数量因动物种类、饲养密度、饲料类型、饲养管理方式、畜舍内湿度不同而存在差异。

大体来说,畜舍和畜牧场空气中的微粒分为无机微粒和有机微粒两大类。无机微粒主要是扬起的干燥粉尘;有机微粒很复杂,有外界产生的孢子、花粉、植物碎片、腐殖质,有粪粒、饲料粉尘、被毛的细屑、皮屑、喷嚏飞沫等。因此畜舍和畜牧场中以有机微粒为主。

2.畜舍空气中微粒的来源

畜舍中的微粒,一部分由外界气流带入,另一部分主要由生产过程中产生。

畜禽的走动、管理人员清扫畜床和地面、翻动或更换垫草垫料、分发干草和粉料、刷拭畜体等,都可使舍内微粒大量增加。

3.舍内微粒对动物生产的影响

(1)微粒对畜禽健康的直接危害。微粒降落在家畜体表上,可与皮脂腺和汗腺分泌物、细毛、皮屑、微生物混合在一起,黏结在皮肤上,引起皮肤瘙痒、发炎。同时堵塞皮脂腺和汗腺出口,使之分泌受阻,导致皮肤干燥脆弱,易于损伤和破裂。汗腺分泌受阻,影响了蒸发散热,体热调节。此外,黏结污垢的皮肤对外界的感受能力受到影响。

尘埃微粒长期作用于眼睛,可使眼睛干燥发涩,引起角膜炎、结膜炎。

尘埃微粒吸入呼吸道,大于 $10~\mu m$ 的微粒滞留在鼻腔,$5\sim10~\mu m$ 的微粒可吸入支气管,$5~\mu m$ 以下的微粒可吸入细支气管和肺泡,$2\sim5~\mu m$ 的微粒可直达肺泡内;这些微粒部分随痰液等咳出,部分被吞噬溶解,部分停留在肺组织内,促发气管炎、支气管炎和肺炎。

(2)微粒可作为有害气体的载体。微粒在潮湿环境下可吸附水汽,也可吸附 NH_3、H_2S 等有害气体,这些吸附了有害气体的微粒进入呼吸道后,给呼吸道黏膜更大的刺激,引起黏膜损伤,微粒越小,其危害越大。

(3)微粒可作为病原微生物的载体。微生物多附着在空气微粒上运动与传播,畜舍中的微生物随尘埃等微粒的增多而增多。另外,畜舍空气中飘浮的有机性灰尘、潮湿的空气环境、污浊的气体都为微生物的生存、繁殖提供了良好条件,湿度大,细菌数也会增高。因此,减少空气微粒,可以减少疾病传播。

(4)微粒对生产的影响。尘埃等微粒通过影响畜禽机体健康而影响畜禽优良生产性状的充分发挥;另一方面,微粒也可直接危害动物的产品,比如毛皮动物生产,过分干燥的环境,加之尘埃微粒的作用,会极大地降低毛绒品质与皮板质量。

4.消除或减少畜舍空气微粒的措施

(1)畜牧场四周种植防护林带,减小风力,阻滞外界尘埃。

(2)场内绿化。路旁种植草皮、灌木、乔木,高矮结合,尽量减少裸土地面,减少尘土的产生。

(3)饲料车间、干草垛应远离畜舍,且避免在畜舍正上风向。

(4)舍内分发干草,翻动垫料要轻。

(5)饲料尽量避免粉料,改用颗粒饲料,或者拌湿饲喂。

(6)禁止带畜干扫畜舍。

(7)禁止在畜舍中刷拭家畜。

(8)定时通风换气,及时排除舍内微粒及有害气体。

(9)必要时进风口可安装滤尘器,以减少微粒量。

做好以上工作,可以极大地减少微粒,从而消除或减轻微粒对畜禽的危害。

三、畜舍中的病原微生物

户外空气是微生物生活的不利环境,干燥的空气缺乏营养物质和必要的水分,太阳辐射的紫外线又有杀菌作用,因此空气中的微生物大部分在较短的时间内死亡。

但是,在畜牧场尤其畜舍内的空气环境中,有机微粒多,空气流动缓慢,有利于微生物附着;另外畜舍中各种液滴、飞沫也比较多,飞沫经过蒸发后,飞沫核由蛋白质、盐类和黏液组成,微生物附着在液滴核内,受到黏液与蛋白质的保护,不易受干燥空气的影响而长期存在;再加上畜舍内缺乏紫外线,温度、湿度适宜,因而畜舍内的微生物无论从种类上还是数量上都比舍外多,比舍外复杂。在不加以消毒的情况下,可能存在大量病原微生物,对家畜健康与生产造成严重的威胁。

1.病原微生物种类及其危害

畜舍中病原微生物主要有以下几种:细菌、霉形体、病毒、病原真菌等。

(1)细菌。病原菌随着尸体、粪便、各种受污染的物体与污水一起进入土壤。在有大量营养物质(粪便、痰、脓等)、适宜的理化条件,又没有微生物间的拮抗作用的情况下,土壤也是某些病原菌的温床,如炭疽、气肿疽、破伤风、恶性水肿等病,尤其是炭疽杆菌芽孢,抵抗力特别强大,可以生存几年甚至几十年而不失去发芽力。

病原菌进入水中后,常常因水的自洁作用而难以长期存在;但也有些病原菌可在水中生存相当长时间,成为传染的疫源。

大气中基本上没有病原菌,但在病畜附近,当病畜咳嗽或喷嚏时,病原菌就可以随着痰沫飞扬到大气中,健康动物往往因吸入此种飞沫而受到感染。带病菌的飞沫不但可以引起呼吸道传染,而且可以污染饲料,引起消化道传染。

此外,有很多病原菌耐受干燥,它们随着病畜的分泌物、排泄物排出体外,当这些排出物干燥后,也可随之飞扬到大气中。病菌在外界空气中易被日光杀死,存活时间短暂,但在阴暗而且拥挤的畜舍内,带菌尘埃对健康动物危害很大。例如结核杆菌附着在尘埃上,经 126 d 尚有感染力,因此对这种病畜必须进行隔离饲养。

(2)霉形体。霉形体是一种寄生病原,形体较细菌小,但危害巨大。如牛肺疫丝状霉形体、猪肺炎霉形体、鸡败血霉形体。

(3)病毒。病毒是一类特殊的微生物,它只能在细胞中繁殖,在外界环境中可短时间存活,有个别种类存活时间较长,如鸡的马立克氏羽毛囊病毒。常见的危害动物生产的病毒种类有口蹄疫病毒、痘病毒、猪瘟病毒、猪流感病毒、鸡新城疫病毒、B 群疱疹病毒、传染性喉气管炎病毒、传染性支气管炎病毒、传染性法氏囊病毒等。

(4)病原真菌。能引起人和动物疾病的少数真菌,统称为病原真菌。根据致病性质不同可分三大类:皮霉、真菌病真菌、真菌中毒病真菌。

2. 减轻病原微生物危害的措施

为了减小病原微生物对畜牧生产带来的危害,保证畜禽优良生产性状的充分发挥,保证畜产品的质量和人民身体健康,发展高产、优质、高效的绿色畜牧产业,有必要减少畜牧场的有害微生物。

第一,在选择畜牧场场址时,应远离传染病源,如医院、兽医院、皮革厂、屠宰场,防止这些容易产生病原微生物的场所成为牧场的传染源。此外,畜牧场周围应设防护林带,并以围墙封闭,防止一些小动物把外界疾病带入场内;畜牧场应与公路主干线保持安全距离,以专用道与主干公路相连,防止过往车辆带来病原;畜牧场内部要分为管理区、生产区、病尸畜及粪便处理区,以防病原微生物的蔓延。

第二,在畜牧场的大门设置消毒池及车辆喷雾消毒设施,保证外出车辆不带入病原;在各生产功能区入口处,各畜禽舍入口处及过往通道设置消毒池及紫外灯,尽量减小带入病原微生物的机会。

第三,场内要绿化,畜舍内要保持清洁,减少尘埃粒子。

第四,定时通风换气,减少一切有利于微生物存在与附着的条件,必要时采用除尘器净化空气。

第五,定期和不定期消毒。消毒是畜禽舍及畜牧场消除微生物的重要手段。

第三节　畜舍的通风换气

畜舍的通风换气是畜舍环境控制的一个重要手段,其目的在于:①气温高时,通过加大气流使动物体感到舒适,以缓和高温对家畜的不良影响;②在畜舍密闭的情况下,引进舍外的新鲜空气,排除舍内的污浊气体,以改善畜舍空气环境质量。可见,通风与换气在含义上应有所区别,前者叫通风,后名叫换气。

一、畜舍通风换气的原则

(1)排除过多的水汽,使舍内空气保持适宜的相对湿度;冬天防止水汽在墙壁、天棚等表面凝结。

(2)维持适中的气温,防止舍温剧烈变化。

(3)保证畜舍内气流均匀、稳定、无死角,不会形成贼风。

(4)清除空气中灰尘、微生物,以及氨、硫化氢、二氧化碳、粪臭素等有害气体。

畜舍冬季通风换气效果受舍内温度影响很大,空气可以容纳一定量的水分,但是,空气容纳水分的能力随环境温度降低而减小,环境温度低于空气中水汽的露点时,水汽就会凝结在畜舍结构和器物表面,不易排出。凝结的水分又可以吸收 NH_3、H_2S 等有害气体,从而导致通风换气失败。因此,冬季必须保持较高的舍温才能保证通风换气的顺利进行。

二、畜舍通风的方式

畜舍通风有两种方式,一种是自然通风,另一种是机械通风。

畜舍的自然通风是指不需要机械设备,而借自然界的风压或热压,产生空气流动。风压指大气流动(即刮风)时,作用于建筑物表面的压力,迎风面形成正压,背风面形成负压,气流由正压区的开口进入,由负压区的开口排出。热压是指当舍内不同部位的空气因温热不匀时,受热变轻的热空气上浮,浮至顶棚或屋顶处形成高压区,而畜舍下部空气由于不断变热上升,空气稀薄,形成低压区。此时,如果畜舍上部有空隙,热空气就会由此逸出舍外,而冷空气由下部进入舍内。

自然通风又分无管道自然通风系统和有管道自然通风系统两种形式,前者指不需专用的通风管道,经开着的门窗进行通风换气,适用于温暖地区或寒冷地区的温暖季节;后者靠专用的通风管道进行换气,适用于寒冷季节的封闭畜舍中。

由于自然通风受许多因素,特别是气候与天气条件的制约,不可能保证封闭式畜舍经常、充分的换气。因此,为了建立良好的畜舍环境,以保证家畜健康及生产力的充分发挥,在畜舍中应实行机械通风。

畜舍机械通风主要有三种方式,即负压通风、正压通风、联合通风。

1. 负压通风

这种通风方式是用风机抽出舍内污浊空气,由于舍内空气被抽出,变成空气稀薄的空间,压力相对小于舍外,新鲜空气通过进气口或进气管流入舍内而形成舍内外空气交换。

负压通风系统比较简单,投资少,管理费用也较低,因而畜舍通风多采用负压通风。负压通风因其风机安装位置不同又分以下几种形式。

(1)屋顶排风形式。风机装在屋顶,以抽走污浊空气和灰尘,新鲜空气由侧墙风管或风口自然进入。这种通风方式适用于气候温暖和较热地区、跨度在 12 m以内的畜舍,停电时,能实现自然通风。

(2)侧壁排风形式。风机装在两侧纵墙上,新鲜空气从山墙上的进气口进入,经管道均匀分送到舍内两侧。这种通风方式适用于少风地区跨度 20 m 以内的畜舍,对两侧有粪沟的双列式猪舍最适用。

(3)穿堂风式排风。排气风机装在一侧纵墙上,新鲜空气从另一侧进入舍内,形成穿堂风。这种通风形式适用于温暖、少风、跨度小于 10 m 的畜舍。

2. 正压通风

这种通风方式是通过风机将舍外新鲜空气强制送入舍内,使舍内压力增高,舍内污浊空气经风口或风管自然排走,实现气体交换。正压通风的优点在于可对进入的空气进行加热、冷却以及过滤等预处理,从而有效地保证畜舍内的适宜温湿状况和清洁的空气环境,尤其适用于严寒、炎热地区。但是这种通风方式比较复杂、造价高、管理费用也大。正压通风因其风机安装位置不同又分以下几种形式。

(1)屋顶送风形式。屋顶安装风机送风,污浊气体由两侧壁风口逸出,这种通风方式适用于多风地区。

(2)侧壁送风。又分一侧送风及两侧送风。前者为穿堂风形式,适用于炎热地区,且只限于前后墙距离不超过 10 m 的小跨度的畜舍,后者适用于大跨度畜舍。但如果实行供热、冷却、空气过滤等,由于两侧送风进风口分散,无论设备、管理,还是能源利用都不经济。

3. 联合通风

这种通风方式是一种同时采用机械送风和机械排风的方式。大型封闭舍,尤其是无窗畜舍中,仅靠机械排风或机械送风往往达不到应有的通风换气效果,必须采用联合式机械通风。联合式通风系统风机设置形式,基本上有两种:

(1)低进风口、高排风口方式。这种通风方式是在畜舍下部设置送风风机,送入舍外的新鲜空气;在畜舍上部设置排风风机,将聚积在畜舍上部的污浊空气抽走。这种方式有助于通风降温,适用于温暖和较热地区。

(2)高进风口、低排风口方式。这种通风方式是在畜舍上部由风机送入新鲜空气,在畜舍下部抽走污浊空气。这种方式既可避免在寒冷季节冷空气直接吹向畜体,也便于预热、冷却和过滤空气,对寒冷地区或炎热地区都适用。

第四节　畜舍的采光照明

光照是影响畜禽健康与生产的重要因素,也是饲养人员工作的必需条件。为给畜禽创造适宜的环境条件,必须进行合理采光。畜舍的采光分自然光照和人工光照两种,开放式和半开放式畜舍以及有窗畜舍主要靠自然采光,必要时辅以人工光照;而全封闭畜禽舍主要依靠人工照明。在畜舍中不仅应保持合乎要求的光照强度,而且应根据畜禽品种、年龄、生产方向(肥育、种用等)以及生产过程等确定合理的光照时间。长期的生产实践证明,合理的光照强度和光照时间会对动物健康、繁殖、生产产生巨大的影响。

一、畜舍采光设计

1. 畜舍朝向

畜舍朝向与畜舍采光和舍内温度具有重要的关系。合理的畜舍朝向,应考虑当地的地理纬度、气候特征及周边环境条件等因素而定。冬季应最大限度接受太阳辐射,提高舍内温度,减少能源消耗,改善卫生防疫条件;夏季最大限度地减少太阳辐射,降低舍内温度,减少降温系统运行成本。北方地区畜舍的朝向一般为坐北向南,东西走向,南偏东 $15°$。

2. 畜舍间距

畜舍间距过小或者畜舍附近有高大建筑物或树木时,会遮挡太阳的直射光和散射光,影响舍内的照度。因此,其他建筑物与畜舍的距离,应不小于建筑物本身高度的 2 倍。

3. 采光系数

采光系数是指窗户的有效采光面积与舍内地面面积之比。畜舍的采光系数因畜禽种类、生产要求和不同气候特点不同而不同,奶牛舍为 1:12,肉牛舍为 1:16,犊牛舍为 1:(10~13);种猪舍为 1:(10~12),肥育猪舍为 1:(10~15);羊舍为 1:(10~12);成年禽舍为 1:(10~12),雏禽舍为 1:(7~9)。窗户面积越大,进入舍内的光线就越多,越亮堂。

4.入射角

入射角是指畜舍地面中央的一点到窗户上缘(或屋檐)所引的直线与地面水平线之间的夹角(α),如图 3-1(a)所示。入射角愈大,越有利于采光。为保证舍内得到适宜的光照,入射角应大于 25°。

5.透光角

透光角是指畜舍地面中央一点向窗户上缘(或屋檐)和下缘所引的两条直线形成的夹角(β)如图 3-1(b)所示。透光角越大,越有利于光线进入。为保证舍内适宜的照度,透光角一般不应小于 5°。

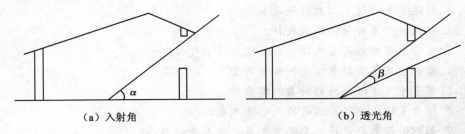

（a）入射角 （b）透光角

图 3-1 入射角与透光角

从防暑和防寒考虑,夏季不应有直射光进入舍内,冬季则希望光线能照射到畜床上。为了达到温热环境的要求,可以合理设计窗户上缘和屋檐的高度。当窗户上缘外侧(或屋檐)与窗台内侧所引的直线同地面水平线之间的夹角小于当地夏至的太阳高度角时,就可防止夏季阳光直射入舍内,如图 3-2(a)所示;当畜床后缘与窗户上缘(或屋檐)所引直线同地面水平线之间的夹角等于或大于当地冬至的太阳高度角时,就可使太阳在冬至前后直射在畜床上,如图 3-2(b)所示。

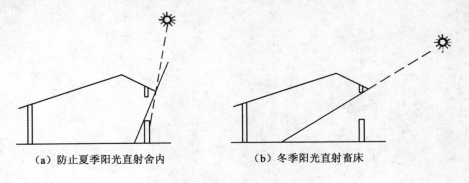

（a）防止夏季阳光直射舍内 （b）冬季阳光直射畜床

图 3-2 畜舍内太阳直射光设计

二、畜舍人工照明

自然光照不能满足动物生产需求时要补充人工光照。人工光照是指在畜舍内安装光源提供光照，人工照明要合理布局光源，选择合适的功率，以满足最佳的光照强度。光源的高度直接影响着地面的照度，离地越高，地面的照度就越小。为使舍内的照度较均匀，应适当降低每个光源的功率，增加光源的个数。

思 考 题

1. 简述畜舍建筑常用的材料及其特性。
2. 如何进行畜舍保温隔热设计？
3. 畜舍中有哪些有害气体？如何减少有害气体？
4. 畜舍中有害微粒有哪些？如何消除？
5. 畜舍中有害微生物的种类有哪些？
6. 什么是通风换气？通风换气的方式有哪些？
7. 如何进行采光设计？影响畜舍采光的因素有哪些？

第四章 畜禽的选育与利用

第一节 品种及其分类

一、品种的概念和必备条件

(一)品种

品种是指一个种内具有共同来源和特有一致性状的一群家养动物,是在一定的生态和经济条件下,经自然或人工选择形成的家养动物群体。

(二)品种应具备的条件

(1)遗传性稳定,种用价值高。品种必须具有稳定的遗传性,才能将其典型的特征遗传给后代,使得品种得以保持下去,这是纯种畜禽与杂种畜禽最根本的区别。所谓种用价值,就是优良性状的遗传性稳定,当进行纯种繁育时,能将其典型的优良性状稳定地遗传给后代,当它与其他品种杂交时,能表现出较高的杂种优势,并具有改造低产品种的能力。

(2)性状及适应性相似。作为同一个品种的畜禽,在体形结构、生理机能、重要经济性状、对自然环境条件的适应性等方面都很相似,它们构成了该品种的基本特征,据此很容易与其他品种相区别。没有这些共同特征也就谈不上是一个品种。

(3)来源相同。同一品种家畜,由于有共同的祖先,因此有着基本相同的血统来源,在生产性能、体型外貌、生理特性和对环境条件的适应性等方面,都具有良好一致性。

(4)一定的品种结构。所谓品种结构,就是指一个品种是由若干各具特点的类群构成的,即除具有该品种的共同特点外还各具特色,而不是由一些家畜简单汇集而成。品种内存在这些各具特点的类群,就是品种的异质性。正是由于这种异质性,才能使一个品种在纯种繁育时,还能继续发展、改进和提高。这种品种内差异存在的形式,就叫作品种结构。因此,在一个品种内创造和保持一些各具特点的类群,是完全必要的。

(5)足够的数量。数量是质量的保证。品种内的个体数量多,才能扩大分布地区,使品种具有较广泛的适应性;才能保持品种旺盛的生命力;才能进行合理的选配,而不致被迫近交,导致品种毁灭。

(6)被政府部门或者品种协会所承认。作为一个品种必须经过政府或者品种协会等权威机构审定,确定其是否满足以上条件,并予以命名,只有这样才能正式称为品种。

二、品种的分类

在畜牧业上,家畜品种常按选育程度、体型与外貌特征和生产性能来分类。

(一)按选育程度分类

根据选育程度,可以把家畜的品种分为原始品种、培育品种和过渡品种。

(1)原始品种。它是在畜牧生产水平较低、饲养管理和繁育技术水平不高、自然选择作用仍较大的历史条件下所形成的品种。原始品种的主要特点是:体小晚熟;体质结实,体格协调匀称;各种性状稳定整齐,个体间差异小;生产力低,但全面;对当地的气候条件和饲草料条件等自然条件具有良好的抗逆性和适应性。原始品种是培育新品种的宝贵基因库,要有计划地加以保留,以保持生物的多样性。

(2)培育品种。它是人们在明确的目标下选择和培育出来的品种,生产性能和饲料报酬都较高,适应不同的生态环境,对畜牧业生产力的提高起有重要作用。如荷斯坦奶牛、长白猪、澳洲美利奴羊、伊莎蛋鸡等都属这类品种。

(3)过渡品种。有些品种既不够培育品种的水平,但又比原始的培育程度要高一些,人们就称这类品种为过渡品种。它是原始品种经过培育品种的改良或人工选育,但尚未达到完善的中间类型。

(二)按体型与外貌特征分类

(1)按体型大小,可将家畜分为大型、中型和小型。

(2)按角的有无,牛、羊根据角的有无可分为有角品种和无角品种。

(3)按尾的大小和长短,绵羊可分为短瘦尾、长瘦尾、短脂尾、长脂尾和肥臀等。

(4)按被毛或者羽毛的颜色,不同家畜品种的被毛颜色千差万别,不同家禽品种的羽毛颜色差异也很大。

(三)按生产性能分类

按畜禽的生产力类型,可将品种分为专用品种和兼用品种两大类。

(1)专用品种。又称专门化品种,这类品种具有一种主要生产用途。它是由于人类的长期选择与培育,使品种的某些特征、特性获得了显著发展,或某些器官产生了突出的变化,从而出现了专门的生产力。如牛可分为乳用品种(黑白花牛)和肉用品种(海福特牛)。

(2)兼用品种。又称综合品种,它具有两种或两种以上生产用途。属于这些品种有两种情况,一种是在农业生产水平较低的情况下所形成的原始品种,它们的生产力虽然全面但较低;一种是专门培育的兼用品种,如毛肉兼用的新疆细毛羊、肉乳兼用的西门塔尔牛、蛋肉兼用的洛岛红鸡。

第二节　性　能　测　定

性能测定是育种工作的基础,没有性能测定,就无法获得育种工作所需要的各种信息,家畜育种工作就变得没有任何意义。性能测定必须严格按照科学、系统、规范的程序去实施,所得到的信息才可靠,才能引导育种工作,提高育种的工作效率。

一、外形的鉴别和评定

(一)外形的一般要求

外形就是家畜的外部形态,在一定程度上反映内部机能、生产性能和健康状况。外形部位的一般要求如下。

(1)头部。以头骨为基础。从头的形态结构可判断家畜的经济类型、品种特征、改良程度、性别和健康状况。头的宽窄与体躯宽窄有正的相关。一般乳牛和乘马的头型多狭长而清秀;肉畜的头型短宽而多肉。头过窄过小,则表示发育不良。

(2)颈部。以颈椎为基础。也能反映经济类型、性别与发育程度。一般要求颈部的长短与厚薄要发育适度。乳牛和乘马的颈多较长而薄,肉牛与挽马则较短而厚。颈部过长过薄,则表示过度发育,大头小颈更是严重的"失格"。

(3)鬐甲部。鬐甲有高低、长短、宽窄之分,要求高、长适度,厚而紧实,并和肩部紧密相接。一般乳牛和乘马的鬐甲高而长,肉牛、挽马和猪则相反。

(4)背部。背部要求平直、结实、长短适度。一般乳牛、挽马和役牛为长背,乘马则较短,肉畜则背部相对较宽。

(5)胸部。胸腔以胸椎、肋骨和胸骨构成,要求长、宽、深。乳牛和乘马的胸较窄,但较长和深;肉牛与挽马的胸较短,但较宽和深。狭胸平肋或胸短而浅,对任何用途家畜都属严重缺点。

(6)腰部。腰部要求宽广平直,肌肉发达,特别是役畜更为重要。一般肉畜的腰部短宽,乳畜则较狭长,乘马较短,挽马较长。过窄和凸凹都是体质纤弱的表征。

(7)尻部。尻部均要求长、宽、平直,特别是肉用和奶用家畜,役畜则以适当的长度和倾斜度为好,尖尻、屋脊状尻和过斜的尻都是不良性状。

(8)腹部。腹部应大而圆,腹线与背线平行。"垂腹""卷腹"和"草腹"都属不良性状。

(9)乳房。乳牛的乳房形状应方正饱满,四室均称,附着良好,不下垂;乳头粗大垂直呈圆柱状,长短合宜,距离适中。

(10)生殖器官。公畜要求有成对的发育良好的睾丸,阴囊紧缩不松弛,包皮干燥不肥厚,单睾和隐睾者不能作为种用。对母畜要求阴唇发育良好,外形正常。

(11)四肢。总的要求是肢势端正,结实有力,关节明显,蹄质致密,管部干燥,筋腱明显。切忌"X"形和"O"形肢势等。

(二)不同用途家畜的外形特点

不同生产用途、不同性别的家畜,其外形区别很大,掌握它们各自的特点,有利于通过外形鉴定确定优良个体。

(1)肉用家畜。体躯宽广,身体呈圆筒形。头短宽,颈粗厚,背腰宽平,后躯丰满,四肢短,肢间距离宽。

(2)乳用家畜。前小后大(头、颈和前躯较小,后躯发达),体形呈三角形。头清秀而长,颈长而薄,胸窄长而深,中躯和后躯发达,乳房大而呈四方形,乳静脉粗而弯曲,四肢长且肢间距离较窄,全身清瘦,棱角突出,皮薄毛细,眼睛明亮且活泼有神。

(3)毛用家畜。体形较窄,四肢较长,皮肤发达,全身被毛长而密,头部毛着生至两眼连线、前肢毛着生至腕关节、后肢毛着生至飞节,颈部有1～3个完全或不完全的横皱褶。

(4)役用家畜。以马为例,可分为乘用型和挽用型两种。乘马体高与体长接近相等,多呈正方形;头清秀,颈细长,躯干较短,四肢修长,肌肉结实有力。挽用马长大于体高,多呈长方形;头粗重,颈短壮,低身广躯,肌肉发达,结实有力。

二、生长发育的概念与测定

生长和发育是两个不同的概念。生长是畜禽达到体成熟前体重的增加,即细胞数目的增加和组织器官体积的增大,它是以细胞分裂增殖为基础的量变过程。而发育则是畜禽达到体成熟前体态结构的发育和各种机能的完善,即各组织器官的分化和形成,它是以细胞分化为基础的质变过程。

生长发育测定的方法是定期称量体重和测量体尺,一般分初生、断乳、初配、成年几个时期进行测定,主要测量体高、体长、胸围和管围等体尺。

体高:由鬐甲最高点至地面的垂直距离。

体长:即体斜长,由肩端前缘至臀端后缘的距离,可以用卷尺或测杖量取。

胸围:肩胛后缘处量取的胸部周径。

管围:左前肢管部上 1/3 最细处量取的水平周径。

三、生产性能的测定

生产性能测定是个体鉴定的一个重要组成部分,根据畜禽用途的不同,其生产性能可分为肉用性能、乳用性能、毛用性能、蛋用性能,各种用途家畜都必须测定繁殖性能。

(一)产肉性能

(1)活重。活重指家畜的活体重量。一般来说,活重愈大,产肉愈多,但由于畜种、品种、年龄和营养状况不同,相同活重的个体产肉量有时相差很大。因此,常根据某种家畜一定年龄时的体重大小作为评定的指标。

(2)增重。家畜在某一年龄阶段内体重的增量为增重,每天增加的体重则为日增重。

(3)料重比。家畜在某一年龄阶段内饲料消耗量与总增重之比。

(4)屠宰率。家畜屠宰后,除去头、蹄、内脏(保留板油和肾脏)、皮(猪去毛不去皮)后得到的胴体重量占活重的比率。

(5)净肉率。净肉重(胴体去骨后重量)占活重的比率。这一指标多用于牛、羊。

(6)膘厚。猪的专用指标。指第 6～7 胸椎连接处背膘的厚度。膘愈薄,说明瘦肉率愈高。

(7)眼肌面积。最后一对腰椎间背最长肌的横断面积。眼肌面积愈大,其瘦肉率愈高。

(8)肉的品质。主要根据肉色、肉味、嫩度、系水力、滴水损失、大理石状等指标来评定。

(二)产奶性能

(1)产奶量。

305 d 产奶量:产犊到第 305 个泌乳日的总产奶量。可以每日测定并记录,也可每月测定 1 d(每次间隔时间均等),然后将 10 次测定总和乘以 30.5,作为 305 d 产奶量的记录。

年产奶量:在一个自然年度中的总产奶量。

泌乳期产奶量:从产犊到干乳期间的总产奶量。

(2)乳脂率。乳中所含脂肪的百分率。

(3)4%标准乳量。为了比较个体之间的产奶量,以4%乳脂率的牛奶作为标准乳。乳脂率超过或不足4%可按公式折算成4%标准乳。

$$4\%标准乳量=(0.4+15\times乳脂率)\times产奶量$$

(4)成年当量。奶牛的泌乳期产奶量与产犊年龄有很大的关系,在不同的胎次产奶量相差较大,在成年时(一般第4~6胎)产奶量最高。为了使不同产犊年龄的泌乳期产奶量具有可比性,需要将产犊年龄进行标准化,通常将各个产犊年龄的泌乳期产奶量校正到成年时的产奶量,称为成年当量。

(三)产毛性能

(1)剪毛量。剪毛量是指从一只羊身上剪下的全部羊毛(污毛)的重量。

(2)净毛率。从羊体剪下的羊毛除去油汗、尘土、粪渣、草料碎屑等杂质后所得的净毛重量与污毛重(剪毛量)的比率。

(3)毛品质。评定毛品质的主要指标有长度、细度、密度、匀度、油汗和弯曲度等。

长度:一年内羊毛生长的长度,指毛丛的自然长度。

细度:羊毛细度是指羊毛纤维的粗细,指的是毛纤维横断面直径的大小,用平均直径和品质支数表示。

密度:单位皮肤面积上羊毛的根数。

匀度:羊毛纤维的均匀程度,包括部位的匀度和毛丛匀度。

(四)产蛋性能

(1)产蛋数。指从开产至特定周龄的累积产蛋数,常用的时间范围有40周龄、55周龄、72周龄等。

(2)蛋重。单个新鲜蛋(24h内)的重量。如要计算某个品种群体的平均蛋重,可以每月间隔或连续称重3次,求其平均值。

(3)料蛋比。产蛋鸡在某一年龄阶段内饲料消耗量与产蛋总重量之比。

(4)蛋的品质。可根据蛋形、蛋壳色泽、蛋壳厚度、蛋壳强度、蛋白品质等方面来评定。

(五)繁殖性能

(1)受胎率。受胎母畜数占参加配种母畜数的比率。反映配种效果。

（2）繁殖率。本年度内出生仔畜数占上年度终成年母畜数的比率。反映成年母畜产仔情况。

（3）成活率。本年度终成活仔畜数占本年度内出生仔畜数的比率。反映幼畜的育成效果。

（4）繁殖成活率。本年度终成活仔畜数占上年度终成年母畜数的比率。反映本年度总的繁殖情况。

（5）产仔数。每一窝产的仔畜数（包括死胎在内），每一窝产的活仔畜数则称为活仔畜数。

（6）初生重。仔畜初生时的个体重量。

（7）初生窝重。仔畜初生时全窝的总重量。

（8）断奶窝重。仔畜断奶时全窝的总重量。

（9）受精率。受精蛋数占入孵蛋数的比率。

（10）孵化率。受精蛋的孵化比率。

第三节　选种与选配

一、家畜的选种

（一）选种的意义

家畜的选种，就是按照既定的目标，通过一系列的方法，从畜群中选择出优良个体作为种用。其实质就是限制和禁止品质较差的个体繁衍后代，使优秀个体得到更多繁殖机会，扩大优良基因在群体中的比率。若不加选择或选择不当，畜群品质退化将会很快。

（二）选种的方法

作为一头种畜，首先要求它自身的生产性能高，体质外形好，发育正常；其次还要求它繁殖性能好，合乎品种标准，种用价值高。这六方面缺一不可，但最重要的还是在于其实际种用价值。因为种畜的主要作用不在于能生产多少畜产品，而在于能否生产出品质优良的后代。

1. 个体选择

个体选择就是以家畜个体性状表型值大小为基础的选择，即根据该个体的生长发育、体质外形和生产力这几方面的实际表现来推断其遗传型优劣。个体选择的具体方法是：在环境相似并有准确记录的条件下，将畜群中的各个个体进行相互比较,或者各个个体与鉴定标准比较选出优秀个体。

在个体选择中,当多个性状需要改进提高时,拟采用以下不同的选择方法。

(1)顺序选择法。顺序选择法是把需要改良的性状排出先后顺序,一个一个地进行改良。当第一个性状达到标准后,再选第二个性状。

(2)独立淘汰法。独立淘汰法是同时选择两个或两个以上的性状,并分别规定出各性状所应达到的最低标准,全面达到标准者被选留。若有一项未达标准,其他方面即使很突出也将被淘汰。

(3)选择指数法。选择指数法是同时选择几个性状,对其中每个性状都按其相对重要性分别给予不同的加权系数,并综合它们的遗传特性求出一个选择指数,然后根据指数的高低进行选留。

2.系谱选择

(1)系谱及其种类。系谱是系统记载畜禽亲本及相关亲属生产性能和等级的记录资料,它是了解个体遗传信息的重要来源。一个完整的系谱一般包括3~5代,并详细登记每一祖先的畜号、出生年月、体重、生产成绩、外形评分和个体等级等内容。系谱格式因目的和要求而不同,常用的有以下两种。

①竖式系谱。竖式系谱是按子代在上,亲代在下,母系在左,父系在右的格式安排的系谱。第一行是亲代,第二行是祖代,第三行是曾祖代,这种系谱的格式和祖先血统的关系如表4-1所示。

表 4-1　竖式系谱

母				父			
外祖母		外祖父		祖　母		祖　父	
外祖母的母亲	外祖母的父亲	外祖父的母亲	外祖父的父亲	祖母的母亲	祖母的父亲	祖父的母亲	祖父的父亲

②横式系谱。横式系谱是按子代在左,亲代在右,父系在上,母系在下来安排的系谱,越向右祖先辈分越高。

(2)系谱的选择。所谓系谱选择,就是根据系谱中记载的祖先资料,如生产性能、生长发育以及其他有关资料进行分析评定的一种选择方法。后代的品质很大程度取决于祖先们的品质及其遗传稳定性,如果祖先好而又遗传性稳定,则所生后代优良。

系谱选择多用于对幼畜的选择。因为幼龄畜禽正处于生长发育时期,外形没有固定,也没有生产成绩可供参考,此时只有利用其祖先有关记录来进行选择。

3.后裔测验

后裔测验是在比较一致的条件下对几个亲本的后裔进行比较测验,然后按各自后裔的平均成绩确定对亲本的选留与淘汰。后裔测验的缺点是需时较长,相应延长了世代间隔,且经济耗费也较大。所以这种选择方法一般多限于对畜群影响较大的公畜中使用,如乳用公牛和蛋用公鸡,而且经系谱和个体选择合格之后确认为有种用前途者,才可允许参加后裔测验。

4.同胞选择

同胞分全同胞和半同胞,同父同母的子女之间为全同胞,同父异母或同母异父的子女之间为半同胞。同胞测定就是根据其同胞成绩对选择个体的种用价值进行评定。同胞选择的优点是,同胞资料可较早获得,同时对公畜本身不表现的性状(如繁殖力、泌乳力等)、不能活体度量的性状(如屠宰率、肉品质等)以及低遗传力的性状,都具有很重要的意义。

上述几种选种方法都比较简单易行,在实际工作中已被广泛采用。但是,如果需要用一个精确的数字来表示种畜的种用价值,应充分利用来自各方面的遗传信息,考虑采用比较复杂的"估计个体育种值"的方法来评定种畜的种用价值。

二、家畜的选配

选配即有意识、有计划、有目的地决定公母畜的配对,根据人为意愿组合后代的遗传基础,以达到培育或利用优秀种畜的目的。

选配按其对象不同,可分为个体选配与种群选配两类。在个体选配中,按交配双方品质的差异,可分为同质选配与异质选配;按交配双方亲缘关系远近,可分为近交与远交。在种群选配中,按交配双方所属种群特性不同,可分为纯种繁育与杂交繁育。

(一)品质选配

品质选配就是考虑交配双方品质对比情况的一种选配。所谓品质,既可以指一般品质如体质外形、生产性能和产品质量等,也可以指遗传品质,如育种值的高低。根据交配双方品质差异的情况,又可分为同质选配与异质选配两种。

1.同质选配

同质选配是一种以表型相似为基础的选配,就是选用性状相同、性能表现一致,或育种值相似的优秀公母畜来配种,以期获得与亲代品质相似的优秀后代。

2.异质选配

异质选配是一种以表型不同为基础的选配,具体可分两种情况。

一种是选择具有不同优异性状的公母畜相配,以期将两个优良性状结合在一起,从而获得兼有双亲不同优点的后代。例如选毛长的羊与毛密的羊相配,选乳脂率高的牛与产奶量多的牛相配,就是从这样一个目的出发的。

另一种是选择同一性状,但优劣程度不同的公母畜相配,即所谓以优改劣,以期后代能取得较大的改进和提高。

(二)亲缘选配

亲缘选配,就是考虑交配双方亲缘关系远近的一种选配,如果交配双方有较近的亲缘关系,即:①系谱中,双方到共同祖先的总代数不超过6代;②双方间的亲缘系数不小于6.25%;③交配后代的近交系数不小于0.78%者,叫作近亲交配,又称近交;反之,则叫远亲交配,简称远交。

(三)种群选配

种群是种用群体的简称,可以指一个畜群或品系,也可以指一个品种或种属。在家畜育种中多指品种。种群选配可分为同种群选配和异种群选配两种,前者通常是指纯种繁育,而后者多指杂交繁育。

1.纯种繁育

纯种繁育简称纯繁,是指在本种群范围内,通过选种选配、品系繁育、改善培育条件等措施,以提高种群性能的一种方法。纯种繁育作为一种育种手段和选配方式,其主要作用是巩固遗传性和提高现有品质。

2.杂交繁育

杂交繁育简称杂交,是指遗传类型不同的种群个体互相交配或结合而产生杂种的过程。在育种上,根据不同的分类标准杂交可分为以下几类:根据亲本亲缘程度分为品系间杂交、品种间杂交、种间杂交和属间杂交等;根据杂交形式分为简单杂交、复杂杂交、引入杂交、级进杂交等;根据杂交目的分为以育成新品种或新品系为目的的育成杂交,以利用外来品种优良性状改良本地品种且保留本地品种适应性为目的的改良杂交,以保持地方品种的性能特点为主吸收外来品种某些优点的引入杂交,以利用杂种优势、提高畜禽的经济利用价值为目的的经济杂交。

第四节　本品种选育与品系繁育

一、本品种选育

本品种选育是指在本品种内部通过选种、选配、品系繁育、改善培育条件等措施,以提高品种性能的一种方法。本品种选育的基本任务是保持和发展一个品种的优良特性,增加品种内优良个体的比重,克服该品种的某些缺陷,达到保持品种纯度和提高整个品种品质的目的。

本品种选育的基本措施如下:

(1)制订严密的选育计划。在进行选育之前应详细了解所选品种的主要性能、优缺点、数量、分布和形成历史条件等,然后确定选育方向,拟定选育目标,制订选育计划。

(2)建立良种繁育体系。良种繁育体系一般可由育种场、繁殖场和商品场三级组成。育种场建立选育核心群,种畜由产区经普查鉴定选出,并在场内按科学配方合理饲养和进行幼畜培育,在此基础上实行严格的选种选配和品系繁育等细致的育种工作。通过系统的选育工作,培育出大批优良的纯种公母畜,分期分批推广,装备繁殖场。繁殖场的主要任务是扩大繁育良种,为商品场和专业户提供种畜。商品场和专业户主要开展商品生产。

(3)健全性能测定制度和严格选种选配。育种群的种畜,都应按全国统一的有关技术规定,及时、准确地做好性能测定工作,建立健全种畜档案。选种时应针对每一品种的具体情况,突出重点,集中几个主要性状进行选择,以加大选择强度;选配方面,应根据本品种选育的不同要求,采取不同方式。在育种场的核心群中,为了建立品系或纯化,可以采用不同程度的近交;在良种产区或一般繁殖群中,应避免近交。

(4)科学饲养与合理培育。良种还需要良养,只有在比较适宜的饲养管理条件下,良种才有可能发挥其高产性能。因此,在开展本品种选育时,应把加强饲草饲料基地建设,改善饲养管理,进行合理培育放在重要地位。

(5)开展品系繁育。品系繁育是加快选育进度的一种有效方法。实践证明,不论是原来的品种,还是新育成的品种,采用品系繁育都可较快地取得预期效果。在开展品系繁育时,应根据不同类型品种特点及育种群、育种场地等具体条件,采用不同的建系方法。

(6)适当导入外血。当采用各种常规选育措施,仍不能有效地克服一个品种的个别重要缺陷时,可以考虑适当导入外血,即导入某一具有相应优点的品种的基因,以克服原品种的缺陷。

二、品系繁育

(一)品系的概念与分类

1.品系的概念

品系是品种的结构单位,既符合该品种的一般要求,又有其独特优点。品系通常有狭义和广义之分。狭义的品系,是指来源于同一头卓越的系祖,并且有与系祖类似的体质和生产力的种用高产畜群,同时这些畜群也都符合该品种的基本方向。狭义的品系通常称为单系,即从单一系祖建立的品系。广义的品系,是指一些具有突出优点,并能将这些优点相对稳定遗传下去的种畜群。

2.品系的分类

(1)地方品系。地方品系是指地方品种内部的具有不同突出特点的、遗传性稳定的类群。我国的很多地方品种,都有地方品系。

(2)单系。单系也称系祖系,是以一头杰出的系祖发展起来的品系。

(3)近交系。近交系采用连续高度近交的方式所形成的品系,近交系数达到37.5%以上。

(4)群系。群系是以优秀个体组成的群体进行闭锁繁育所形成的具有突出优点的品系。

(5)合成系。合成系是以两个或两个以上的品种或品系,通过杂交选育而建立的品系。

(6)专门化品系。专门化品系指生产性能"专门化"的品系。凡具有某方面突出优点,并专门用于与另一特定品系杂交的品系称之为专门化品系。

(二)品系建立方法

1.系祖建系法

(1)选择系祖。系祖最好是公畜,并经过后裔测定证明为优秀的个体,其某一性状非常突出,其他性状符合育种目标,同时遗传性稳定。在实际挑选中,允许系祖有轻微的、通过预料可以消除的缺点。

(2)选育继承者。要巩固系祖的优秀特点,必须加强系祖后代的选择与培育,选择最优秀的个体作为继承者。

(3)重复选配。重复选配是系祖建系法的一个重要选配原则,凡是与系祖或系祖继承者交配、后裔成绩优良的成功配对,应尽可能地重复。

2.近交建系法

(1)建立基础群。基础群的公畜数不宜太多,公畜间力求彼此同质并具有一定的亲缘关系,最好是后裔测定证明的优秀个体;母畜数越多越好,且应来自经过生产性能测定的同一家系。

(2)高度近交。利用亲子、全同胞或半同胞交配,使优良性状的基因迅速纯合,以达到建系目的;当出现近交衰退现象,则应暂时停止高度近交。

(3)合理选择。选择时最初几个世代以追求基因的纯合为目的,不宜过分强调生产力,仅淘汰严重衰退的个体。

3.群体继代选育法

（1）选集基础群。选集基础群主要是选集优良性状的基因,公母畜只要有所需的基因即可入选;所选性状一般为 2～3 个,宜精而不宜多,用综合选择指数进行选择;为使基础群有广泛的遗传性,要求个体最好不是近交个体;公母畜间最好无亲缘关系,至少公畜间无亲缘关系;基础群的数量要根据实际条件而定。

（2）闭锁繁育。基础群选集好后,群体闭锁繁育,只允许基础群中的公母畜交配,不得再引进种畜;后备种畜都要从基础群的后代中选留,至少持续 4～6 个世代,直到该品系建立。

（3）加强选配。选配方式依基础群大小和选配技术而定,当基础群较小,选配的技术差时,宜实行随机交配;相反可实行个体选配加近交的形式;一般认为品系建成后近交系数应达 10％～15％。

（4）严格选留。后代要在同样条件下选留,以增加世代间的可比性;多留精选,以提高选种的准确性;尽可能各家系都有选留,以免近交程度太高;缩短世代间隔,以加快遗传进展。

第五节　杂交育种与杂种优势利用

一、杂交育种

在生产中不但可以用育成杂交的方法培育新品种,还采用引入杂交或改良杂交方法对现有品种加以遗传改良。

（一）育成杂交

2 个或 2 个以上品种杂交培育新品种称为育成杂交。当已有品种不能满足市场需求时需要培育新品种。育成杂交是家畜新品种培育的主要方法。主要包括杂交创新阶段、自繁定型阶段和扩群提高阶段。

（二）引入杂交

引入杂交也叫导入杂交,它是在一个品种基本上能够满足市场的需求,但还有某种重要缺点,或者在主要经济性状方面需在短期内提高时采用的一种杂交方式,其目的在于改良畜群中的某种缺陷,但同时保存其优良特征。

1.引入杂交的方法

引入杂交是利用改良品种的公畜和被改良品种的母畜杂交一次,然后选用优良的杂种公母畜与被改良品种回交,回交一次获得含有 1/4 改良品种血统的杂种。

此时若已合乎理想要求,即可对该杂种家畜进行自群繁育,重新固定其遗传基础。如回交一次所获杂种未能很好表现被改良品种的主要特征特性,则可再回交一次,把改良品种的血统含量降低到 1/8,然后开始自群繁育。

2. 引入杂交注意事项

(1)慎重选择引入品种。引入品种要求生产力方向与原来品种基本相同,有针对原来品种缺点的显著优点,且适应性较强。

(2)严格选择引入的公畜或精液。要求引入的公畜具有针对原来品种缺点的显著优点,且这一优点可以稳定地遗传给后代,引入公畜最好经后裔测定证明为优秀公畜。

(3)引入外血量要适当。一般引入外血量为 1/8~1/4,外血过多不利于保持原来品种的特性,外血过少不能解决根本问题。

(4)加强原来品种和各代杂种的选育。这是引入杂交是否成功的关键,因为在引入杂交中,要保持原来品种的特性,而且只有各代杂种充分表现引入品种的优良性状,引入杂交才能成功。因此,应加强原来品种和各代杂种的选育。

(三)改良杂交

改良杂交又称级进杂交、吸收杂交。它是用优良的品种彻底改造本地品种生产力低、生产方向不理想、生长慢、成熟晚等缺点的一种最有效的方法。改良杂交主要应用于以下几个方面。

(1)改变家畜的生产力方向,尽快获得大量某种用途的家畜。例如由粗毛羊改为细毛羊;将脂肪型猪变为瘦肉型猪等。

(2)尽快提高家畜的某种生产性能。例如用优良高产奶牛改良当地土种牛以提高产奶量。

(3)获得大量既适应性强又生产力高的家畜。在条件比较艰苦的地方,可以用生产性能良好的品种改良适应当地恶劣条件而生产性能差的品种,以获得生产力高且适应性强的杂种。

(4)通过改良杂交而育成新品种等。改良杂交进行到一定程度,可以将高代杂种并入改良品种,或者将优秀的公母畜横交固定,选育出新品种。

二、杂种优势利用

不同品种或品系的家畜相杂交所产生的杂种,往往在生活力、生长势和生产性能等方面,表现在一定程度上优于其亲本纯繁群体,这就是人们所说的"杂种优势"。

当杂交的目的是为利用杂种优势时称经济杂交,但杂种优势利用的内容比经济杂交更为广泛。它既包括对杂交亲本种群的选优提纯，也包括杂交组合的选择和杂交工作的组织；既包括纯繁，也包括杂交及为杂种创造适宜的饲养管理条件等一整套综合措施。

（一）杂交亲本的选择

母本要求选择本地区数量多、适应性强、繁殖性能高、母性好和泌乳性能高的品种或品系，在不影响杂种生长速度的前提下，母本的体格不一定要求太大。

父本要求选择生长速度快、饲料利用率高、胴体品质好且与杂种所要求的类型相同的品种或品系；至于适应性问题，则可不必过多考虑，因父本数量很少，适当的特殊照顾费用不大。

（二）配合力测定

配合力是种群通过杂交能够获得的杂种优势程度，即杂交效果的好坏和大小。配合力有一般配合力和特殊配合力之分。一般配合力是指一个种群与其他各种群杂交所获得杂交效果的平均值。特殊配合力则是指两个特定种群间杂交所获得的超过一般配合力的杂种优势。

例如，测定 A，B 两个种群的一般配合力和特殊配合力。A，B 两个种群与其他各种群杂交产生的杂种一代某一性状的平均值分别用 $F_{1(A)}$ 和 $F_{1(B)}$ 表示，A，B 两个种群杂交产生的杂种一代该性状的平均值用 $F_{1(AB)}$ 表示。$F_{1(A)}$ 即 A 种群的一般配合力，$F_{1(B)}$ 即 B 种群的一般配合力；$F_{1(AB)} - (F_{1(A)} + F_{1(B)})/2$ 则为 A，B 两个种群的特殊配合力。

（三）杂种优势预测

不同种群间杂交效果好坏差异很大，只有通过配合力测定才能最后确定，但配合力测定费时费力，为了减少那些不必要的配合力测定，就可根据以下几点来对杂交效果进行预估，然后把预估效果较大的杂交组合列入配合力测定。

（1）凡分布地区距离较远，来源差别较大，类型和特点完全不同的品种或品系杂交，可望获得较大的杂种优势。

（2）主要经济性状变异系数小的品种或品系杂交效果一般较好，群体的整齐度在一定程度上可反映其成员基因型的纯合性。

（3）长期与外界隔离的品种或品系，一般可得到较大的杂种优势。这是由于封闭群体的基因型往往较纯，不同纯合基因型间杂交，杂种优势较大。

（4）遗传力低、近交时衰退严重的性状，杂种优势也较大。控制这类性状的基因非加性效应大，杂交后随杂合子频率的增加，群体均值也随之增加。

思 考 题

1. 什么是品种，品种应具备哪些条件？
2. 选种的方法有几种，各自有何特点？
3. 什么是选配，为何要进行选配？
4. 选配如何分类，各自有何特点？
5. 什么是杂种优势，如何利用杂种优势？

第五章　畜禽繁殖技术

第一节　公畜的繁殖机能

一、性成熟

家畜生长发育一定时期，生殖器官基本发育完全，第二性征开始表现，性腺中开始形成成熟的生殖细胞，同时分泌性激素，出现各种性反射，这一时期称为性成熟。

雄性牛、羊的性成熟期分别为 10～18 月龄、6～10 月龄，初配月龄分别为 18～24 月龄、12～15 月龄。公畜刚性成熟后，并不意味着能在生产中配种使用，这是因为公畜还处于生长发育比较迅速的阶段，若过早交配繁殖，则会严重阻碍其发育，影响后代的品质。但初配过迟，不仅造成一定的经济损失，而且还可能使公畜发生性行为异常。公畜的初配年龄，主要决定于个体发育程度，一般以达到成年体重的 70％～80％为宜。

二、性行为

性行为是动物的一种特殊行为表现，公畜的性行为一般包括性激动、求偶、勃起、爬跨、交配、射精一系列过程。性行为的表现受公畜的营养水平、健康状况、激素水平、神经类型以及季节和气候等因素的影响。

缺乏性经验的青年公畜应加以调教和训练，以保证配种或采精顺利完成。

三、精子发生过程

公畜在生殖年龄中，睾丸精细管上皮进行细胞的分裂、分化和形态上的变化，产生精子。精细管上皮由两种细胞组成，即支持细胞和生精细胞，支持细胞对精子发生起着营养和支持的作用，生精细胞为原始的生殖细胞，可分化成为精原细胞。

从精原细胞到精子形成的过程称为精子的发生，大体经历如下阶段：

（1）精原细胞的有丝分裂和初级精母细胞的形成。在此阶段，一个精原细胞经过数次有丝分裂,最终产生很多初级精母细胞(牛 24 个,绵羊 16 个),使精原细胞本身得到扩增。

(2)精母细胞的减数分裂和精子细胞的形成。初级精母细胞形成后,核内染色体复制,由原先的二倍体复制成四倍体,然后接连进行两次分裂,最终将原先四倍体的染色体均等分配到四个精子细胞中。因此,精子细胞和将由它演化成的精子都是单倍体,具备了生殖细胞的基本特征。

(3)精子细胞的变形和精子的形成。最初的精子细胞为圆形,以后逐渐变长,某些细胞器演化成精子特有的顶体、尾部等,细胞的原生质脱水浓缩。精子形成后,随即脱离精细管上皮,以游离状态进入管腔。

精子发生的全过程,牛需 60 d,绵羊需 49～50 d。

四、精子形态结构

家畜的精子形似蝌蚪,长 50～70 μm,分头、颈、尾三个部分。

头部:家畜精子的头呈扁卵圆形,主要由核构成,核内集中着来自公畜的全部遗传物质;核的前部是顶体,与受精有密切关系。

颈部:是精子头尾结合部,是精子结构中最脆弱的部分。

尾部:是精子的运动器官,呈鞭毛状。尾部因各段结构不同,又分为中段、主段和末段三部分,中段是精子能量代谢的中心。

五、精液的组成及相关参数

1.精液的组成

精液中精子占 5% 左右,其余为精浆。精浆中除了含有大量水、果糖、蛋白质和多肽外,还含有多种其他糖类(如葡萄糖)、酶类(如前列腺素)、无机盐和有机小分子,这些成分与血浆的成分相似。精浆中的糖类(主要是果糖)和蛋白质,可为精子提供营养和能源。就体积而言,有 90% 的精浆来自附属腺体的分泌物,其中主要是前列腺和精囊腺,少部分来自尿道球腺和附睾。

2.精液的相关参数

(1)精液量。精液量指一次排精所射出的精液体积。牛为 2～15 mL,平均 4 mL;羊为 0.2～4 mL,平均 1 mL;猪为 150～200 mL,鸡为 0.4～6 mL,平均 0.8 mL;兔为 0.7～2 mL,平均 1 mL;驴平均 50 mL;犬平均 6 mL;狐狸平均 1.5 mL。

(2)颜色。正常精液颜色是灰白色或略带黄色,猪和马的精液呈乳白色或浅灰白色。如果精液出现黄绿色,则可能存在炎症(如前列腺炎和精囊炎);如果精液呈红色(包括鲜红、淡红、暗红或酱油色),可能为血精。

（3）云雾状。新鲜精液在33～35℃温度下，精子成群运动产生的上下翻卷的现象。云雾状的明显程度代表高浓度的精液中精子活力的高低，云雾状翻卷明显且较快说明精子活力强。

（4）酸碱度。精液呈弱碱性，pH为7.2～7.8。

（5）精子密度。测定精液密度的方法有估测法、红细胞计数法和光电比色法。一般用测定活率的平板压片法进行显微镜观察，"稀"的标准是精子分散存在，精子之间的空隙超过一个精子的长度，一般每毫升所含精子在2亿以下；"中"的标准是精子之间距离约有一个精子的长度，有些精子的活动情况可以清楚地看到，一般每毫升所含精子数在2亿～10亿之间；"密"的标准是在整个视野中精子密度很大，彼此间隙很小，看不清各个精子运动的活动情况，一般每毫升含精子数10亿以上。牛的精子密度为8亿～12亿/mL，羊为20亿～30亿/mL，猪为2亿～3亿/mL，马为1.5亿～3亿/mL，鸡为30亿～50亿/mL。

（6）精子活率。精子活率是指一滴精液中直线运动的精子所占比例。如果视野中只有80%的精子直线前进，其余20%非直线式运作，则评分为0.8，即活率为0.8。

（7）精子畸形率。精子畸形率是指畸形精子占视野中总精子数的百分率。

六、外界因素对精子质量的影响

（1）温度。37～38℃时，精子可保持正常的代谢和运动；高于38℃，精子运动加剧，而后因能量耗竭而很快死亡；37℃以下，精子活动减弱；至5～7℃时，精子基本停止活动而呈休眠状态。

未经稀释的精液，采精后温度急速下降至10～15℃时，可使精子遭到严重伤害，部分失去活力并死亡，这种现象称为冷休克。

在0～5℃下保存精液，可使精子存活时间延长；在−30～−15℃时，可使精子细胞内部形成冰晶，破坏细胞结构，导致死亡，这个温度区被认为是冷冻精液危险区。

（2）渗透压。渗透压是由于细胞膜内外溶液浓度不同，所造成的膜内外的压力差。在高渗溶液中，精子脱水死亡；在低渗溶液中，精子吸水膨胀致死；精子最适宜的渗透压是等渗压。精清、乳汁、卵黄、血浆等天然体液和生理盐水、人工配制的等渗精液稀释液都符合这个条件。

（3）酸碱度。在一定限度内，酸性环境对精子有抑制作用，碱性则有激发作用，超过一定限度均引起精子死亡。适宜的环境应为弱酸性、中性或弱碱性，实践中常用酸抑制原理，抑制精子的运动，使精液在室温下得到较长时间的保存。

（4）光照。直射的阳光可加速精子的运动和代谢，促使其提早死亡，而且阳光中的紫外线对精子有直接的损害作用，但一般散射光对精子的影响不大。

（5）化学药品。一切消毒药，即使浓度很低，也足以杀害精子，应避免接触；某些抗生素，在一定浓度内对精子无毒害作用，而且可以抑制精液中的细菌，但浓度过大有致死作用。此外，吸烟产生的烟雾，对精子有强烈毒害作用，所以在精液处理过程中严禁吸烟。

（6）异物。精液中混入异物时，许多精子因其趋向性而以头部聚集异物周围，做摆动运动，从而终止了前进运动，不能参与受精过程。

（7）震动。震动可造成精子的机械性损伤，特别能破坏精子的颈部，导致精子头尾分离而失去受精能力，在精液运输过程中，应尽力避免撞击。

第二节　母畜的繁殖机能

一、初情期与性成熟

（1）初情期。母畜的初情期是指初次发情或排卵的年龄，此时母畜虽有发情表现，但不完全，而且生殖器官仍在发育中。

（2）性成熟。母畜到了一定年龄，生殖器官已发育完全，出现完整的发情，并能怀胎产仔，即具备了正常的繁殖能力，称为性成熟。性成熟的年龄，因遗传因素、环境因素、饲养管理因素以及其他因素的不同而异。母牛的性成熟期为 8～14 月龄，绵羊为 6～10 月龄，山羊为 5～10 月龄。

母畜达到了性成熟并不能立即配种使用，母畜此时仍处于迅速的生长发育过程中，生殖器官的发育尚不完善，过早使用会影响其将来的种用价值。对于适配年龄，除考虑个体的生长发育外，一般要求体重达到成年体重的 65%～70% 及以上。母牛适配年龄为 14～22 月龄，绵羊为 9～18 月龄，山羊为 12～18 月龄。

二、排卵

成熟卵泡的泡壁破裂，卵巢膜局部崩解，卵母细胞随同周围的卵丘细胞及卵泡液一起流出，附着在卵巢表面，接着便被输卵管伞所接纳，这一过程称为排卵。

排卵后，破裂的卵泡壁向内皱缩，并被血凝块所填充，血凝块是由卵泡壁上破裂的血管渗出血液凝结而成的，这时称为红体，此后红体转变为黄体。黄体的作用是分泌孕激素，使生殖器官发生一系列的变化，为接收受精卵做准备，同时维持妊娠和抑制其他卵泡的生长发育。黄体存在的时间取决于排出的卵细胞是否受精，如果排出的卵已受精,且母畜也受孕,则黄体一直维持到妊娠后期才逐渐退化,这样的黄体称为妊娠黄体;若卵未受精,母羊、母牛的黄体分别维持 14～15 d、16～17 d 后退化,这样的黄体称为周期黄体。黄体退化后,都将变成没有功能的白体,最后在卵巢表面留下残迹。

三、母畜的发情周期

发情周期的时间是指从一次发情的开始(或结束)到下一次发情开始(或结束)所间隔的时间。母牛为 18～24 d,绵羊为 14～29 d,山羊为 18～22 d。家畜发情周期大致可分为四个阶段。

(1)发情前期。发情前期是发情周期的开始时期,卵巢上的黄体进一步退化,卵巢中新的卵泡开始发育增大;雌激素分泌增加,刺激生殖道,使子宫及阴道黏膜增生和充血,子宫颈稍开放,出现性兴奋,但不接受爬跨。

(2)发情期。卵巢内卵泡迅速发育;在雌激素的强烈刺激下,使生殖道和外阴部充血肿胀、黏膜增厚、腺体分泌物增多、子宫颈开放、流出大量黏液;此时母畜性欲和性兴奋进入高潮,接受公畜爬跨并交配。母牛发情持续期为 13～27 h,绵羊为 30～36 h,山羊为 32～40 h。

(3)发情后期。发情后期是排卵后黄体开始形成的阶段,母畜由性激动逐渐转入平静状态,其生殖道的充血逐渐消退,蠕动减弱,子宫颈口封闭,拒绝爬跨。

(4)休情期。休情期是发情后期至下一次发情前期的一段时间,这一段时间最长。此期黄体继续生长,子宫黏膜增厚,子宫腺增生肥大而弯曲,分泌加强,产生子宫乳。如果卵母细胞受精,这一阶段将延续下去,如果未受精,则黄体退化,作用消失,卵巢内又有新的卵泡开始生长发育。

四、母畜发情鉴定

发情鉴定就是用一定的方法判断母畜是否发情,发情是否正常,以及母畜所处的发情阶段,以便适时配种,提高受胎率。常用的发情鉴定方法有:

1.外部观察法

外部观察法是各种动物发情鉴定最常用的一种方法,主要是根据动物的外部表现和精神状态来判断其是否发情和发情的状况。各种动物发情时,通常共性的表现特征是:食欲减退甚至拒食,兴奋不安,来回走动,外阴肿胀、潮红、湿润,有的流出黏液,频频排尿。不同种类动物也有各自特征,如母牛发情时哞叫,爬跨其他母牛;母猪拱门跳圈;母马扬头嘶鸣,阴唇外翻闪露阴蒂;母驴伸颈低头,"吧嗒嘴"等。动物的发情特征是随发情过程的进展,由弱变强又逐渐减弱至完全消失。为此,在进行发情鉴定时,最好从开始就对被鉴定动物进行定期观察,从而了解其发情变化的全过程,以便获得较好的鉴定效果。

2.试情法

这种方法是利用体质健壮、性欲旺盛、无恶癖的非种用雄性动物对雌性动物进行试情,根据雌性动物对雄性动物的反应来判断其发情与否及发情的程度。

当雌性动物发情时,愿接近雄性动物且呈交配姿势;不发情的或发情结束的雌性动物,则远离试情的雄性动物,强行接近时,有反抗行为。试情公畜在试情前要进行处理,最好作输精管结扎或阴茎扭转手术,而羊在腹部结扎试情布即可使用。小动物,是以公、母畜成对放在笼内进行观察。此法的优点是简便,表现明显,容易掌握,适用于发情不明显的家畜,在绵羊、山羊发情鉴定中最为常用。

3.直肠检查法

该方法是将手伸进母畜的直肠内,隔着直肠检查卵泡的发育情况,以便决定配种适期。该方法只适用于马属动物及牛等大家畜。

直肠检查法是将已涂润滑剂的手臂伸进保定好的动物直肠内,隔着直肠壁检查卵泡发育情况,以确定配种适期的方法。本方法只适用于大动物,在生产实践中,对牛、马、驴及马鹿的发情鉴定效果较为理想。检查时要有步骤地进行,用指肚触诊卵泡的发育情况时,切勿用手挤压,以免将发育中的卵泡挤破。此法的优点是:可以准确判断卵泡的发育程度,确定适宜的输精时间,有利于减少输精次数,提高受胎率;也可在必要时进行妊娠检查,以免对妊娠动物进行误配,引发流产。缺点是:操作者的技术要熟练,经验愈丰富,鉴定的准确性愈高;冬季检查时操作者必须脱掉衣服,才能将手臂伸进动物直肠,易引起术者感冒和风湿性关节炎等职业病;如劳动保护不妥(不戴长臂手套),易感染布氏杆菌病等人畜共患病。

第三节　人工授精技术

人工授精是指利用器械以人工方法采集雄性动物的精液,经特定处理后,再输入到发情的雌性动物生殖道的特定部位使其妊娠的一种动物繁殖技术。

一、采精

1.采精前的准备

采精前要准备好采精器械和药品,并对采精器械,如假阴道、集精杯、贮精瓶等进行严格消毒;然后对所要采精的种公畜用不同的诱情方法使其性激动,适时采精。

2.采精的方法

采精的方法很多,如假阴道法、手握法、按摩法、电刺激法等。其中,假阴道法比较理想,适合于各种家畜。各种家畜的假阴道,因公畜阴茎的构造不同而异,但主要部件大同小异,一般由外壳、内胎、集精杯等组成。

采精前,将经消毒的假阴道装入 40℃的温水,在假阴道内胎表面涂上一层无菌润滑剂,然后给内胎充气、定压,使得内胎插入阴茎时产生与母畜阴道同样的感觉。

采精时,采精员站在台畜后部右侧,右手拿好已准备好的假阴道。当公畜跳上台畜而阴茎未触及台畜之前,立即用左手轻握包皮将阴茎导入假阴道,公畜射精完毕,立即将假阴道竖直送至镜检室检测。

二、精液品质检查

检测内容包括精液外观形态、射精量及精子品质等指标。

外观检测主要看精液色泽和精子的活动状态,家畜的正常精液为乳白色,或略带黄色。精液如果呈灰白色,说明精液稀薄,含精子数少;如果略带红色,可能混有血液;若呈深黄色,可能有尿液混入;若呈红褐色,则可能由生殖道损伤或炎症所致;若呈黄绿色,可能有脓液混入。不正常精液均不得用于输精或制作冷冻精液。正常精液若含精子密度大,活率高时,精液会呈现回转滚动云雾状态。

显微镜检测精子品质的主要指标有精子密度、精子活率和精子形态。精子密度指 1 mL 精液中所含精子数,可用血细胞计数器计数;精子活率指呈直线运动的精子数量占视野内精子总数的百分率;精子形态主要检查视野中有无畸形精子,并计算畸形率,一般而言,精子畸形率不得超过 20%,否则应视为异常精液,不得使用。

三、精液的稀释

精液稀释的目的是扩大精液的容量,提高利用率;延长精液保存时间,便于运输;调节精液的 pH,维持适宜的精子生存环境。

常用的精液稀释液中通常含有以下成分。

(1)营养剂兼稀释剂。如奶类、卵黄、葡萄糖、果糖等,既起稀释作用,还能为精子提供营养。

(2)保护剂。如作为缓冲物质的柠檬酸钠、延长精子体外成活时间的非电解质、防冷刺激的卵磷脂、抗冻物质甘油和抗菌物质青链霉素等。

(3)其他添加剂。如酶类、激素类和维生素类等。

四、精液的保存

按保存温度可分为常温保存、低温保存和冷冻保存 3 种。

(1)常温保存。保存温度 10～14℃,用含有明胶的稀释液进行稀释,置于无菌、干燥的试管中,覆盖液体石蜡,加塞封蜡,可保存 48 h,活力为原精液的 70%。

明胶稀释液配方:柠檬酸钠 3 g,磺胺甲基嘧啶钠 0.15 g,后莫氨磺酰 0.1 g,明胶 10 g,蒸馏水 100 mL。

(2)低温保存。保存温度 0～5℃,缓慢降温后,精液试管外包棉花,装入塑料袋内,放入冰箱中,可保存 1～2 d。

(3)冷冻保存。保存温度 -79～-196℃,将精液用专用的冷冻稀释液稀释后,放入 4℃冰箱平衡 2～4 h,用程序冷冻仪冷冻,液氮罐保存,可长年保存。

五、输精

输精前,要做好输精器械(开膛器、输精器等)、被输母畜及输精人员的消毒工作,然后再对所输精液品质进行检查,输精时精液温度应不低于 25℃。新鲜精液精子活率一般要求 70%以上;冷冻精液精子活率一般要求 35%以上。

输精方法及输精部位因畜种不同而异,牛多采用直肠把握法,即用一只手伸入直肠中固定子宫颈,另一只手将输精管插入子宫颈把精液送入子宫深部;绵羊和山羊均采用开膛器输精法,即用开膛器张开阴道,将输精管伸入子宫颈口 1～2 cm输精;猪则是将输精管直接插入子宫颈后输精。

第四节　受精与妊娠

雌雄交配时射入母畜生殖道的精子,主要依赖生殖道平滑肌的蠕动和本身的游动到达输卵管壶腹部;交配时的性刺激促进生殖道蠕动,帮助精子运行;精子在母畜生殖道分泌物中运行过程中获得受精能力,这种现象称为精子获能。母畜排卵时,卵子随同卵泡液流出,被输卵管伞部接纳,卵子进入输卵管后,主要依靠输卵管蠕动和内壁纤毛的摆动向子宫方向运行;卵子到达输卵管壶腹的时间一般需6～12 h。精子同卵子的结合是在输卵管壶腹部完成的。

一、受精过程

(1)精子穿过放射冠。精子顶体释放出透明质酸酶溶解放射冠形成一个通道,或者由输卵管分泌的酶把卵子的放射冠溶解,使卵子裸露。

（2）精子穿过透明带。精子穿过放射冠到达透明带后，卵子产生受精素使精子固定于透明带某点，然后由精子顶体释放顶体素使透明带局部溶解，精子由此穿过透明带。当第一个精子进入透明带以后，透明带立即产生一种抑制顶体素的物质，封闭透明带，使其他精子难以再进入卵子，这一反应称为透明带反应。

（3）精子进入卵黄膜。精子的头部与卵黄膜表面接触，激活卵子，卵黄膜表面产生突起，精子头部由此进入卵黄膜；同时，卵黄膜也产生某种反应阻止其他精子再进入，这一作用称为卵黄膜反应。

（4）原核形成。精子进入卵黄膜后，核内出现核仁，染色质变成丝状，周围生成一层核膜，形成雄原核。卵子受到精子激活后，立即发生第二次成熟分裂和出现第二极体，卵子的核在排出第二极体后，形成雌原核。

（5）配子配合。雌雄原核经充分发育后相互接近，融合，最后核仁、核膜和原核完全消失，各自形成染色体进行组合，完成受精的全过程。

二、胚胎发育

受精卵形成后立即进行有丝分裂，由单个细胞分裂形成 2 细胞胚、4 细胞胚、8 细胞胚，这一时期称卵裂期。细胞数目进一步增加以后，细胞开始分化，胚的一端形成内细胞团，另一端形成滋养层，在滋养层同内细胞团之间出现囊胚腔；此时的胚称为囊胚。囊胚进一步发育为原肠胚。原肠胚进一步发育，出现了三个胚层，奠定了胎膜和胎体各类器官分化发育的基础。

三、妊娠识别与胚胎着床

一般胚胎发育到 4～16 细胞阶段由输卵管进入子宫，起初呈游离状态。妊娠初期，由胎儿、胎膜和胎水构成的综合体称孕体。孕体能产生激素信号传感母体，母体产生反应识别胎儿的存在，这种孕体和母体最初的联系称为妊娠的识别。孕体和母体产生信息传递后，双方的联系和相互作用已通过激素的媒介和其他生理因素固定下来，开始妊娠，这个过程称为妊娠的建立。

四、胎盘形成

胎盘由胎儿胎盘（胎儿的绒毛膜）和母体胎盘（子宫内膜）共同构成，胎儿的血液循环系统不与母体相沟通，但是母体通过胎盘转运和屏障作用为胎儿提供营养物质和氧，排除胎儿代谢废物。另外，胎盘也是重要的内分泌器官，可以分泌多种激素。

随着胚泡的着床和胎盘的形成，胎儿同母体之间最终建立起巩固完善的联系，胎儿在母体子宫内完成整个胚胎发育过程,直至分娩。

五、妊娠

家畜的妊娠期平均为:牛 285 d,绵羊 150 d,山羊 152 d,猪 114 d,马 340 d,驴 360 d,家兔 30 d,犬 62 d,猫 58 d。

第五节　分娩与护理

一、分娩预兆

母畜分娩前,在生理、形态和行为上发生一系列变化,称为分娩预兆;根据这些变化全面观察,可以大致推测分娩时间,以便接产和进行仔畜护理。

分娩前的表现:

(1)乳房。乳房在分娩前迅速膨大,乳头变粗,临产前可从乳头挤出少量初乳。

(2)外阴部。产前,阴唇柔软、肿胀、增大,阴道黏膜潮红,黏液变得稀薄滑润,呈透明状。

(3)骨盆。骨盆韧带松弛,臀部肌肉出现塌陷现象。

(4)行为。分娩前多数家畜食欲减退,不安,行动谨慎,有衔草或拔毛絮窝现象。

二、分娩过程

发育成熟的胎儿通过母畜生殖道产出的过程,称为分娩。分娩一般分为开口期、胎儿产出期和胎衣排出期 3 个阶段。

(1)开口期。开口期是通过子宫肌的阵发性和节律性的收缩,将胎儿和胎水挤入已经松软和扩张的子宫颈,迫使子宫颈开放的时期。此期的特点是阵缩而不努责。初产母畜往往表现不安、时起时卧、徘徊运动、尾根抬起及排尿姿势;但经产母畜则一般表现安静。

(2)胎儿产出期。从子宫颈完全开张至排出胎儿为止。当胎儿和胎膜部分挤入骨盆入口时,子宫肌发生更加频繁、强烈而持久的收缩(阵缩),同时腹肌和膈肌也发生协调性收缩(努责),胎儿和胎膜通过子宫颈和阴道而产出。

(3)胎衣排出期。胎儿产出后,经短时间的间歇,子宫肌又重新收缩,使胎衣(胎膜和胎盘)排出,完成分娩过程。

三、产后护理

产后母畜机体虚弱,且子宫颈开张、产道部分黏膜创伤、子宫内积恶露,极易感染疾病,因此要做好母畜的清洁消毒工作,补充营养,促进机体恢复。

对于初生仔畜,注意观察断脐情况、胎粪是否排出、是否吃到初乳等,做好寒季保暖、暑季降温工作,认真防病防疫。

第六节　繁殖调控技术

一、同期发情

同期发情指利用某些激素或药物,人为地控制一群母畜在预定时间内集中发情并排卵的繁殖调控技术。

同期发情的技术原理在于控制黄体。发情周期中的黄体消失即孕酮水平突然下降是发情的前提,黄体是发情周期运转的关键,改变黄体的消长便能改变发情周期的进程。利用这一原理,通过激素或其他药物处理,控制黄体的寿命,便可使母畜同期发情。

(一)同期发情的途径、药物与方法

(1)使用外源性孕激素延长黄体期。由于生殖激素无种间特异性,因此可以使用外源性孕激素抑制卵巢中卵泡的生长发育和发情,经过一定时间,同时停药,即可引起同期发情。在处理期内,黄体退化,外源孕激素代替了内源孕激素而造成人为的黄体期,因此延长了黄体期,为同期发情制造了共同基准线。

孕激素类药物包括孕酮及其合成类似物,如炔诺酮、氯地孕酮和18-甲基炔诺酮等。其施用方法有口服法、注射法、阴道栓塞法和埋植法。

(2)使用与孕激素性质不同的前列腺素 $F_{2\alpha}$,终止黄体期。前列腺素 $F_{2\alpha}$ 可以使黄体溶解,中断黄体期,从而促进垂体促性腺激素的释放,引起同期发情。

溶解黄体的药物主要是前列腺素 $F_{2\alpha}$ 及其类似物,其施用方法主要是子宫或肌肉注射。

(二)同期发情的作用

(1)促进人工授精和冷冻精液的普及。

(2)使母畜同期分娩,后代同期断奶,并在相同的环境中生长发育,这既便于生产,又便于对畜群进行遗传改良。

(3)可使乏情母畜及时发情配种,减少不育,提高繁殖率。

(4)同期发情是胚胎移植技术中的一个重要技术环节。

二、超数排卵

排卵控制与同期发情相似,也是利用生殖激素干预母畜发情周期,旨在调节排卵的精确时间和排卵的数目。通过对排卵时间的控制可以使人工授精在适宜的时间内进行,从而提高受胎率、降低配子老化的不良效果;另外便于精确计算受精时间以及胎儿发育所处阶段。

对排卵数的调节通常是指超数排卵。所谓超数排卵是指在母畜发情周期的适当时间,用外源激素处理母畜,使其有较多的卵泡发育并排卵的动物繁殖调控技术。目的在于提高单胎家畜(如绵羊、山羊)的繁殖率,也是胚胎移植的步骤之一。为提高繁殖率进行超排时,应严格控制激素用量,以产两羔、三羔为宜;为胚胎移植进行超排时,可适当增加剂量,超排数量可增至十几个或更多。牛、羊的超排数一般为 10～20 个为宜。

用于排卵控制的生殖激素有两类:

(1)促卵泡素(FSH)及与其活性相似的激素,如孕马血清促性腺激素(PMSG),此类激素可以刺激卵泡发育,增加排卵数。

(2)促黄体素(LH)及与其活性相似的激素,如人绒毛膜促性腺激素(HCG),此类激素可促进排卵。

第七节　胚胎工程技术

胚胎工程是指对动物早期胚胎或配子所进行的多种显微操作和处理技术。包括卵母细胞体外成熟、体外受精、体外培养、克隆、转基因克隆、性别鉴定、胚胎移植等技术。其中牛、羊胚胎移植已经在生产中广泛应用,我们重点介绍。

胚胎移植是指将优质、珍稀、贵重动物通过超数排卵,或者通过卵母细胞体外成熟、体外受精等方式得到的胚胎,移植到同种的、生理状态相同的其他雌性动物输卵管或者子宫内,使之继续发育为新个体的技术。提供胚胎的母畜为供体,接受胚胎的母畜为受体。

一、羊胚胎移植的关键环节

(1)供体羊要求。纯种(如杜泊绵羊),繁殖正常,2～3 产,中等膘情。

(2)受体羊要求。繁殖正常的 2～3 产本地母羊,如小尾寒羊,中等膘情。

（3）供体超数排卵与配种。放 CIDR 栓当天为 0 d,在第 13 天开始注射 FSH,每次间隔 12 h,3 d 注射 6 次,减量注射。最后 1 针 FSH 后撤 CIDR 栓,并注射 0.8～1.0 mL PG。撤栓后第 2 天开始发情,第 1 次配种后注射与 FSH 相当剂量的 LH,以后每 8 h 配种 1 次,直到手术。

（4）受体同期发情。供体放 CIDR 后,可以间隔 9 d 两次使用 PG,在第 2 次使用 PG 后 24 h 进入发情盛期,正好与供体同步。

（5）冲胚时间。子宫冲胚法在配种后 3～5 d 冲胚,输卵管冲胚在 60～72 h 冲胚。

（6）手术前准备。供体羊与受体羊要事先按照发情先后分组,同期的放在同一组,用不同颜色的喷漆编号。手术前 24h 禁食,手术部位刮毛清洗。手术间升温到 25℃ 以上,并彻底消毒,准备好保定架、药品、器械等。

（7）手术。供体与受体在手术中要杜绝出血,以防止粘连。

（8）术后管理。供体手术后第一个情期(绵羊 17 d,山羊 21 d)要配种,受体羊精心管理,在 3 个情期试情后没有返情者认定妊娠。

二、牛胚胎移植的关键环节

（1）供体牛要求。纯种(如荷斯坦奶牛),繁殖正常,2～3 产,中等膘情。

（2）受体羊要求。繁殖正常的经产本地母牛,中等膘情。

（3）供体超数排卵与配种(也可购买冷冻胚胎)。

（4）受体同期发情。

（5）非手术冲胚与移植。牛用带气球的双通冲胚管冲胚,冲胚前用黏液棒抽吸子宫颈黏液,然后把冲胚管插入子宫,打气使气球卡紧子宫颈口,用 PBS 液冲胚,每次 50 mL,冲 5～6 次。镜检后胚胎装管置于移植枪移植。

（6）妊娠检查与管理。2～3 个月后直肠妊娠检查。

思 考 题

1.什么是生殖激素? 生殖激素主要有哪几种? 各自功能是什么?

2.简述精子发生的全过程,解释精子形成的机理。

3.影响精子生存的主要环境因素是什么? 如何控制这些因素?

4.什么是发情周期? 发情周期的各个阶段有何特点?

5.什么是精子获能?

6.什么是透明带反应?

7. 什么是妊娠的识别和妊娠的建立？

8. 如何进行发情鉴定？

9. 人工授精的主要技术环节是什么？

10. 什么是同期发情？如何进行同期发情控制？

11. 什么是胚胎移植？如何移植？

12. 如何实现体外生产胚胎？

第六章　饲料营养物质
及其营养价值评定

　　动物为了生存、生长和繁衍后代，必须从外界环境中摄取食物，动物采食的食物被称为饲料。一切能被动物采食、消化、吸收和利用，并对动物无毒、无害的可饲物质，都可以作为动物的饲料。在饲料中，凡能被动物用以维持生命、生产畜产品的物质，称为营养物质，简称养分。动物摄取、消化、吸收、利用饲料中的营养物质，形成畜产品的一系列物理、化学及生理变化的生命活动，都是动物营养学研究的范畴。

第一节　饲料的可消化性

　　动物采食饲料并从中获得所需要的营养物质，但饲料中的营养物质一般不能直接进入动物的体内，必须在其消化道内经过物理、化学和微生物的消化作用后，将大分子有机物分解为简单的、可溶解的小分子物质，才能被吸收和利用。饲料在动物体内被消化的程度是养分能否被充分利用的关键，了解动物的消化生理过程，对评定饲料营养价值和制订提高饲料利用效率的技术措施有重要作用，也具有十分重要的现实意义。

一、动物消化道结构与消化特点

　　动物对饲料中养分的消化、吸收和利用过程受其消化道解剖结构和生理特点的影响。根据消化道组成、结构和功能的不同，可将动物分为非反刍动物、反刍动物和禽类。牛与羊属于反刍动物，马和兔是单胃草食动物，猪是单胃杂食动物，鸡、鸭、鹅等属于家禽类。

（一）非反刍动物

非反刍动物分为单胃杂食类和单胃草食类。

1. 单胃杂食类

　　例如猪，消化道简单，由口腔（牙齿、舌头）、食道、胃、小肠（十二指肠、空肠、回肠）、大肠（盲肠、结肠、直肠）和肛门组成。小肠很长，有肠液分泌，加上胰腺分泌的胰液和胆囊分泌的胆汁,一起在小肠中作用,使食糜中的营养物质在消化酶的作用下进一步消化,并对部分养分进行吸收。然后随小肠的蠕动,剩余的食糜进入大肠,在大肠中进一步消化、吸收。猪消化器官的容积有限,但通过消化酶可以大量利用谷物类精饲料和动物蛋白饲料。猪消化道内微生物发酵活动较微弱,而且盲肠不发达,对饲料中粗纤维的消化能力有限。

2.单胃草食类

单胃草食类包括马属动物和兔,又被称为非反刍型草食动物。消化道由口腔(牙齿、舌头)、食道、胃、小肠(十二指肠、空肠、回肠)、大肠(盲肠、结肠、直肠)和肛门组成。马属动物和兔有极为发达的牙齿,是咀嚼食物的有力武器;也有发达的盲肠和结肠,其内有与反刍动物瘤胃中相似的微生物,饲料在此停留的时间很长,微生物在此对纤维素进行着强烈的发酵过程。

(二)反刍动物

牛、绵羊、山羊和鹿属于典型的反刍动物。消化道由口腔(牙齿、舌头)、食道、胃(瘤、网、瓣、皱)、小肠(十二指肠、空肠、回肠)、大肠(盲肠、结肠、直肠)和肛门组成。牛、羊无上门齿,口腔能分泌大量唾液软化食物。具有复胃,即瘤胃、网胃、瓣胃、皱胃,前三部分合称前胃,胃壁没有胃腺,只有皱胃能分泌胃液,又被称为真胃。反刍动物复胃占整个消化道总容积的71%,可容纳和消化大量的容积性饲料。瘤胃位于腹腔的左侧,其内存在着大量的纤毛虫、细菌和真菌,可称为"天然厌氧高效发酵罐"。经瘤胃微生物发酵,饲料纤维物质被降解为挥发性脂肪酸,并以此形式被瘤胃壁吸收,反刍动物体内60%～80%能量是以这种形式来提供的。新生反刍幼畜由于瘤胃尚未发育完全,对饲料的消化与非反刍动物相似。

(三)家禽

家禽的消化器官与哺乳动物有显著的不同。消化系统包括喙、食管、嗉囊、腺胃、肌胃、小肠、盲肠、大肠、泄殖腔和肛门。家禽没有牙齿,靠喙采食饲料,因而,也没有咀嚼活动。饲料通过食道直接进入嗉囊,嗉囊可分泌黏液,有湿润和软化采食饲料的作用,并可贮存采食的饲料。食管末端的膨大部分称为腺胃,腺胃很小,消化腺却特别发达,能分泌大量消化液。但饲料在此停留时间很短,因而在腺胃中饲料很少消化。肌胃内面覆有坚实的角质膜,主要功能是磨碎饲料。小肠的十二指肠对饲料中的蛋白质、淀粉和脂肪进行消化,大部分营养物质在空肠和回肠内吸收。盲肠几乎没有消化功能。

二、饲料养分的可消化性

饲料在消化道内水解为可溶性物质的过程,称为消化;经过消化后的简单物质进入血液或淋巴循环的过程,叫作吸收。

在动物营养研究中,把消化吸收了的营养物质视为可消化的营养物质。饲料被动物消化的程度称为饲料的可消化性。动物消化饲料营养物质的能力称为消化力。饲料的可消化性和动物消化力是营养物质消化过程的两个方面。而消化率是衡量饲料消化性和动物消化力两个方面的统一指标。

(一)消化率的计算

$$饲料可消化养分＝食入饲料中养分－粪中养分$$

$$饲料养分表观消化率＝\frac{食入饲料养分－粪中养分}{食入饲料养分}×100\%$$

粪中所含的各种养分不是全部来自饲料,还有少量来自消化道分泌的消化液、肠道脱落的细胞、肠道微生物等内源性物质,这些物质称为粪代谢性产物(MFP),因而饲料养分真实消化率应为:

$$饲料养分真实消化率＝\frac{食入饲料养分－(粪中养分－MEP)}{食入饲料养分}×100\%$$

不同动物因其消化力不同,对同一种饲料的消化率不同;不同种类的饲料,因消化性不同,对同一种动物的消化率也不同。

(二)影响饲料消化率的因素

影响饲料中营养物质消化率的因素很多,除家畜种类、品种、年龄、个体差别外,还受饲料种类、养分含量、饲喂技术、饲料加工方法等影响。

(1)动物种类和年龄。牛对粗饲料的消化能力最高,羊次之,猪和家禽仅能消化粗饲料中极少的部分。幼龄动物的消化器官尚未发育完全,在粗饲料利用方面不如成年动物,但衰老动物消化机能减退。

(2)饲料成分。饲料的来源和种类不同时,其中的养分和性质差异较大,因而消化性不同。幼嫩青绿饲料的消化性较高,干硬的粗饲料消化性较低。农作物籽实部分的消化性较高,而茎秆部分的消化性较低。饲料中某一成分不足和过多时,对消化率都有不良影响,尤其是粗蛋白和粗纤维的含量影响最大。粗纤维含量过多不仅本身消化率低,同时影响其他养分的消化。饲料的消化率随其粗蛋白质的增加而逐步提高。

(3)饲喂水平与饲喂技术。给畜禽投喂饲料量的多少和次数会影响到饲料的消化率。一方面,一次喂量过多,使食物在消化道中通过的速度加快,消化、吸收的时间不充分;另一方面,消化道中停留饲料过多,负担过重,有碍消化器官的正常机能,引起消化不良、食欲不振。只有在正确合理的饲养制度下,如合理的饲喂次数、饲喂时间、投喂量等,才能加强消化腺的分泌作用,提高消化率。

(4)饲料的加工方法。物理加工能起到改变饲料物理性状的作用,从而有利于消化酶的作用。加工调制还能改善饲料的适口性,如对粗饲料进行生物发酵处理,可提高饲料的消化性。化学加工可改变饲料中的化学组成,如秸秆的碱化处理,使饲料中木质素的结构发生变化,从而提高有机物质的消化率。

第二节　饲料中主要营养成分及其营养功能

饲料的化学成分为水分、粗灰分、粗蛋白质、粗脂肪、粗纤维和无氮浸出物六大成分。饲料中这些化学成分是具有生物学功能的,是维持动物生命活动和形成产品必不可少的。

一、水与动物营养

水和空气一样,在自然界的来源很多,因而其重要性往往被人们忽视。但水是动物体内活细胞中含量最丰富的化合物,即使动物损失体内所有脂肪,或损失50%蛋白质,仍可维持生命,但若是脱水5%,即会感到不适,食欲减退;脱水10%,就会出现生理异常;脱水20%,可导致动物死亡。可见,水在动物体内占有重要的地位。

水的营养功能如下:

(1)细胞和组织的成分。水是畜体的主要组分,体内的水大部分与蛋白质结合形成胶体,直接参与构成活的细胞和组织。

(2)物质转运的载体。水是一种重要的溶剂,饲料中营养物质的吸收、输送及代谢产物的排除,没有水的参与就不能完成。

(3)生化反应的媒介。动物体内生物氧化和酶促反应都必须有水参加。

(4)维持体液平衡。体液是指存在于动物体内的水和溶解于水中的各种物质(如无机盐、葡萄糖、氨基酸、蛋白质等)所组成的液体。水能稀释细胞内容物和体液,使物质能在细胞、体液和消化道内保持相对的自由运动,保持体内矿物质的离子平衡、保持物质在体内的正常代谢。

(5)调节体温。水的比热大,热容量也大,蒸发热高,热传导强。因此,机体内产热量过多时,由水吸收而不使体温升高;水的蒸发热大,天热时动物通过喘息和出汗使水分蒸发而达到散发多余体热的目的,以保持体温恒定。

(6)润滑器官、减缓磨损。水是一种润滑剂,如关节腔内的润滑液能润滑关节和其他转动部位以减少摩擦,使器官运动灵活;唾液可湿润饲料使之易于吞咽。

二、蛋白质与动物营养

(一)蛋白质的营养功能

(1)体组织、体细胞的组成成分。蛋白质是构建机体组织细胞的主要原料,动物的肌肉、神经、结缔组织、腺体、皮肤、血液等都以蛋白质为基本组分;乳、肉、蛋、毛等畜产品的主要组成成分也是蛋白质。

(2)体组织修补和更新的基本物质。体组织的蛋白质在新陈代谢中处于动态平衡,所以成年动物即使处于非生产期也必须供给一定数量蛋白质,才能保证健康体况。

(3)畜产品的主要成分。畜牧生产实际上是蛋白质的生产,肉、奶、蛋、毛、皮等畜产品中都含有蛋白质。如果饲料中蛋白质供应不足,会影响产品的数量和质量。

(4)通过酶和激素发挥作用。绝大多数酶的化学本质是蛋白质,一些激素的化学本质也是蛋白质。蛋白质的生物功能可通过酶和激素的作用来体现。

(5)氧化供能。当日粮中能量供给不足时,动物能分解蛋白质作为能源利用,维持机体的代谢活动。但这在生产中是不经济的,应当尽量避免。

(二)蛋白质的消化、吸收

1.单胃动物

单胃动物对饲料蛋白质的消化,主要是通过胃肠道中各种蛋白酶将蛋白质分解为氨基酸后再由肠壁吸收。未被消化的蛋白质(猪一般占进食量的10%～25%)在大肠中可部分被分解产生吲哚、粪臭素、酚、硫化氢、氨和氨基酸等,最终均作为粪的组分而排出体外。马、驴、骡等草食性单胃动物,其盲肠、结肠发达,胃和小肠没有消化的蛋白质在盲肠和结肠中还能得到很好的消化。

2.反刍动物

反刍动物在瘤胃中约有70%的饲料蛋白质被细菌和纤毛原虫分解,产生的氨一部分直接被瘤胃壁吸收,一部分合成菌体蛋白;然后剩余的30%的蛋白质和瘤胃部分菌体蛋白一同进入皱胃和小肠,由胃肠道分泌的各种蛋白酶和肽酶,将蛋白质分解为多肽和氨基酸,而后被吸收。

(三)蛋白质的品质与利用

蛋白质的品质是指饲料蛋白质被消化吸收后,能满足机体新陈代谢和生产对氨基酸和氮需要的程度。当饲粮中氨基酸的组成及数量与动物机体所需一致时,其蛋白质的利用率就高,品质就好。

根据畜禽的营养需要,可把氨基酸分为必需氨基酸和非必需氨基酸两大类。凡在动物体内不能合成,或者合成速度慢、数量少不能满足畜体需要,必须由饲料供给的氨基酸,称为必需氨基酸,成年畜禽维持生命活动的必需氨基酸有 8 种,即赖氨酸、蛋氨酸、色氨酸、苯丙氨酸、亮氨酸、异亮氨酸、缬氨酸和苏氨酸。在动物体内合成数量较多,或需要量较少,不需要饲料来供给,也能保持动物正常生长发育的氨基酸,称为非必需氨基酸。饲料或饲粮中含量低于动物需要量,从而限制了动物对其他必需和非必需氨基酸利用的氨基酸,称为限制性氨基酸。

(四)提高饲料蛋白质利用率的方法

(1)保持适当的能量蛋白比。若饲粮中能量不足,会加大蛋白质氧化供能的能力,造成蛋白质的浪费。

(2)充分利用氨基酸的互补作用。不同的饲草料其氨基酸含量不同,在生产中,可以用两种或两种以上饲料蛋白质相互配合,以弥补各自在氨基酸组成和含量上的不足。比如,玉米中赖氨酸不足,然而豆粕或豌豆中赖氨酸丰富,这两种饲料蛋白质配合,可提高蛋白质的利用效率。

(3)适当加工调制。某些蛋白饲料经合理加工调制后,会提高蛋白质的消化性和利用率。如对豆类籽实经蒸煮或焙炒后,其蛋白质能更好地为畜禽所利用。

(4)使用合成氨基酸添加剂。在饲粮中添加人工合成的氨基酸添加剂,尤其是限制性氨基酸,可改善饲粮蛋白质品质,提高利用效率。

(5)保证其他养分供应充足。饲粮中碳水化合物、维生素和矿物质元素充足,能提高蛋白质利用效率。例如,饲粮中添加维生素 A、维生素 B_{12}、维生素 E 均可提高饲粮蛋白质利用率。

三、碳水化合物与动物营养

碳水化合物是在动物饲粮中所占比例最大的营养物质,约占植物性饲料总干物质重量的 3/4,但在畜体内含量只有 1%,主要存在形式为血液中的葡萄糖、肝与肌肉中的糖原和乳中的乳糖。碳水化合物包括无氮浸出物和粗纤维两大类,无氮浸出物又称为可溶性碳水化合物,包括单糖、双糖和某些多糖(如淀粉)等,易消化,具有较高的饲用价值;粗纤维由纤维素、半纤维素、木质素和果胶等组成,是饲料中最难消化的营养物质。

(一)碳水化合物的营养功能

(1)氧化供能。动物维持体温、进行生命活动、形成产品时需要能量,而碳水化合物,特别是葡萄糖在通常情况下是最主要的供能物质。

(2)体组织和器官的成分。碳水化合物普遍存在于动物各种组织作为细胞的构成成分,参与许多生命过程。五碳糖是核酸不可缺少的组分,许多糖类与蛋白质化合成糖蛋白,与脂肪化合成糖脂,低级羧酸与氨基化合物形成氨基酸。

(3)储备能源。饲料中的碳水化合物多余时,可被转化为肝中的肝糖原、肌肉中的肌糖原、乳糖、乳脂及体脂,贮备能源。

(4)减少蛋白质和脂肪在体内的消耗。当体内有糖原贮存时,畜体首先利用碳水化合物供给能量,但在缺乏时,则须动用脂肪及蛋白质。

(二)碳水化合物的消化、吸收

1.单胃动物

单胃动物对碳水化合物的消化和吸收的场所主要在小肠,采食的饲料中无氮浸出物(如淀粉)经消化所产生的葡萄糖,大部分可被小肠壁所吸收。剩余部分进入大肠可被细菌分解而产生挥发性脂肪酸和乳酸,被肠壁吸收。单胃杂食动物(如猪)和马属动物(如马、驴、骡)的盲肠、结肠对纤维素和半纤维素具有较强的消化能力。例如,猪对苜蓿干草中纤维性物质的消化率为18%,马为39%。

2.反刍动物

各种碳水化合物(淀粉、纤维素、半纤维素)在瘤胃微生物酶的作用下分解,主要以挥发性脂肪酸形式被吸收。果胶在细菌和原虫作用下可迅速分解,部分果胶能用于合成微生物体内多糖。木质素是一种特殊结构物质,基本上不能被分解。半纤维素-木质素复合程度越高,消化效果越差。

(三)粗纤维在动物营养中的作用

饲料中粗纤维虽然不易消化,而且营养价值低,但它对各种动物却是不可缺少的一种物质。粗纤维对动物的主要作用是:

(1)草食动物的重要能量来源。单胃动物盲肠内的细菌能分解纤维素与多缩戊糖,所产低级脂肪酸由大肠壁吸收用于代谢。反刍动物瘤胃微生物发酵分解粗纤维提供能量。各种动物都具有利用粗纤维的能力。粗纤维的消化率:牛、羊为50%～90%,马为13%～40%,猪为3%～36%,兔为14%～35%。

(2)填充作用。动物食入饲料的数量决定于其消化道特点、胃容积的大小、饲料的容重、消化的难易和通过消化道的时间。在畜牧生产中,对于休闲动物、瘦肉型肥育动物既要限制饲养水平,又要给动物以饱的感觉,而供给适量的含纤维素多的大容积粗饲料,就可达到此目的。

(3)促进胃肠蠕动与粪便的排泄。含粗纤维多的饲料一般都较粗硬,适口性差,对消化道黏膜有刺激作用,从而促进胃肠的蠕动和粪便的排泄。

(4)稀释能量浓度。含粗纤维多的饲料体积大、重量轻、能量浓度小,和精饲料一起饲喂,有稀释其能量浓度的作用,对高产及幼龄反刍家畜,粗料喂量不宜过高。猪、禽等消化道内发酵作用差,不能很好地利用粗纤维。

四、脂肪与动物营养

各种饲料和畜体均含有脂肪,根据其结构可分为真脂肪和类脂肪两大类。真脂肪由脂肪酸和甘油结合而成;类脂肪由脂肪酸、甘油及其他物质结合而成。

(一)脂肪的营养功能

(1)体组织的成分。动物的神经、肌肉、骨骼及血液中均含有脂肪,主要为卵磷脂、脑磷脂和胆固醇。各种组织的细胞膜是由蛋白质和脂肪按照一定比例所组成。细胞脂肪与贮存脂肪不同,它具有恒定的特定成分和较为恒定的量,在任何情况下不受食入饲料脂肪的影响。

(2)供给动物能量。脂肪所含能量是同等量的碳水化合物所含能量的 2.25 倍。不管是直接来自饲料或体内代谢产生的游离脂肪酸、甘油,都是动物维持和生产的重要能量来源。

(3)脂溶性维生素及激素的溶剂。饲料中的脂溶性维生素 A、维生素 D、维生素 E、维生素 K、胡萝卜素以及类固醇激素只有溶解于脂肪才能被动物吸收和利用。

(4)必需脂肪酸。所谓"必需脂肪酸"是指凡是在体内不能合成,或合成量不能满足需要,必须由日粮供给的脂肪酸。对幼畜来说,为了保证生长发育,必须从饲料中获取三种必需的不饱和脂肪酸,它们分别是十八碳二烯酸(亚油酸)、十八碳三烯酸(亚麻油酸)和二十碳四烯酸(花生油酸)。当缺乏这些必需脂肪酸时,畜禽会出现烂尾、脱毛、皮肤鳞片化或坏死,性成熟延迟,生长停滞甚至死亡。各类牧草和许多植物油均含有必需脂肪酸。在实践中,仔猪和雏鸡饲粮中分别添加 1.0%～1.5%和 2.0%～3.0%植物油就是为了供给必需脂肪酸。

(二)脂肪的消化和吸收

1.单胃动物

单胃动物对脂肪的消化和吸收主要在小肠中,经胆汁乳化和脂肪酶水解形成可被吸收的游离脂肪酸和单甘油酯而被吸收。

各种饲料脂肪的组成有所不同,故而日粮类型的变化可影响到动物对脂肪的吸收率。通常,短链脂肪酸要比长链脂肪酸吸收率高;不饱和程度高的脂肪酸要比不饱和程度低的脂肪酸吸收率高;游离脂肪酸要比单甘油酯吸收率高。

2.反刍动物

组成反刍动物日粮的各种饲草料其脂肪构成不同,各种饲料脂肪在进入瘤胃后,在微生物的作用下发生水解,甘油三酯和半乳糖酯经水解生成游离脂肪酸、甘油和半乳糖。它们可进一步经微生物发酵而生成挥发性脂肪酸,由瘤胃上皮吸收。肠道中胰脂酶对脂肪的消化吸收主要在空肠中。

饲料不饱和脂肪酸在瘤胃微生物作用下经氢化而变成饱和脂肪酸,主要是硬脂酸。此外,瘤胃细菌和纤毛原虫能够将丙酸合成奇数碳链脂肪酸,还能利用氨基酸的碳链合成支链脂肪酸。由于饲料脂肪在瘤胃经微生物的作用而发生一系列变化,因而,瘤胃中的脂肪其脂肪酸组成与进食的饲料脂肪有明显的差别。

(三)饲料脂肪对体脂肪和乳脂肪的影响

(1)对体脂肪的影响。植物性饲料的脂肪组分中以不饱和脂肪酸为主。饲料脂肪性质对于反刍动物与非反刍动物体脂肪的影响不同。在猪体内不饱和脂肪酸被吸收之后,不经氢化直接转化为体脂肪。因而,当猪体内不饱和脂肪酸多于饱和脂肪酸时,其体脂品质变软。反刍动物虽食入大量不饱和脂肪酸,但在瘤胃微生物的作用下,经过氢化作用使不饱和脂肪酸转变为饱和脂肪酸,而后被吸收,变为较硬的体脂。马属动物虽然盲肠中存在微生物可将饲料中不饱和脂肪酸转化为饱和脂肪酸,但因大多数脂肪在进入盲肠之前,已经被小肠消化吸收。因而,马的体脂肪中也是不饱和脂肪酸多于饱和脂肪酸。

(2)对乳脂肪的影响。乳脂肪由甘油和脂肪酸构成,其中所含挥发性脂肪酸能反映乳脂和黄油的特点。饲料脂肪在一定程度上可直接进入乳中,因而,饲粮脂肪影响着乳脂和黄油的性质。大多数植物脂肪含软脂较多,所形成的乳脂质地也较软,如大豆和米糠能降低乳脂的硬度。

五、矿物质与动物营养

矿物元素是动物维持生命健康不可缺少的营养物质,通常与有机或无机化合物结合以盐类的形式存在,广泛分布于体内各个组织、器官,一般占动物体重的3%~5%。它们不能产生热能,也不能互相转化和代替,在动物的生理和生产上具有重要作用。但动物体内矿物质不能由机体合成,必须由饲料或饮水中供给。

根据各种矿物质元素在动物体内的生物学活性的不同,把它们分成必需矿物质元素和非必需矿物质元素两大类。所谓必需矿物质元素是指各种动物都需要,且在体内具有确切的生理功能和代谢作用,日粮供给不足或缺乏会导致缺乏症和生化变化,补给相应的元素,缺乏症即可消失的元素。而非必需矿物质元素则是指动物缺乏也不会因生理功能异常和结构异常而发生病变的元素。

必需矿物质元素按其在体内的含量不同又分为两类:第一类是常量元素,即体内含量大于或等于 0.01% 的元素,有钙、磷、钠、钾、氯、镁、硫 7 种;第二类是微量元素,即体内含量小于 0.01% 的元素,目前已知的有 20 种,如铁、锌、铜、锰、碘、硒、钴、钼、氟、铬、镉、硅、矾、镍、锡、砷、铅、锂、硼和溴;后 10 种需要量低,一般在实际生产中不会出现缺乏症。

(一)常量元素

1. 钙、磷(Ca、P)

(1)分布与功能。在体内,钙、磷是灰分中主要的矿物质元素,也是组成骨骼和牙齿的重要成分,大约有 99% 的钙和 80% 的磷存在于骨骼和牙齿中,其余的钙、磷分布于其他组织与体液中;正常的钙磷比是 2∶1。

(2)缺乏与过量。日粮钙和磷的供应不足,在动物的任何生理阶段和生长时期都会出现钙、磷缺乏。猪、禽最易出现钙缺乏,草食动物最易出现磷缺乏。

常见的缺乏症表现是:骨生长发育异常、生长缓慢、生产力下降、食欲差、异食癖、饲料利用率低;已骨化的钙、磷大量游动到骨外,造成骨灰分含量降低,骨软,以致不能维持骨的正常形态,进而还会影响其他生理机能。缺乏时,幼龄动物患佝偻症,成年动物患软骨病。

(3)需要与供给。维生素 D 可以促进动物小肠对钙磷的吸收,对于长期舍饲动物,特别是高产奶牛和产蛋鸡,由于钙、磷需要量大,充足地供给维生素 D 显得更为重要。

2. 镁(Mg)

(1)分布与吸收。机体内约 70% 的镁存在于骨骼和牙齿中,其余的镁分布于软组织细胞中,细胞外液中的镁仅占体内镁总量的 1% 左右。另外,镁作为酶的活化因子或直接参与酶组成,在糖类和蛋白质代谢中起重要作用,而且还可参与 DNA,RNA 和蛋白质合成。可调节神经肌肉的兴奋性。

(2)缺乏与过量。单胃动物对镁的需求低,约占日粮的 0.05%,因而,一般饲料均能满足需要。反刍动物对镁的需求高,一般是单胃动物的 4 倍左右。缺镁的动物表现出生长受阻,过度兴奋,痉挛,厌食,肌肉抽搐,甚至昏迷死亡。此外,采食含钙、钾以及蛋白质高的饲料也是引起缺镁痉挛症的原因。

饲料中镁的含量过高时,可降低动物采食量并引起腹泻。镁中毒表现为昏睡,运动失调,生产力降低。

(3)来源与供给。1 kg 禾谷类籽实含镁 1.5 g,而青饲料、糠麸类和饼粕类饲料中的含镁量可超过籽实饲料的 2～6 倍,棉籽饼和亚麻籽饼含镁丰富。镁缺乏时,可在饲粮中补加硫酸镁、氧化镁或碳酸镁,动物对这些镁盐的吸收率为 50%～70%。

3.钠、钾、氯(Na,K,Cl)

(1)分布与功能。在高等哺乳动物体内的钠、钾、氯含量以无脂干物质计算分别含 0.15%、0.30%、0.10%～0.15%,三种元素主要是存在于体液和软组织中。

体内钠、钾、氯的主要功能是作为电解质维持渗透压,调节酸、碱平衡,控制水代谢。钠对传导神经冲动和营养物质吸收起重要作用。细胞内钾与很多代谢有关。钠、钾、氯可为各种酶的作用提供有利环境或作为酶的活化因子发挥作用。

(2)缺乏与过量。植物性饲料中的钠含量较少,其次是氯,饲料中一般不缺钾。钠、钾、氯中的任何一个缺乏都会表现出生长慢或体重下降,食欲减退,饲料利用率降低,生产力下降等现象。产蛋鸡缺钠形成啄癖,猪缺钠可导致咬尾或同类相残,而反刍动物缺钠初期表现出严重的异食现象。反刍动物自由饮水时食入较大量的钠并没有多大危险,但雏鸡和产蛋鸡对食盐的耐受能力较低,幼畜对于食盐过量的耐受力比成年动物低。

(3)来源与供给。食盐中含钠 36.7%,是动物补充钠的主要来源,通过补饲食盐,能同时为动物补充钠和氯。

4.硫(S)

(1)分布与功能。畜体约含 0.15% 的硫,少量以硫酸盐形成存在于血液中,大部分以有机硫形式存在于肌肉组织和骨骼、牙齿中,在毛和羽中含硫量高达 4%。

硫主要通过体内的含硫有机物起作用,如含硫氨基酸用于合成体蛋白、被毛及多种激素;硫胺素参与碳水化合物代谢。

(2)缺乏与过量。动物缺硫表现消瘦、角、蹄、爪、毛、羽生长缓慢。自然条件下,硫的过量比较少见。以无机硫作为添加剂,用量超过 0.3%～0.5% 时,可能使动物产生厌食、体重降低、便秘、腹泻、抑郁等毒性反应。

(3)来源与供给。动物所需要的硫主要由饲料中含硫蛋白质供给。无机硫补充料有硫酸钙、硫酸钠、硫酸铵、硫酸钾等,有机硫以含硫氨基酸为主,有机硫的补充效果优于无机硫。例如在毛用或绒用的动物饲粮中可通过添加硫酸钠或蛋氨酸提高绒和毛产量。

(二)微量元素

1.铁(Fe)

(1)分布和吸收。各种动物体内含铁 30～70 mg/kg,动物体内的铁有 60%～70% 分布于血红蛋白中,2%～20% 分布于肌红蛋白中,0.1%～0.4% 分布在细胞色素中,约有 1% 存在于转运载体化合物和酶系统中;肝、脾、骨髓是主要的贮铁器官。

动物消化道对铁的吸收能力较差,其吸收率只有 5%～30%。维生素 C、维生素 E、有机酸、某些氨基酸、单糖可与铁结合促进其吸收;亚铁比正铁容易被吸收,过量的铜、锰、锌、钴、镉、磷和植酸可与铁结合从而抑制铁的吸收。

(2)缺乏和过量。畜体血液中的红细胞处于不断地更新中,由血红素释放出的铁能够被机体再次利用合成血红素,因此,成年健康动物的需铁量很少。动物在胃肿胀、患寄生虫病、长期腹泻以及饲料中锌过量等异常状态下会发生铁的不足。缺铁的主要表现是贫血,进而表现为生长慢,昏睡,可视黏膜变白,呼吸频率增加,抗病力弱,严重时死亡率高。哺乳期乳猪贫血较为常见,出生后 2～4 周内,血红素降到 3～4 g/100 mL 以下,补铁即可消除贫血现象。

各种动物对铁过量供给的耐受力都较强。猪采食 1 kg 饲粮中铁的耐受量为3 000 mg,牛和禽为 1 000 mg,绵羊为 500 mg。

(3)来源和供应。大部分饲料中铁的含量都超过动物的需要量。幼嫩青绿饲料含铁丰富;豆科和混播牧草中铁的含量比单一禾本科牧草约多 50%;鱼粉、血粉中铁的含量丰富,但动物对其铁的利用率较低。补饲铁可利用硫酸亚铁、氯化铁、柠檬酸铁等铁盐以及各种氨基酸螯合铁。

2.铜(Cu)

(1)分布和吸收。动物体内平均含铜 2～3 mg/kg,以肝、脑、肾、心和眼的色素部分以及被毛中的含铜量最高,其次为胰、脾、肌肉、皮肤和骨骼。

动物消化道各段都能吸收铜,但主要吸收部位是小肠。铜吸收率 5%～10%。日粮缺铜时,动物吸收更有效。

(2)缺乏和过量。缺铜时导致畜禽贫血,损害动脉弹性蛋白,引起被毛褪色,骨质疏松,繁殖性能下降。

绵羊和犊牛对过量铜特别敏感,易受过量铜的危害。日粮正常钼、硫、锌、铁水平下,采食每千克饲粮,绵羊、牛、猪、马对铜的耐受量分别为 50,100,300,800 mg,超过此水平,各种动物都会产生毒性反应。反刍动物可产生严重溶血,其他动物表现出生长受阻,贫血,肌肉营养不良和繁殖受损等。

(3)来源和供应。饲料中铜的分布广泛,植物饲料中铜含量与植物种类、土壤中铜的浓度有关。禾本科籽实及其副产品含铜丰富,但玉米含铜量较低;在植物性蛋白饲料中以大豆饼(粕)含铜量最高,粗饲料中秸秆含铜贫乏。缺铜可直接补饲硫酸铜、各种氨基酸铜以及纳米铜。

3.锰(Mn)

(1)分布和吸收。动物体内含锰低,一般为 0.2～0.3 mg/kg,主要分布于骨、肝、肾、胰腺中,肌肉中含量较低。

锰的主要吸收部位在十二指肠,吸收率仅为 5%～10%。

(2)缺乏和过量。动物缺锰,生长变慢,采食量降低,骨异常是缺锰的典型表现。禽类缺锰产生滑腱症和软骨营养障碍;猪缺锰表现跛腿,后踝关节肿大和腿弯曲缩短。锰过量,生长受阻,贫血和肠道损害,有时出现神经症状。另外,羊饲粮中长期缺锰饲粮(每千克干物质锰含量低于 8 mg)会导致羊繁殖力下降,主要表现在受胎率降低、妊娠母羊流产率提高、羔羊性别比例不平衡等现象。禽对锰的耐受力最强,每千克饲粮中可高达 2 000 mg,牛、羊仅为禽的 1/2,猪对锰敏感,只能耐受400 mg。

(3)来源和供应。饲粮中补锰可选用无机的硫酸锰以及各种氨基酸螯合锰。

4.锌(Zn)

(1)分布和吸收。动物体内含锌 10～100 mg/kg,骨骼肌中含锌占体内总锌的50%～60%,骨骼中约占 30%,其他组织器官中锌的含量较少。

单胃动物主要在小肠中吸收锌,而反刍动物在真胃和小肠均可吸收锌,锌的吸收率为 30%～60%。有机酸、氨基酸可与锌形成螯合物促进锌的吸收;铜、钙、植酸、葡萄糖硫苷等对锌的吸收有拮抗作用,可降低锌的吸收。

(2)缺乏和过量。动物缺锌,生长慢,食欲差,采食量下降。雄性的生殖器官发育不良,母畜的繁殖性能降低,骨骼异常,被毛和皮肤损害。很多种动物缺锌的典型表现是皮肤角质不全症。各种动物对高锌具有较强的耐受力。猪的耐受量为每千克饲粮 1 000 mg,绵羊为 300 mg,牛为 500 mg。

(3)来源和供应。饲粮中补锌可选用无机的硫酸锌、各种氨基酸螯合锌和纳米锌。有机锌和纳米锌的利用效果较无机锌好。

5.硒(Se)

(1)分布与吸收。动物体内含硒 0.05～0.2 mg/kg,肌肉中总含硒量最多,睾丸和肾中硒浓度最高。

硒的主要吸收部位在小肠。正常情况下,硒的吸收率比其他微量元素高,提高日粮粗蛋白质水平有利于硒的吸收,猪对硒的吸收率为 85%,绵羊为 35%。

(2)缺乏和过量。我国从东北向西南走向形成占国土面积 2/3 的巨大缺硒带,缺硒可引起动物白肌病,鸡渗出性素质病,猪、兔肝坏死,以及动物普遍存在的生长迟缓、繁殖性能下降等症状。硒也与动物冷应激状态下产热代谢有关,缺硒的动物在冷应激状态下产热能力降低,影响新生家畜抵御寒冷的能力。

硒过量易引起中毒,动物长期摄入 5～10 mg/kg 饲粮硒就可产生慢性中毒,表现为消瘦、贫血、关节强直、脱蹄、脱毛和影响繁殖等。每千克饲粮中含硒达500～1 000 mg,可出现急性或亚急性中毒,轻者盲目蹒跚,重者死亡。

(3)来源和供应。饲粮中补硒可选用无机的亚硒酸钠或硒酸钠、各种氨基酸螯合硒、纳米硒、各种富硒作物籽实、富硒酵母等。亚硒酸钠较硒酸钠生物利用率高。有机硒和纳米硒的生物利用率较无机硒好,且毒性较无机硒低。

6.碘(I)

(1)分布和吸收。碘分布在全身组织细胞中,参与几乎所有的物质代谢过程。碘作为甲状腺素的成分,70%~80%存在于甲状腺内。消化道的各个部位都能吸收碘,以碘化物形式存在的碘吸收率特别高。

(2)缺乏和过量。动物缺碘,甲状腺代偿性增生而肿大,基础代谢率下降。幼龄动物缺碘时,生长迟缓和骨架短小而形成侏儒;成年动物则发生黏液性水肿,病畜皮肤、被毛及性腺发育不良。胚胎期缺碘能引起胚胎早期死亡、流产以及分娩弱小无毛仔畜。

各种动物对摄入过量碘的耐受力反应不同。不同动物对饲料中碘的耐受量为:生长猪 400 mg/kg,禽 300 mg/kg,牛、羊 50 mg/kg;超过耐受量时,猪血红蛋白下降,鸡产蛋量下降,奶牛产奶量降低。

(3)来源和供应。饲粮中补碘可选用含碘化合物。

7.钴(Co)

(1)分布和吸收。钴分布于畜体的所有器官和组织中,以肾、肝、脾及胰腺中含量最高。体内钴吸收率不高,采食钴的 80% 随粪排出。钴主要作为维生素 B_{12} 的成分,体内钴的代谢作用实际上是维生素 B_{12} 的代谢作用。

(2)缺乏和过量。动物缺钴后食欲不振,精神萎靡,幼畜生长停滞,成畜消瘦,有时伴有贫血现象。动物对钴的耐受力较强,可达 10 mg/kg 饲粮,饲粮钴超过需要量 300 倍时可使动物产生中毒反应,反刍动物主要表现为肝钴增高,采食量和体重下降,消瘦,贫血;单胃动物主要表现为红细胞增多。

(3)来源和供应。饲粮中补钴可选用硫酸钴、氯化钴和乙酸钴,而氧化钴不宜作为钴添加剂。

8.氟(F)

(1)分布与吸收。动物体内氟主要存在于骨骼和牙齿中,摄入氟的 60%~80% 以氟磷灰石形式沉积于骨骼和牙齿中,氟具有保持牙齿健康以及抑制牙齿表面酶和酸细菌代谢过程的作用,增强牙齿强度。饲料中氟能被动物吸收 80%左右。

(2)缺乏与过量。动物在低氟摄入条件下,可通过肝脏的重吸收作用和骨对氟的亲和力增加以减少排泄,来保证体内的需要。

骨组织有积蓄大量氟的能力,只有摄入过量氟超过沉积能力时才进入软组织引起生理代谢紊乱或功能异常。不同种类动物对氟的耐受量不同,蛋鸡为 400 mg/kg,肉鸡为 300 mg/kg,猪为 150 mg/kg,羊为 60 mg/kg,牛为 50 mg/kg。

氟中毒是一种积累性的慢性中毒过程,草食动物往往经过一年或更长时间才出现症状,如牙齿出现斑波、波状齿、锐齿,继发性引起齿龈脓肿等。

六、维生素与动物营养

维生素是动物维持正常代谢所必需的一类低分子有机营养物,体内对其需要量很少,但对动物的新陈代谢起着重要的调节和控制作用。根据维生素溶解性质,将其分为脂溶性维生素和水溶性维生素两大类。

(一)脂溶性维生素

脂溶性维生素包括维生素 A、维生素 D、维生素 E 和维生素 K,它们在消化道随脂肪一同被吸收,因而促进脂肪吸收的条件也有利于脂溶性维生素的吸收。除维生素 K 可由消化道微生物合成一定数量外,所有脂溶性维生素都必须由饲粮来提供。

1. 维生素 A 和胡萝卜素

(1)功能和缺乏症。维生素 A 的主要生理功能为维持上皮组织的完整,促进结缔组织中黏多糖的合成,维持细胞膜及细胞器膜的完整以及正常的通透性,维持正常视觉。当维生素 A 缺乏时,动物上皮组织增生、角质化,其中以眼、呼吸道、消化道及生殖器官等的黏膜上皮受影响最显著,泪腺上皮角质化使眼泪分泌停滞,眼睛干燥而引起干眼症,故维生素 A 又称抗干眼症维生素。缺乏维生素 A 导致上皮组织不健全,特别是呼吸道黏膜的破坏,使得细菌容易入侵而引起感染。对于性腺和性器官上皮细胞的病变常能使动物生殖能力丧失。

(2)来源。维生素 A 来源于动物产品,如鱼肝油、牛奶、卵黄、血液、肝脏及其他内脏、鱼粉等;胡萝卜素则主要存在于植物性饲料中,以多叶幼嫩青饲料和胡萝卜中含量最多,胡萝卜素在动物肠壁及肝脏内可经胡萝卜素酶的作用转化为维生素 A。

2. 维生素 D

(1)功能和缺乏症。维生素 D 与钙、磷代谢有密切关系,能够促进小肠对钙、磷的吸收,使血钙与血磷的浓度增加,有利于钙、磷在骨骼和牙齿沉积。维生素 D 缺乏时,肠道钙、磷吸收减少,血中钙、磷浓度降低,因而骨中沉积量也减少,对幼小动物可引起成骨作用障碍,表现为佝偻病,牙齿生长迟缓。成年动物特别是怀孕母畜或泌乳母畜则出现骨软化症。家禽缺乏维生素 D 可降低产蛋量和孵化率,蛋壳薄而脆,甚至产软壳蛋。

(2)来源。维生素 D 在鱼肝油内含量很丰富,蛋类及哺乳动物肝脏中含量也较多,一般饲料都较少。晒太阳是获得维生素 D 最廉价的方法,植物在刈割后经过日光照射,大量的麦角固醇能转变为维生素 D_2,所以天然干燥的干草中维生素 D_2 高于人工干燥牧草中的维生素 D_2 含量;动物皮肤的分泌物也含有 7-脱氢胆固醇,经日光照射可转变成维生素 D_3 的活性形式而被皮肤吸收。

3. 维生素 E

(1)功能和缺乏症。维生素 E 具有生物抗氧化功能,维生素 E 还可促进性腺发育,促进受孕,防止流产,调节性激素代谢等。维生素 E 缺乏可导致机体免疫力下降,犊牛、羔羊、猪、兔和禽患肌肉营养不良或白肌病,雏鸡发生渗出性素质,以及家禽繁殖紊乱,胚胎退化,脑软化,脂肪组织褪色等。

(2)来源。维生素 E 在饲料中分布十分广泛,各种籽实和青绿饲料中都含有丰富的维生素 E,但青饲料自然干燥时维生素 E 的损失量可达 90%,人工干燥和青贮料的损失较少。饲料中的维生素 E 含量随存贮时间的延长而不断减少,籽实饲料在一般条件下保存 6 个月,维生素 E 损失 30%～50%。

4. 维生素 K

(1)功能和缺乏症。维生素 K 的重要生理功能是促进肝脏合成凝血酶原,此外也与肝脏合成凝血因子有关。当维生素 K 缺乏时,血中凝血酶原及凝血因子浓度降低,因而凝血时间延长,出血时难以止血。维生素 K 的缺乏症主要表现在家禽中,其他动物肠道能合成相当量的维生素 K。

(2)来源。绿色饲料是维生素 K 的丰富来源,其他植物性饲料和动物性饲料中均含有较丰富的维生素 K,而且肠道微生物可以合成维生素 K。家禽肠道短,微生物合成有限,一般需要饲粮提供。除家禽外,其他动物一般不需要补充维生素 K。

(二)水溶性维生素

水溶性维生素包括 B 族维生素和维生素 C。水溶性维生素很少或几乎不在体内贮存,因此短时期的缺乏或不足很快就会降低体内一些酶的活性,阻抑相应的代谢过程。

反刍动物由瘤胃合成的 B 族维生素通常超过机体需要量的许多倍,不必依靠饲料供给,但瘤胃功能尚未发育完全的犊牛、羔羊除外。猪、禽消化道后端微生物合成的 B 族维生素大部分随粪便排出体外,利用很少,因而猪、禽须由饲料中供应 B 族维生素。动物能在体内利用单糖合成足够量的维生素 C,仅在逆境情况下感到不足,添加可减轻应激。

1. 维生素 B_1(硫胺素)

(1)功能和缺乏症。硫胺素为许多细胞酶的辅酶,参与脂肪酸、胆固醇和神经介质乙酰胆碱的合成,参与调节机体内的水和嘌呤代谢,并促进胃肠蠕动和胃液分泌,促进消化。

硫胺素不足时,雏鸡出现多发性神经炎,表现"观星"姿势;猪表现为食欲和体重下降、呕吐、脉搏慢、体温降低、痉挛及共济运动失调,并常有消化紊乱现象,补充硫胺素能迅速恢复。硫胺素缺乏也可引起动物繁殖力的降低或丧失。

(2)来源。酵母是硫胺素最丰富的来源,在谷类种子外皮和胚芽、豆类等饲料中含量也很丰富,根茎类饲料中含量较少。

2.维生素 B_2(核黄素)

(1)功能和缺乏症。核黄素对于碳水化合物、蛋白质和脂肪代谢具有重要作用。核黄素缺乏时幼畜表现为生长停滞,食欲减退,被毛粗乱,眼角分泌物增多;雏鸡足爪向内弯曲,呈"拳头"状;蛋鸡腿麻痹,腹泻、产蛋率和孵化率下降;猪发生皮炎,形成痂皮及肿胀;妊娠母猪出现流产、胚胎死亡及胎儿畸形等现象。

(2)来源。常用的禾谷类饲料和块根茎饲料核黄素特别贫乏,不能满足动物需要;乳品加工副产品中含量丰富;青绿饲料中苜蓿及三叶草含量中等。配合饲料中可以补充维生素 B_2 以满足动物需要。

3.维生素 B_3(泛酸)

(1)功能和缺乏症。泛酸与碳水化合物、脂肪和蛋白质代谢有关。泛酸缺乏,生长猪表现为增重缓慢,食欲丧失,掉毛,皮肤和胃肠道发生疾病,并影响神经系统,病猪后肢运动呈痉挛性的鹅步。雏鸡生长受阻,羽毛生长不良,进一步表现为皮炎、眼睑出现颗粒状的细小结痂并粘连在一起,胫骨粗短;种鸡则表现为种蛋孵化率下降。

(2)来源。泛酸广泛分布于植物性饲料中,以糠麸及植物性蛋白饲料中含量最为丰富,块根、块茎中含量较低。

4.维生素 B_4(胆碱)

(1)功能和缺乏症。胆碱在肝脏脂肪代谢中起重要作用,能防止脂肪肝的形成。缺乏胆碱,脂肪代谢发生障碍,肝脏脂肪浸润。家禽发生骨粗短病,关节变形,贫血,生长缓慢,病死率升高;仔猪行动不协调。

(2)来源。凡是含脂肪的饲料都可提供胆碱。机体也能由甲基合成胆碱,合成的数量和速度与日粮含硫氨基酸、甜菜碱、叶酸、维生素 B_{12} 和脂肪的水平有关。

5.维生素 B_5(烟酸、尼克酸)

(1)功能和缺乏症。烟酸在机体生物氧化还原中起重要作用。烟酸缺乏时,生长猪出现呕吐、下痢及皮炎;成年家禽产蛋量降低、种鸡孵化率降低,羽毛脱落,雏鸡口腔和食道上端发现深红色炎症。

(2)来源。烟酸广泛分布于饲料中,糠麸、干草和蛋白饲料中含量丰富,但谷物中含量较低。饲粮中如用缺乏色氨酸的玉米为主要成分时,应考虑补充烟酸。

6.维生素 B_6(吡哆醇)

(1)功能和缺乏症。吡哆醇在氨基转移、脱羧和氨基酸分解等反应中起重要作用,同时,还参与脂肪和碳水化合物代谢。吡哆醇缺乏,猪表现食欲减退,生长缓慢,血红蛋白过少性贫血,阵发性痉挛,肝脂肪浸润以及腹泻和被毛粗糙;鸡表现为异常兴奋、癫狂、无目的运动和倒退、痉挛。

(2)来源。维生素 B_6 广泛存在于饲料中,各种谷类籽实及其加工副产品中含量丰富,动物性饲料及块根、块茎中含量较少,生产中不易产生明显的缺乏症。

7.维生素 B_7(生物素)

(1)功能和缺乏症。生物素是中间代谢过程中催化羧化反应多种酶的辅酶,对各种有机物质代谢均有影响。缺乏症状表现为生长不良,皮炎以及毛或羽毛脱落。猪表现为后腿痉挛,足裂缝和干燥,伴有棕色渗出物为特征的皮炎。家禽脚、喙及眼周围发生皮炎,类似泛酸缺乏。胫骨粗短症是家禽缺乏生物素的典型症状。

(2)来源。维生素 B_7 广泛分布于动植物组织中,饲料中一般不缺乏。

8.维生素 B_{11}(叶酸)

(1)功能和缺乏症。叶酸对于正常血细胞的形成有促进作用。犬、鸡、火鸡在缺乏叶酸时,经常引起贫血、生长停止和白细胞减少。

(2)来源。叶酸广泛分布于动物、植物产品中,除块根、块茎类饲料外,所有饲料都富含叶酸。动物肠道微生物能合成一定量的维生素 B_{11},但家禽因肠道合成很有限,特别是处于完全封闭、无绿色饲料供应、长期饲喂颗粒饲料时应考虑适当补加叶酸。

9.维生素 B_{12}(钴胺素)

(1)功能和缺乏症。维生素 B_{12} 能促进红细胞的形成和维持神经系统的完整。维生素 B_{12} 缺乏,反刍动物瘤胃发酵的主产物丙酸代谢发生障碍;其他动物最明显的症状是生长受阻,猪繁殖性能受影响,鸡孵化率下降,初生雏鸡有类似于骨粗短症的骨异常表现。

(2)来源。植物性饲料中不含维生素 B_{12},动物性蛋白饲料为猪、禽维生素 B_{12} 的重要来源。反刍动物从饲料中摄取足够量的钴时,完全能依靠瘤胃微生物合成机体所需要的量;仔猪和瘤胃尚未发育完全的犊牛可从母乳中获得。

10.维生素 C(抗坏血酸)

(1)功能和缺乏症。维生素 C 参与机体一系列的代谢过程,还有抗氧化作用,保护其他化合物免被氧化。维生素 C 缺乏时动物齿龈肿胀、出血、溃疡,牙齿松动,骨软弱,抗病力下降。

（2）来源。各种青绿饲料、青干草、块茎类及瓜果饲料均富含维生素 C，人工合成的维生素 C 是饲料添加剂的重要来源。

七、饲料的能量价值

（一）能量的来源与衡量

（1）能量来源。饲料中三大有机营养物质：碳水化合物、脂肪和蛋白质，是动物维持机体生命及生产过程中所需能量的主要来源。单胃动物主要的能量来源是碳水化合物中的单糖、寡糖以及淀粉，反刍动物除从这些物质得到能量外，还要从纤维素、半纤维素中得到所需要的大部分能量。在动物体内代谢过程中，脂肪和脂肪酸、蛋白质和氨基酸也可提供能量。蛋白质或氨基酸在动物体内不能完全氧化，用作能源价值昂贵，并且产生过多的氨对机体有害，不适合作为能源物质。

（2）衡量单位。由于各种能的形式都可以转变为热，营养学中常以热量单位衡量能。常用的单位有卡（cal）、千卡（kcal）和兆卡（Mcal）；近年来，国际营养科学协会及国际生理科学协会认为衡量能的单位应以焦耳（J）表示较为确切，卡与焦耳的等值关系如下：

1 卡（cal）＝ 4.184 焦（J）

1 千卡（kcal）＝ 4.184 千焦（kJ）

1 兆卡（Mcal）＝ 4.184 兆焦（MJ）

（二）饲料能量在动物体内的转化

（1）总能（GE）。总能是饲料中总的能量含量的统称，即饲料在氧弹式测热计中完全燃烧、彻底氧化后，以热的形式释放出来的能量。饲料的总能取决于其碳水化合物、脂肪和蛋白质的含量，三大营养物质能量的平均含量为：碳水化合物 17.5 kJ/g，蛋白质 23.645 kJ/g，脂肪 39.545 kJ/g。饲料总能被畜禽利用形成生产能的效率，乳牛为 15％～30％，肥猪约为 28％，蛋鸡约为 22％，肉用仔鸡约为 15％，役用马约为 9％。

（2）消化能（DE）。消化能是指被采食饲料中已消化养分所含的能量，即动物采食饲料的总能减去粪能（FE）后剩余的能量。粪能包括饲料未消化部分和粪代谢产物（如肠道上皮脱落物等）所含能量，粪能损失量因动物品种、年龄和饲料性质而变化。哺乳幼畜排出的粪能仅占食入能量的 10％ 左右，而采食劣质粗料的成年反刍动物则可达 60％以上。猪的饲养标准确定能量定额常用消化能。

（3）代谢能（ME）。代谢能是指饲料总能中真正能被动物用于代谢的部分，即食入的饲料总能减去粪能、尿能（UE）以及消化道气体能后剩余的能量。家禽由于自身的解剖特点,其粪尿是混在一起排出的,因此测定代谢能比测定其消化能更为简便。所以,家禽的饲养标准确定能量定额常用代谢能。

哺乳动物尿所含氮化合物以尿素为主,禽类则以尿酸为主;每克尿素含能量23 kJ,每克尿酸含能量28 kJ。尿能的损失在一些动物中是比较稳定的,猪的尿能损失占采食总能的2%~3%,牛为4%~5%。反刍家畜瘤胃中发酵产生气体所损失的能量一般占消化能的3%~10%;非反刍动物,消化道中发酵产生的气体较少,可忽略不计。

(4)净能(NE)。净能又称生产能,是指用于动物维持生命和生产产品的能量,即动物采食饲料的代谢能减去饲料在体内的热增耗(HI)后剩余的能量。

热增耗是体内由于采食活动、消化活动以及体内的代谢活动而产生的热量,一般由体表以热的散放形式损失,但寒冷时可用于维持体温。

根据在体内的作用,净能分为:维持净能(NE_m)和生产净能(NE_p)。维持净能指饲料中用于维持生命活动和逍遥运动所必需的能量,这部分能量最终以热的形式散失;生产净能是饲料中用于合成产品或沉积到产品中的那部分能量,其中也包括劳役做功所需要的能量。牛、羊饲养标准中能量定额常用净能。

(5)饲料能量在畜体内的转化过程(图6-1)。

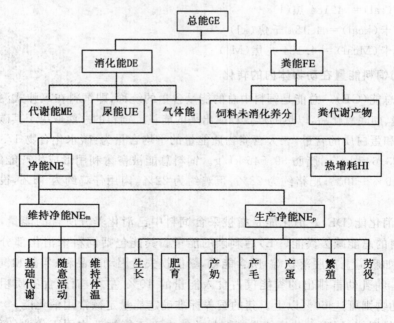

图6-1 饲料能量在畜体内的转化过程

思 考 题

1. 反刍动物、非反刍动物和禽类对饲料的消化各有何特点？
2. 畜禽对饲料中各种营养物质的消化具有哪些共同规律？
3. 通过哪些措施可以提高动物对饲料的消化率？
4. 水对动物有哪些重要的营养功能？
5. 何谓必需氨基酸、限制性氨基酸和理想蛋白质？
6. 粗纤维在动物营养中有何作用？
7. 饲料脂肪不同对体脂肪和乳脂肪将产生什么影响？
8. 何谓常量元素、微量元素？它们分别是哪些元素？
9. 简述脂溶性维生素的作用。
10. 简述水溶性维生素的作用。

第七章　畜禽营养需要与饲养标准

畜禽采食饲料不仅仅是维持生命活动,还要进行生长发育、繁殖和生产各种畜产品。动物因其种类、生理机能、生产目的、生产性能、体重、年龄和性别等实际状况的不同,对各种营养物质的需要在数量和质量上都有很大的差别。为此,必须研究不同生理状态下动物对各种营养物质的需要量,营养物质间的配比关系,影响需要量的主要因素及需要量的变化规律等,并以此作为制定饲养标准、合理配合日粮的依据。

第一节　营养需要与饲养标准的含义

一、营养需要

1.营养需要的概念

营养需要是指动物在适宜的环境条件下,为了维持生命活动和生产各种畜产品而对饲料营养物质的最低需要量。畜禽的营养需要从生理活动角度可区分为维持需要和生产需要两个部分。

2.营养需要量的衡量

营养需要量的衡量常用的描述有两种:一是每头每日各种营养需要量;二是每单位重量饲粮中各种营养物质的含量,通常以1 kg风干物质中的含量计算。

二、饲养标准

饲养标准是根据动物的不同种类、性别、年龄、体重、生产用途及生产水平,以实际生产中积累的经验,再结合代谢试验和饲养试验结果,科学地规定每日每头动物应获取的各种营养物质的数量。

饲养标准包括动物的营养需要和常用饲草料营养价值两部分。它是动物生产计划中组织饲料供应、设计饲粮配方、生产平衡饲粮的科学依据。

第二节　动物的维持需要

一、维持需要的概念和意义

(一)维持需要的概念

维持需要是指动物在既不生产产品(乳、肉、蛋等),又不从事劳役的情况下,为保持正常和体况不变所需供给的能量、蛋白质、矿物质和维生素等的最低量。在动物营养中,维持是动物在生存过程中的一种基本状态。处于维持状态时,成年动物保持体重不变,体内营养素相对恒定,分解代谢与合成代谢处于零平衡。这种需要仅维持生命活动中基本的代谢过程,弥补周转代谢损失以及必要的活动需要。

(二)维持需要的作用和意义

在动物生产中,合理处理维持需要和生产需要之间的关系,尽量减少维持需要,增加生产需要就能够提高生产效率。此外,维持需要是动物生产企业制订生产计划、确定主要经济技术指标、预测动物生产效率的主要参考依据之一。动物只有在维持需要得到满足之后,多余的营养物质才能用于生产,因而,维持需要是动物进行生产的前提条件。在现代动物生产中饲料成本是影响生产效益的主要因素,平均占生产总成本的 $50\% \sim 80\%$。长期以来,降低维持消耗所用饲料是畜牧生产者所追求的目标。

二、动物对各种养分的维持需要

1.动物维持的能量需要

维持能量消耗是指动物基础(绝食)代谢与随意活动二者能量消耗的总和。

(1)基础代谢。基础代谢是指动物在理想条件下维持自身生存所必要的最低限度的能量代谢。只限于维持细胞内必要的生化反应和用于心跳、循环、呼吸等必要的基本生命活动。

(2)绝食代谢。又称饥饿代谢或空腹代谢,是指将基础代谢放宽到实际条件下可以测定的代谢;动物绝食代谢的水平一般比基础代谢高,在可测条件下仍比较稳定。

(3)随意活动。随意活动是指动物维持生存所进行的一切有意识活动,主要是指在绝食代谢基础上,维持生存所增加的活动。实验条件下测到的绝食代谢和实际生产条件下的维持代谢有差距,主要是活动量的不同,一般在确定能量需要时用占绝食代谢的百分数表示活动量增加所增加的需要。

2.动物维持的蛋白质需要

动物维持时氮的消耗包括内源尿氮、代谢粪氮和体表氮损失。

(1)内源尿氮(EUN)。内源尿氮指动物在生存过程中,必要的最低限度的体蛋白分解代谢经尿中排出的氮。维持状态动物的体蛋白仍处于动态平衡,不断进行新旧交替,蛋白质降解的产物主要以尿素形态排出;另外,肌肉也在运动,肌酸转变为肌酸酐同样由尿排出,它们共同构成内源尿氮。动物经过一个阶段只喂能量不喂蛋白质之后,尿氮降到最低恒定水平,这时的尿氮量即为维持状态的蛋白质需要,表示动物已处于基础氮代谢。除内源尿氮外,还包括日粮中部分蛋白质因不适于体蛋白合成直接进入氧化分解代谢产生的氮,即外源尿氮。

(2)代谢粪氮(MFN)。动物采食无氮日粮中经粪中排出的氮叫代谢粪氮。主要来自于动物脱落的消化道上皮细胞和胃肠道分泌的消化酶等含氮物质。

(3)体表氮损失。体表氮损失指动物在基础氮代谢条件下,经皮肤表面损失的氮,主要为皮肤表皮细胞和毛发脱落损失的氮。汗腺动物体内蛋白质分解代谢终产物也可能有少部分经皮肤排泄,但这部分氮的损失微小,一般忽略不计。

3.动物维持的矿物质需要

摄入体内的有机物质,经过消化分解面目全非,而矿物质元素则不同,无论怎样周转,矿物质离子仍然存在,一部分可被机体反复利用,内源损失很小。

例如,体重 30 kg 的猪,其体内约含钙 230 g,每天的内源损失约 0.9 g,所以,每天约需补充其体内钙的 0.4%。同样该猪体内约含钠 40 g,每天内源损失量仅为 0.036 g,是体内含钠量的 0.09%。

4.动物维持的维生素需要

维生素的代谢与其他营养素不同,没有内源损失。从动物生产角度出发,将维生素维持需要与生产需要分开考虑没有多大意义。能够影响维持需要的因素主要是动物自身、饲料、饲养条件及环境因素等。

三、影响维持需要的因素

(1)体重大小。随着体重的增加,畜禽的营养维持需要也增加。体重越大,绝对的维持需要量也越大,但体重小的个体比体重大的个体单位体重产热高,所以单位体重维持需要多。

(2)外界温度。畜禽属于恒温动物,只有在产热量与散热量相等时,才能保持体温的恒定。气温低、风速大时畜体散热量增加,必须加速体内养分的分解以增加产热量。反之,外界气温过高时,机体散热受阻,体温升高,使维持能量需要可能成倍地增加。

(3)自由活动程度。自由活动多的畜禽,消耗量较多。试验表明,一半时间站立,一半时间躺卧的家畜,比全天强迫站立的代谢强度低 15%。神经敏感的家畜易受刺激,其维持需要也较多。

(4)品种、类型、性别、年龄。畜禽的品种、类型、性别、年龄不同,营养的维持需要也不同。青壮年畜禽的代谢高于老龄畜禽,维持需要的营养较多;公畜比母畜代谢高 10%~15%;去势后畜禽的基础代谢降低;乳用家畜较肉用家畜代谢强度大,维持需要也多。

(5)生理状况和营养状况。不同生理和营养状况下,畜禽维持的营养需要也不同。妊娠和泌乳母畜的基础代谢高于空怀母畜,维持需要较多。畜禽营养状况愈佳,维持需要量也愈高,反之,则维持需要较低,饲料利用较经济。

第三节　动物生长育肥的营养需要

一、动物生长育肥的能量需要

生长肥育动物所需能量用于维持生命、组织器官的生长及机体脂肪和蛋白质沉积。能量需要主要通过生长试验、平衡试验及屠宰试验,按综合法或析因法的原理确定。

综合法是把生长试验与屠宰试验相结合,确定动物对能量的需要。一般用不同能量水平的饲粮,以达最大日增重、最佳饲料利用率和胴体品质时的能量水平作为需要量。能量需要也常与蛋白质的需要结合研究,使之能取得一个适宜的能量蛋白质比例。

能量需要可用每千克饲料含消化能、代谢能或净能多少来表示,也可用每头每日需要量来表示;需限饲的后备种畜,一般给出的是每日的需要量。我国猪、禽和牛的饲养标准,基本上是按照上述方法总结的。在大量试验数据的基础上,通过建立回归公式估计其需要量。

析因法是从维持和剖析增重的内容出发,研究在一定条件下蛋白质和脂肪沉积规律,以及沉积单位重量的脂肪和蛋白质所需的能量,在大量试验数据的基础上,建立回归公式以估计某种动物在一定体重和日增重情况下的脂肪和蛋白质日沉积量。然后根据脂肪和蛋白质的沉积量推算出增重净能,加上维持净能,即为所需的总净能。根据各种动物的消化能、代谢能和净能相互转化的效率,可将净能需要换算成消化能或代谢能。

生长动物的能量需要包括维持需要和生长需要,公式如下:

$$E = aW^{0.75} + c\Delta P + d\Delta F$$

式中,E 为每日能量需要量,kJ/d;a 为 1 kg 代谢体重的维持需要,kJ/(kg·d);$W^{0.75}$ 为代谢体重,kg;c 为沉积 1 g 蛋白质所需能量,kJ;ΔP 为每天沉积蛋白质的质量,g;d 为沉积 1 g 脂肪所需能量,kJ/g;ΔF 为每天沉积脂肪的质量,g/d。

消化能用于合成蛋白质和脂肪的效率分别为 46% 和 76%,1 g 蛋白质和脂肪本身含有能量分别为 23.645 kJ 和 39.545 kJ,这样沉积 1 g 蛋白质和脂肪所需能量分别为:

$$c = 23.645 \div 46\% = 51.40 (kJ/g) \qquad d = 39.545 \div 76\% = 52.03 (kJ/g)$$

例如:1 头体重 50 kg 的猪,日增重 600 g(其中氮沉积 19 g,脂肪沉积 200 g),其每日需要的消化能计算如下:

a 的取值为 460 kJ/(kg·d);

$\Delta P = 19 \times 6.25 = 118.75 (g/d)$

$\Delta F = 200 (g/d)$

$E = 460 \times 50^{0.75} + 51.40 \times 118.75 + 52.03 \times 200 = 25.16 (MJ/d)$

二、动物生长育肥的蛋白质需要

动物生长肥育对蛋白质的需要量由体内蛋白质的沉积量和饲料蛋白质的效率所决定。蛋白质需要可通过饲养试验和氮平衡试验加以确定,也可用析因法测定维持和生长的蛋白质需要。析因法估计蛋白质需要表示如下:

$$CP = \frac{CP_m + CP_g}{NPU}$$

式中,CP 为总的粗蛋白质需要,g/d;CP_m 和 CP_g 分别为维持和生长所需粗蛋白,g/d;NPU 为蛋白净利用率,等于生物学价值(BV)乘以消化率。

已知动物一定体重和日增重的蛋白质沉积量和维持需要,可估计总的净蛋白和粗蛋白需要。

蛋白质的需要量常用饲粮中的蛋白质水平来表示,动物维持和生长肥育的饲粮粗蛋白水平见表 7-1。

表 7-1 动物维持和生长肥育的饲粮粗蛋白水平 %

动物种类	维持饲粮	生长肥育饲粮	
		前期	后期
肉牛	6.0	15.0	9.0
绵羊	8.9	10.0	9.0
猪	14.0	22.0	14.0
鸡	—	20.0	16.0
兔	12.0	16.0	—

氨基酸的需要同样用析因法先确定维持和沉积的单个氨基酸的需要。一般是先求得赖氨酸的需要,然后根据维持和沉积的蛋白质的氨基酸模式,推算出各个氨基酸的需要(相当于可消化氨基酸),维持加上沉积即为氨基酸的总需要量。一般表示为每日需要量,根据每日采食饲料的量和消化能或代谢能,可折算成每千克饲粮的百分含量。

三、动物生长育肥的矿物质元素需要

生长动物在增长肌肉和脂肪的同时,骨骼也在迅速增长,因此,对钙和磷的需要量较大。一般认为能保证骨骼正常生长发育的饲粮钙、磷水平就可作为动物对钙、磷的需要量。由于确定钙、磷需要量标准不统一,周转代谢、内源损失测定的困难和饲料钙、磷利用率的不确定,钙、磷需要量的准确测定是困难的。各国饲养标准中所给出的钙、磷需要量都是在一定利用范围的估计值。我国动物饲养标准中几种矿物质元素的推荐量见表 7-2。

表 7-2 生长动物矿物质元素推荐量

种类	钙/%	总磷/%	铁/(mg/kg)	铜/(mg/kg)	锌/(mg/kg)	锰/(mg/kg)	硒/(mg/kg)	碘/(mg/kg)
蛋鸡	0.6~0.8	0.5~0.7	60~80	6.0~8.0	35~40	30~60	0.1~0.15	0.35
肉鸡	0.9~1.0	0.4~0.5	80	8.0	40	60	0.15	0.35
猪	0.5~1.0	0.4~0.8	50~165	3.8~6.5	90~110	2.5~4.5	0.15~0.3	0.14~0.15
奶牛	0.4~0.8	0.4~0.5	50~100	5.0~8.0	20~30	14~40	0.1	—

四、动物生长育肥的维生素需要

无论反刍动物或单胃动物,脂溶性维生素都必须由饲粮供给,特别是消化道功能尚未发育完全的幼龄动物。对于所有的动物,每千克饲粮所需的维生素含量一般随年龄的增长而下降。动物生长维生素供给的推荐量见表7-3。

表 7-3　动物生长维生素供给推荐量

项目	维生素种类	动物种类				
		小牛	羔羊	猪	马	家禽
每千克体重脂溶性维生素需要量	维生素 A/(IU/d)	60~160	60~150	60~150	50~150	4 000
	维生素 D/(IU/d)	5~10	5~10	5~20	10~20	200~300
	维生素 E/(IU/d)	0.1	0.1	0.6	—	15
每千克饲料水溶性维生素含量	维生素 B_1/mg	2.5	2.0	1.7	4.0	2.5
	维生素 B_2/mg	4.0	4.0	2.5	5.0	5.0
	维生素 B_3/mg	12.0	12.0	10.0	6.0	15.0
	维生素 B_5/mg	25.0	25.0	18.0	15.0	40.0
	维生素 B_6/mg	4.0	4.0	3.0	1.6	4.5
	维生素 B_7/mg	—	—		0.1	0.2
	维生素 B_{12}/mg	18.0	18.0	14.0	1.6	15.0
	维生素 B_4/g	—	—	0.5~1.0	0.08	1.35

第四节　动物繁殖的营养需要

动物的繁殖过程包括雌雄动物的性成熟、性机能的形成与维持、精子与卵子的形成、受精过程、妊娠及雌性动物哺育后代等多个环节。不同环节所处的生理阶段不同,其对营养要求也各不相同。因此,为保持和提高动物繁殖性能,应根据不同阶段的生理特点合理供应营养。

一、繁殖母畜的营养需要

母畜繁殖可分为空怀期、配种前期、配种期、妊娠期和泌乳期五个阶段。各阶段营养水平过低会降低繁殖性能,营养水平过高又会使母畜过于肥胖,卵泡发育受阻或停止发情,也会使胚胎着床困难,降低繁殖性能。

(一)空怀母畜的营养需要

空怀母畜的基本要求是身体健康,发情排卵正常,受胎率高。

(1)后备母畜。后备母畜处于生长阶段,应按动物生长期的营养需要配制饲粮。

(2)经产母畜。经产母畜在配种前应根据不同情况调节营养水平。对于在前一繁殖期中产仔多,泌乳量高,干奶(或断奶)后体况较差的母畜在配种前可采用"短期优饲"的方法饲养,即在配种前的较短时期内(1~20 d)提高饲粮能量水平(至少给母畜以高于维持50%~100%的能量),以增加其排卵数。

对于体况较好的经产母畜,在配种前可按维持需要的营养水平饲养,避免过肥而降低其繁殖性能。

(二)妊娠母畜的营养需要

妊娠期间,能量水平过高或过低,都对母畜繁殖性能有影响,特别是过高的能量水平,对繁殖有害。

1.能量需要

从母体的能量沉积和代谢变化看,妊娠动物的能量需要应随妊娠期的延长而逐渐增加,且变化很大。

美国 NRC 规定,母猪妊娠期的能量需要为维持及平均增重需要之和。我国的猪饲养标准将妊娠期分为前后两个阶段分别对待,一般前期可在维持需要基础上增加 10%左右,后期则是在前期基础上增加 50%。

妊娠母牛能量沉积总量中约有 60% 是在妊娠最后 2 个月所沉积,美国 NRC 对母牛妊娠能量需要按维持需要的 30%计算。我国奶牛饲养标准规定,从妊娠第 7~9 个月,在维持能量需要基础上增加 26%~33%。

2.蛋白质需要

妊娠期蛋白质的需要也随妊娠时间的延长而增加。对于体重在 120~150 kg 的母猪,在妊娠前期每天应需 210 g 粗蛋白,妊娠后期再增加 80 g。

体重为 550 kg 的妊娠母牛,在妊娠最后的 6~9 个月中饲粮中应分别供给 602,669,780,928 g 粗蛋白质。妊娠第 6 个月如未干奶,还要加上产奶需要,每产 1 kg 标准乳需供给粗蛋白质 85 g。

体重为 60 kg 的蒙古细毛羊,在妊娠后期,怀单羔时每日需要粗蛋白质为 172.6 g,怀双羔时为 203.2 g。

3.矿物质需要

对于妊娠母畜最重要的矿物质元素是钙和磷,其次为硒、锌、锰、铁、铜和碘。

　　钙和磷是妊娠母畜必不可少的矿物质元素,其需要量随胎儿生长而增加。饲粮缺钙时,母畜动用骨骼贮备的钙,引起母畜患骨质疏松症,严重时还可导致胎儿发育阻滞甚至死亡,并降低产后泌乳量。饲粮缺磷也是母畜不孕和流产的原因之一,如奶牛缺磷常导致卵巢萎缩,屡配不孕或中途流产。

　　为维持动物的正常繁殖机能,还应考虑钙、磷比例。当钙、磷比例小于1.5∶1时,母牛受胎率下降,还会发生难产、胎衣不下、子宫和输卵管炎症等。当钙、磷比例大于4∶1时,易发生阴道和子宫脱垂、乳腺炎等产后疾病,繁殖指标明显下降。试验结果表明,钙、磷比以(1.5～2)∶1为最佳比例,此时繁殖效果较好。

　　我国肉脂型妊娠母猪的饲养标准中规定钙、磷需要量分别为0.61%和0.49%;NRC规定钙、总磷需要量分别为0.75%和0.6%。

　　我国妊娠奶牛饲养标准规定钙、磷的需要量为:体重500 kg妊娠母牛在妊娠的最后6～9个月的饲粮中,钙的需要量分别为39,43,49和75 g;磷的需要量分别为27,29,31和34 g;钙、磷比为(1.44～2.21)∶1。

　　妊娠动物微量元素的需要量见表7-4。

表7-4　妊娠动物微量元素需要量　　　　　　　　　　　mg/kg饲粮

动物种类	锰	碘	锌	铜	铁	硒
妊娠母猪	8～10	0.14	50	4～5	70～80	0.13～0.15
妊娠母牛	16	0.4～0.8	40	10	40～60	—
妊娠母羊	20	0.1～0.7	35～50	5～7	—	—

4. 维生素的需要

　　反刍动物需由外源提供的维生素种类较少。NRC规定母牛每日每头需要维生素A 19 051 IU,妊娠母羊每日每只为300～900 IU;维生素K和水溶性维生素由瘤胃微生物合成,可满足妊娠母畜需要。妊娠母猪维生素需要量见表7-5。

表7-5　妊娠母猪每千克饲料维生素需要量参考值

维生素	需要量	维生素	需要量
维生素 A/IU	2 300～4 800	维生素 B_5/mg	10～20
维生素 D/IU	200～1 000	维生素 B_6/mg	1.0
维生素 E/mg	10～35	维生素 B_7/mg	0.1～0.3
维生素 K/mg	0.5～2.0	维生素 B_{11}/mg	0.3～0.5
维生素 B_2/mg	3.0～3.75	维生素 B_{12}/mg	15～25
维生素 B_3/mg	8～12	维生素 B_4/mg	500～1 500

二、种公畜的营养需要

种公畜的任务就是配种，为了圆满地完成任务，要保证种公畜的种用体况，旺盛的性欲和良好的配种能力，能产生量大质优的精液。种公畜应有两个饲养标准。在非配种季节（非配种期），按一般水平饲养。在配种季节（配种期）要提高营养水平，增加蛋白质、维生素和矿物质的供给。

1. 能量需要

未成年种公畜日粮中能量供应不足时，会导致睾丸和附性器官发育不正常，因而推迟性成熟期。成年公畜的日粮中能量供应不足时，睾丸和其他性器官的功能减弱，导致性欲降低。日粮中营养水平过高，睾丸沉积脂肪，也会降低公畜性机能。

我国肉脂型猪饲养标准规定：体重为 90，90～150 和 150 kg 以上的种公猪每日每头的消化能需要量分别为 17.57，23.85 和 38.87 MJ；1 kg 饲粮含消化能 12.55 MJ。

我国奶牛饲养标准（NY/T 34—2004）规定：种公牛能量需要（MJ），按 $0.398 W^{0.75}$ 估算。

2. 蛋白质的需要

日粮中蛋白质缺乏，会影响公畜精子形成，射精量减少；但日粮中蛋白质过多，亦不利于精液品质的提高。我国奶牛饲养标准（NY/T 34—2004）规定，种公牛对小肠可消化粗蛋白质的需要量（g）可按 $3.3 W^{0.75}$ 估算；种公猪对粗蛋白质需要量则可按每千克风干饲粮含 120～140 g 计算。种公猪对蛋白质的需要实质上是对必需氨基酸的需要，其需要量基本同妊娠母猪。

3. 矿物质的需要

矿物质营养是种公畜优良繁殖性能充分发挥的保证，睾丸的发育、生精机能及精子的质量都受矿物质营养的影响。后备公猪饲粮中含钙 0.9%，成年公猪饲粮含钙 0.75% 可满足繁殖需要，钙、磷比为 1.25：1。种公牛饲粮含钙 0.4%，钙、磷比为 1.33：1。公猪每千克饲粮中硒、锰、锌含量应分别不少于 0.15，10 和 50 mg。

4. 维生素的需要

维生素 A 与种公畜的性成熟和配种能力关系密切。长期缺乏维生素 E，可导致成年公猪睾丸退化，永久性丧失繁殖力。维生素 C 对于种公牛精液品质有重要的意义。繁殖力高的公牛，每 100 mL 精液中含维生素 C 3～8 mg；繁殖力低的公牛则仅含 2 mg 以下。试验表明，对繁殖力低或不育公牛皮下注射维生素 C，可以改善精液品质。

种公牛每 100 kg 体重每日需供给维生素 A 4 200～4 300 IU、维生素 D 500～600 IU。种公猪每千克饲料中应含维生素 A 3 500IU、维生素 D 177 IU。种公猪在配种次数较多时,饲料中应补充多种维生素。

第五节 泌乳动物的营养需要

母畜乳腺在乳汁分泌过程中,每生成 1 kg 乳需 500～600 kg 血液流经乳腺。对于高产母畜,泌乳期消耗大量的营养物质以合成乳汁。泌乳期间饲养的主要目的是通过营养调控提高母畜的泌乳量和乳品质,保证母体和仔畜健康,以及下一个繁殖周期的正常。

一、泌乳动物的能量需要

我国奶牛饲养标准的能量体系采用产奶净能,以奶牛能量单位(NND)表示,即用 1 kg 含脂 4% 的标准乳所含产奶净能 3 133 kJ 作为一个"奶牛能量单位"。

在确定乳牛产奶净能需要的过程中,除测定奶中所含净能值外,还需准确测定饲料消化能或代谢能用于泌乳的转化效率。

(一)泌乳母牛维持的能量需要

维持能量消耗和产奶量关系密切,产奶量高维持能量消耗就多。在中等温度的舍饲条件下,成年泌乳母牛的维持能量需要为 $356 W^{0.75}$(单位为 kJ),初产母牛和第二泌乳期母牛尚有生长发育的需要,应在维持的基础上分别增加 20% 和 10%。

如果在放牧状态下饲养奶牛,其维持能量需要应根据行走里程和速度的不同分别给予相应的增加。此外,处于不同气温条件下的乳牛维持能量需要也需调整。

(二)泌乳母牛产奶的能量需要

(1)标准乳(FCM)。乳中能量随乳的成分,尤其是乳脂率的变化而变化。通常将不同乳脂率的乳量换算为乳脂率为 4% 的标准乳量(单位为 kg),以方便泌乳能量需要的计算和乳牛泌乳力的比较。Gaines 提出以下换算公式:

$$4\% \text{ 乳脂率的乳量} = M(0.4 + 15F)$$

式中,M 为未经换算的泌乳量,kg;F 为乳脂率,%。

例如,1 kg 含有脂肪3.5%、无脂固形物 8.5% 的牛乳,换算成为乳脂率为 4% 的标准乳则为:1×(0.4+ 15×3.5%) = 0.925(kg)。

(2)产奶的净能需要。产奶的净能需要是根据产奶量和乳脂率计算的,首先根据乳脂率将产奶量折算成标准乳产量。1 kg 标准乳含净能 3 133 kJ,该系数乘以标准乳产量即得产奶的净能需要。

二、泌乳动物的蛋白质需要

泌乳母牛蛋白质需要包括维持、产奶两个方面,在各国饲养标准中以粗蛋白、可消化粗蛋白和非降解蛋白表示。

(1)泌乳母牛维持的蛋白质需要。泌乳牛维持净蛋白消耗为 $2.1\,W^{0.75}$(g),按粗蛋白消化率 75% 和生物学价值 70% 折算,乳牛维持的粗蛋白质需要为 $4.0\,W^{0.75}$(g),可消化粗蛋白需要则为 $3.0\,W^{0.75}$(g)。

(2)泌乳母牛产奶的蛋白质需要。乳内蛋白含量、进食饲料中粗蛋白的消化率和可消化蛋白用于合成乳蛋白的利用率,是确定产奶对蛋白需要的依据。乳蛋白含量可直接测得,也可根据其与乳脂率之间的关系推算:

$$乳蛋白含量＝(1.9＋0.4×乳脂率)×100\%$$

泌乳母牛对日粮中粗蛋白的消化率为 75%,可消化蛋白用以合成乳蛋白的利用率为 70%。1 kg 标准乳中如含乳蛋白 34 g,则生产 1 kg 标准乳需粗蛋白 65 g 或可消化蛋白 49 g。我国奶牛饲养标准规定,每产 1 kg 含脂 4% 的标准乳供给粗蛋白 85 g 或可消化粗蛋白 55 g。由于日粮类型不同,饲料蛋白质消化率和可消化蛋白利用率也不同,各个标准规定的需要也存在差异。

(3)泌乳母牛对饲粮蛋白质品质的要求。产奶量和奶的品质不仅与饲粮中供给的蛋白质数量有关,而且也与饲粮中各种氨基酸组成比例密切相关。因此,对于反刍动物蛋白质的供给也要注意饲粮蛋白质品质。降解率低的蛋白可以避开瘤胃微生物的作用,直接到达小肠,能更有效地被动物消化、吸收和利用。

三、泌乳动物的矿物质需要

动物种类不同乳中所含矿物质不等。在泌乳期中,产乳 3 000 kg 的乳牛共分泌出矿物质 22.5 kg,母猪在 2 个月泌乳期内分泌出矿物质 2～2.5 kg。因此,必须供给母畜所需的各种矿物质,同时还需注意矿物质之间以及矿物质与其他营养物质之间的比例关系。

(1)钙、磷的需要。奶牛钙、磷需要量是根据维持需要、奶中钙和磷含量及牛对饲料中钙、磷的利用率确定的。1kg 标准乳(乳脂率 4%)平均含钙 1.23 g,含磷 0.9 g,日粮中钙、磷的利用率若以 45% 计,则每产 1 kg 标准乳需供给 2.7 g 钙和 2.0 g 磷。

高产奶牛在泌乳高峰时期往往会出现钙、磷的负平衡,即使供给丰富的钙、磷仍然改变不了这种现象,随着泌乳期延长泌乳量下降,钙、磷负平衡逐渐好转,到泌乳后期钙、磷贮积又逐渐增加,这是正常代谢情况。母牛长期喂给低钙日粮,骨中钙、磷减少,骨变脆易折,产奶量下降,但乳中含钙量并不减少。牛奶中钙、磷比为1.3∶1。

(2)钠、氯、钾、镁、硫的需要。母畜从乳中分泌出较多的钠和氯,因而日粮中给母畜供给食盐显得很重要。如果产奶牛食盐不足就易造成体重下降和产奶量降低,一般情况下在精料补充料里配合 0.5%~1.0% 的食盐。

奶牛钾需要量为饲料干物质的 0.5%~0.8%。粗料中含钾多,故日粮中粗料多时不至于缺钾,但当日粮中精料用量多时,则需注意供给。

1 kg 牛乳中含镁 0.12 g,奶牛对镁的利用率为 7%~33%,平均为 17%,每生产 1 kg 标准乳需镁 0.7 g,镁占日粮干物质的 0.2% 即可满足需要。

硫大部分以有机态存在于乳的氨基酸中,反刍动物通过瘤胃内细菌作用从无机硫合成含硫氨基酸。通常硫可占饲料干物质的 0.1%,喂尿素时硫要占 0.2%,并保持 N∶S=10∶1。

四、泌乳动物的维生素需要

奶牛瘤胃可合成 B 族维生素和维生素 K,维生素 C 也可以在体内合成,但维生素 A、维生素 D 和维生素 E 不能在体内合成,乳中这些维生素含量完全来源于饲料。因此,乳牛需要的主要维生素是维生素 A,维生素 D 和维生素 E。

体重为 100 kg 的泌乳母牛每日需要 19 mg 胡萝卜素,5 000~6 000 IU 维生素 D,1 000 IU 维生素 E。

第六节　产毛动物的营养需要

毛的生产不同于乳、肉家畜的生产,羊在维持饲养情况下也要长毛,故维持需要没有严格的概念。对于绵羊,繁殖与泌乳的营养需要比产毛处于优先位置,母羊会为了胚胎发育和泌乳而放慢毛的生长。对于安哥拉山羊,其繁殖与泌乳能力则相对较低,这在很大程度上是由于提高马海毛的品质选种方向而引起的。绵羊是产毛的主要动物,下文以绵羊为例,阐述产毛的营养需要。

一、营养对产毛的影响

毛纤维在毛囊中形成,通过毛乳头、毛球得到营养。营养通过影响皮肤和毛囊的发育而影响毛的产量和品质，母羊在怀孕后期和泌乳前期营养不良可降低羔羊的产毛潜力；营养不足的绵羊，产毛较细而短、弯曲减少，毛的强度也降低，纺织性能变差。

二、产毛动物的能量需要

产毛动物的能量水平不能过高或过低。能量过低，羊只生长发育受阻，皮肤生长缓慢，毛的数量和质量都下降；能量过高（高于维持需要的 3～5 倍），羊毛的保护作用减弱，毛变粗，产毛量和毛品质下降。

产毛动物的能量需要，如羊，包括合成羊毛消耗的能量和毛含有的能量。体重 50 kg，年产毛 4 kg 的美利奴绵羊，每天基础代谢为 5 024.16 kJ，沉积于毛中的能量为 230.12 kJ，占基础代谢的 4.58%；美利奴羊平均每产 1 g 净毛需耗 628.024 kJ 代谢能。毛兔如年产毛 800 g，每产 1 g 净毛约需消化能 711.28 kJ。

三、产毛动物的蛋白质需要

角蛋白是羊毛的基本成分，羊毛生长最终决定于毛囊周围组织液中构成角蛋白质的必需氨基酸浓度，而此浓度的大小又取决于饲料中蛋白质的质与量。限制羊毛生长的因素通常是含硫氨基酸，这与饲料蛋白质的产毛利用率低，饲料中含硫氨基酸不足有关。绵羊日粮中不含饼类饲料的情况下，添加占粗蛋白质 1.0%～1.5% 的蛋氨酸，可提高产毛量。妊娠母羊补饲 1.8 g 蛋氨酸，哺乳期母羊补饲 2.5 g 蛋氨酸，产毛量提高 11%。瘤胃功能尚未健全的羔羊，每千克代谢体重供给 0.9 g 赖氨酸，羔羊毛囊及毛纤维生长正常，少于 0.9 g 则毛的生长异常。长毛兔饲粮氨基酸由 0.4% 提高到 0.6%～0.7%，产毛量提高 15%～17%。

四、产毛动物的矿物质和维生素需要

1. 产毛动物的矿物质需要

与羊毛品质密切相关的矿物质是铜、钼和硫。

铜元素对羊毛品质有明显的影响。绵羊缺铜，毛囊内代谢过程受阻，明显症状是毛的弯曲减少。严重缺铜时，毛纤维变直，同时引起铁的代谢紊乱，出现贫血，产毛量下降。如黑裘皮羊的营养中缺铜时，毛囊缺少黑色素，裘皮品质降低。绵羊中铜的安全用量为每千克饲粮供给 6 mg，每千克干物质 5～10 g 或食盐中含 0.5% 的硫酸铜。钼过多的地区，由于食入钼多，可限制肝吸收和贮存铜的能力，而产生缺铜现象。钼的需要量为每千克日粮干物质含 0.5 mg，铜钼比大致为 10∶1。

硫是羊毛的重要成分，羊毛含硫占羊体内硫的 40%。无机硫和非蛋白氮可被瘤胃微生物利用合成蛋氨酸和胱氨酸,为了有效地利用非蛋白氮,要求硫氮比适宜,绵羊 S∶N＝1∶(10～13)为宜。日粮缺硫或加尿素时,补饲无机硫化物以占饲粮干物质的 0.1％～0.2％为宜,不应超过 0.35％。

成年绵羊和羔羊的锌需要量为每千克饲料干物质 20～80 mg,钴需要量为 0.7 mg,缺碘地区每千克饲料干物质需补充碘 0.1～0.2 mg。

2.产毛动物的维生素需要

绵羊饲粮缺乏维生素 A 或胡萝卜素会影响毛的产量和质量,供给绵羊大量青草可获得丰富的胡萝卜素。另外,核黄素、生物素、泛酸和烟酸也影响皮肤健康,缺乏时可影响毛的生长,尤其是瘤胃尚未发育完全的羔羊必须注意在饲粮中补充这些维生素。

第七节　产蛋禽类的营养需要

产蛋是禽类区别于哺乳动物的重要特征之一。禽蛋中含有丰富而全面的营养物质,可满足胚胎发育的需要。在畜牧生产中,产蛋禽类的生产水平很高,代谢极为旺盛,如高产鸡年产蛋量达 20 kg 以上,超过自身体重的 10 倍。如果营养在数量和质量上不能得到满足,将直接制约其生产力的充分发挥。

一、产蛋禽类的能量需要

产蛋禽的能量需要分维持需要和产蛋需要两部分,维持需要取决于体重和环境温度,产蛋需要取决于产蛋水平。

(1)维持的能量需要。家禽维持的能量需要由基础代谢与非生产活动所需能量两部分所组成。家禽能量需要通常是用代谢能作为衡量指标,成年母鸡的基础代谢能量消耗为每千克代谢体重需 345 $W^{0.75}$(单位为 kJ)的净能,维持代谢能转化为维持净能的效率一般在 80％,则每千克代谢体重需代谢能 431 kJ。

鸡自由活动耗能一般为基础代谢的 37％～50％。

在产蛋性能相同的前提下,个体小的禽类饲料转化率高,而用于维持的饲料消耗相对较少。

(2)产蛋的能量需要。母鸡产蛋的能量需要主要取决于蛋中的能量及饲料能量用于产蛋的效率。每枚重量 50～60 g 的蛋,含能量 290～380 kJ,饲料代谢能用于产蛋的效率平均为 65％,所以母鸡每产 1 枚蛋需代谢能 446～585 kJ。

(3)影响产蛋禽能量需要的因素。在自由采食条件下,家禽对不同营养浓度的饲粮可根据生理需要调节采食量。能量浓度每增加或减少 1％,对饲粮的采食量相应减少或增加 0.5%。

外界环境温度和羽毛的丰满度严重影响蛋禽能量需要。在温度适宜的情况下,蛋禽能量消耗很少;天冷时,能量的消耗比在温度适宜时提高 20%～30%。

二、产蛋禽类的蛋白质需要

(一)蛋白质需要量

根据析因法可将其蛋白质需要解析为两部分。

(1)维持需要。维持需要可根据内源氮排出量估测。产蛋前期每日每只鸡可排出内源氮 $201 \times 1.5^{0.75} = 272$ mg,相当于蛋白质 1.7 g;产蛋后期(42 周龄后)为 $201 \times 1.8^{0.75} = 312$ mg,相当于蛋白质 1.9 g。饲料蛋白质用于维持的效率按 55% 计,则产蛋前期需饲料蛋白质 3.1 g/d,产蛋后期需饲料蛋白质 3.5 g/d。

(2)产蛋需要。一枚 50～60 g 鸡蛋含蛋白质 6.0～7.2 g,饲料蛋白质用于产蛋的效率按 50% 计算,则每产一枚蛋需蛋白质 12.0～14.4 g。

(二)蛋白质采食量与能量浓度的相关性

通常,产蛋鸡均具有保持等量采食饲料能量的倾向,一般日粮含代谢能每增加 100 kJ,采食量大致减少 0.7%～0.8%。为保证产蛋母鸡蛋白质每日实际进食量恒定,日粮应保持稳定的能量蛋白比。

能量蛋白比是指每千克饲粮所含代谢能(MJ)与粗蛋白质(%)之比。

三、产蛋禽类的矿物质需要

(一)常量元素

(1)钙。产蛋家禽对钙的需要量是非产蛋家禽的数倍。1 枚蛋一般含钙 2.2 g,中等体型年产蛋 300 枚的蛋鸡由蛋排出的钙约 680 g,相当于母鸡全身钙的 30 倍。蛋中钙来自饲料和体组织两个方面,但家禽因骨量小,体内钙有限,如果饲粮供钙不足,母鸡短期内动用体内 38% 的钙也只能产 6 枚蛋。

饲料钙的利用率以 50%～60% 计,每产 1 枚蛋需钙 3～4 g;日粮含钙不应低于 3%,在炎热气候条件下,日粮含钙量要提高到 4%～4.5%。

(2)磷。蛋壳中含磷约 20 mg,蛋内容物含磷 120 mg。家禽饲粮中来自植物性饲料的磷以植酸磷的形式存在,不能被家禽充分利用,而骨粉、鱼粉中的磷几乎可以完全利用。因此,确定饲粮中磷的需要量不仅要考虑总磷量,而且还要考虑有效磷的含量。

一般植物性磷的有效性按 30% 计算,我国蛋鸡和种鸡磷的总需要量为 0.6%,与饲粮钙的需要量 3%～4% 结合考虑,钙、磷比为(5～6):1。

(3)食盐。日粮中添加食盐以补充钠和氯,还可促进饲粮氮的利用,并有利于防止啄癖的发生。我国鸡的饲养标准中产蛋鸡对食盐的需要量占饲粮的 0.37%。

(二)微量元素

评定产蛋家禽和种禽对微量元素的需要,选用的指标有产蛋量、微量元素在蛋中的沉积量、孵化率以及雏禽的早期生长发育等。在微量元素添加中,应根据各地饲料的微量元素含量和利用率进行适当调整,我国和 NRC 制定的主要蛋禽微量元素的需要量见表 7-6。

表 7-6　蛋禽和种禽微量元素的需要量　　　　　　　　　mg/kg

项目	铁	铜	锰	锌	硒	碘
中国						
产蛋鸡	50	3	25	50	0.1	0.3
种母鸡	80	4	80	65	0.1	0.3
NRC						
来航蛋鸡	56	7	25	44	0.1	0.4
产蛋火鸡	60	8	60	65	0.1	0.4
日本鹌鹑	60	5	60	50	0.2	0.3

四、产蛋禽类的维生素需要

产蛋禽类需要各种维生素,其中尤应注意维生素 A、维生素 D、维生素 B_2 和维生素 B_{12} 的供给,蛋鸡维生素需要量见表 7-7。

表 7-7　蛋鸡维生素需要量

蛋鸡类别	维生素 A /IU	维生素 D /IU	维生素 E /IU	维生素 K /mg	维生素 B_1 /mg	维生素 B_2 /mg	维生素 B_3 /mg	维生素 B_4 /mg	维生素 B_{12} /mg
产蛋母鸡	8 800	1 100	—	2.2	2.2	4.4	5.5	1 100	0.007
种用母鸡	11 000	1 100	16.5	2.2	2.2	5.5	16.5	1 100	0.011

思 考 题

1.如何理解饲养标准、营养需要和供给量,有哪些基本特性?

2. 维持需要的概念、作用和意义是什么？

3. 生长肥育动物能量、蛋白质的需要如何确定？

4. 哪些因素影响生长育肥动物的饲料利用效率？

5. 繁殖动物分阶段提供营养的理论基础是什么？

6. 奶牛的营养需要是由哪几项需要组成的？

7. 反刍动物蛋白质需要的实质是什么？

8. 饲粮中铜元素缺乏时，羊毛的品质将发生怎样的变化？

9. 产蛋鸡蛋白质采食量与能量浓度的相关性如何？

10. 蛋壳质量与饲料中的哪些营养素有关？

第八章　饲料营养特性与饲料加工调制

　　饲料是动物的营养来源,每一种饲料都有各自的产品属性和营养属性,其来源、性状、营养价值的高低、加工调制是否适当,都会影响到动物对饲料的利用。

第一节　饲料的分类

　　饲料原料种类繁多,为了合理而经济地利用饲料,将所有饲料分成 8 大类。

　　(1)粗饲料。绝对干物质中粗纤维含量≥18%,并以风干物形式饲喂的饲料。包括糟渣类、干草类、树叶类及农副产品类(荚、壳、藤、蔓、秸、秧)等。

　　(2)青绿饲料。青绿饲料指天然水分含量≥45%的天然牧草、栽培牧草、野菜、藤蔓、叶菜类、水生植物及树叶等。

　　(3)青贮饲料。采用青贮方法保藏的饲料,即将青饲料利用在厌氧状态下乳酸发酵,抑制其他细菌生长,最终包括乳酸菌本身所调制成可长期贮存的饲料。包括水分含量在 45%～55%的半干青贮饲料。

　　(4)能量饲料。水分含量<45%,绝干物质中粗纤维含量<18%,同时粗蛋白含量<20%的饲料。包括谷实、糠麸、草籽树实、脱水块根块茎、动植物油脂等。

　　(5)蛋白质饲料。水分含量<45%,绝干物质中粗纤维含量<18%,同时粗蛋白质含量≥20%的饲料。包括植物性蛋白质饲料,如豆类籽实,饼粕类;动物性蛋白质饲料,如鱼粉等;单细胞蛋白质饲料(酵母饲料、甲醇蛋白等)以及非蛋白氮饲料(尿素、双缩脲等)。

　　(6)矿物质饲料。工业合成的或天然的单一矿物质饲料和多种混合的矿物质饲料(食盐、石粉等)。

　　(7)维生素饲料。维生素饲料指工业合成或提纯的单一维生素或复合维生素饲料,但不包括某些含维生素较多的天然饲料。

　　(8)饲料添加剂。指在配合饲料中添加的某种防腐剂、着色剂、调味剂、抗氧化剂等。专指非营养添加剂,不包括矿物质、维生素、氨基酸等。

第二节　饲料的营养价值

一、粗饲料及其营养特性

(一)粗饲料的营养特性

粗饲料的共同营养特点是粗纤维含量高、容积较大,总能含量高,但消化能低,可消化养分含量较少,粗蛋白质含量仅为 3%～10%;维生素含量很少,灰分中妨碍其他养分消化与利用的硅酸盐较多,营养价值较低,但因其在我国产量大,通常在草食动物日粮中占有较大的比重,因而是一类非常重要的饲料资源。

(二)主要粗饲料的营养价值

(1)干草。干草是未结籽实前刈割的青草经自然干燥或人工干燥而成,制备良好的干草仍然保持青绿颜色,所以也称为青干草。干草的营养价值主要取决于植物的种类、收割时间和对干草的调制方法等。豆科干草中含有丰富的蛋白质和钙,一般豆科干草的营养价值都优于禾本科干草。人工干燥的优质豆科干草其营养价值接近于精料,而品质低劣的豆科干草营养价值却与秸秆类似。阳光晒制的干草中含有丰富的维生素 D,人工干燥的优质干草中含有丰富的胡萝卜素。

由于干燥方法的不同,干草的营养物质损失量不同。地面自然晒干的干草其营养物质损失较多,蛋白质损失可达 37%;而在架上干燥的干草,蛋白质仅损失约10%。此外,在调制过程中过分曝晒,草中水分减少到 10% 时,会导致胡萝卜素的大量损失。

(2)秸秆。秸秆是指农作物收获籽实后残余的茎秆和叶片。秸秆可分为禾本科秸秆和豆科秸秆两大类。

秸秆饲料中含有 30%～40% 的粗纤维和大量木质素,可消化性很差;蛋白质、脂肪和无氮浸出物的含量均较少;维生素(除维生素 D 外)含量极为贫乏,所以秸秆饲料的营养价值很低。

秸秆饲料的营养价值随植物的种类、品种、土壤、气候条件、收获期、收获时的天气情况及贮存条件等而异。实践证明,禾本科秸秆中以粟秆的营养价值最高,其次是燕麦秸、稻草、大麦秸、小麦秸和枯老玉米秸秆;豆科秸秆中蛋白质、钙和磷的含量一般高于禾本科秸秆。

(3)秕壳。秕壳是种子脱粒或清理种子的副产品,其中包括种子的外壳和颖片。秕壳与同种作物的秸秆相比,其蛋白质和矿物质均较多而粗纤维含量较少,营养价值略高于同种作物的秸秆。但是,秕壳质地坚硬,含有较多的泥沙,有些秕壳中还含有芒刺,因此,秕壳适口性差,大量饲喂极易引起动物消化障碍,故应控制喂量。

(三)粗饲料的利用

粗饲料是冬季草食动物的主要的饲料来源。在干草中,苜蓿的营养价值较高,其蛋白质多为过瘤胃蛋白,是奶牛等高产反刍动物的良好饲料资源;另外肥育猪和泌乳母猪饲粮中可使用少量苜蓿,不高于5%。鸡饲粮中也可使用约2%苜蓿。

秸秆和秕壳类饲料营养价值比较低、适口性差,配制饲粮时应注意控制比例。有芒的秕壳饲喂时,通常可采用湿润或浸泡方法处理,使芒变软,同时除去夹杂的泥沙。

二、青绿饲料及其营养特性

(一)青绿饲料的营养特性

青绿饲料含水量较多(70%~95%),柔嫩多汁,具有良好的适口性,能促进动物的消化液分泌,增进食欲。

青绿饲料所含碳水化合物中以无氮浸出物为主,粗纤维较少,优良牧草的有机物消化率可达60%以上,反刍动物对青草中有机物质的消化率可达70%以上。含有丰富而品质优良的蛋白质,占其干物质重量的10%~20%,消化率高;各种必需氨基酸,特别是赖氨酸、蛋氨酸和色氨酸的含量较多,生物价值可达80%以上,对生长、繁殖和泌乳动物具有重要的营养作用。干物质中含有粗脂肪4%~5%,粗纤维18%~30%,粗灰分6%~11%。钙、磷丰富且比例适合,豆科植物的含钙量高于其他科植物。青绿饲料是维生素的良好来源,除维生素D外,其他维生素含量均很丰富。

青绿饲料来源广泛,产量高,营养丰富,对畜牧生产具有重要意义。实践证明,长期用青绿饲料饲喂的反刍动物,即使不补加精料,也能提供相当数量的畜产品。因生长阶段不同、植株部位不同及品种不同,青绿饲料的营养价值差异很大。一般以抽穗或开花期前的青绿饲料营养价值较高,随着植物生长老化,品质逐渐降低。对于一个植株,通常植株上部的营养价值高于下部,叶片的营养价值高于茎秆。豆科牧草的营养价值高于禾本科牧草。

(二)青绿饲料的利用

青绿饲料是草食动物的优良基础饲料,其利用主要有放牧和青刈舍饲两种方式。放牧可以节省人力,家畜又可以自由采食,并有充分的光照和运动,有利于畜群健康。但由于家畜的践踏及粪尿沾污可能使饲草不能充分利用,或可能因过度放牧而导致草场退化而利用不经济。青刈舍饲比较费力,但有计划地青刈舍饲,可由单位面积获得数量较多、营养价值较高的青饲料。对于草食家畜,青饲料可与干粗饲料适当搭配,对于其他畜禽应以精饲料饲喂为主,也可适当搭配青饲料。

利用青绿饲料应注意以下问题:

(1)牛羊采食过多,特别是早春放牧采食苜子时,可能发生膨胀病。

(2)饲喂禾本科青绿饲料时,应预防氢氰酸中毒。因为生长期的高粱、苏丹草等幼苗中含有羟氰苷,在畜体内受酶的作用会产生具有强烈毒性的氢氰酸,应晒干或青贮后饲用,以防中毒。

(3)饲喂某些蔬菜类(如牛皮菜、小白菜、青菜、包心菜、萝卜叶)时,要预防亚硝酸盐中毒。因为这些饲料中含有硝酸盐,若经堆贮和管理不当,则会因植物细胞的呼吸及微生物的分解作用而被还原为亚硝酸盐,从而引起家畜中毒。

(4)利用蔬菜或作物的副产品时还须防止农药中毒。

(5)甜菜茎叶中含有草酸,马铃薯茎叶含有龙葵素,饲用时应限量。

三、青贮饲料及其营养特性

青贮饲料的优点是可以保存青绿饲料的固有营养特性,减少营养物质的损失,便于常年供应,解决枯草期动物青饲料供应问题,是牛、羊等反刍动物的重要饲料来源。

(一)青贮饲料的营养特性

青贮饲料气味酸香,柔软多汁,颜色黄绿,适口性好。一般含水分70% 左右,pH 4.2,因此适口性好,家畜喜食。常用青贮饲料的营养成分见表8-1。

青绿植物在青贮过程中,其营养物质和能量均有一定的损耗。以干物质基础计算,堆式青贮与窖式青贮损耗27%,半干青贮损耗8%～16%。

青贮料中维生素和矿物质营养损失与青贮料中汁液流失的多少有关,高水分青贮时,钙、磷、镁等矿物质损失达20% 以上,半干青贮损失则很少。青贮料能够较好地保存胡萝卜素,随微生物的发酵还能产生少量的 B 族维生素。

青贮料的消化率与有效能值亦与青贮原料近似,但氮的沉积率往往低于青贮原料或同源干草。

表 8-1　常用青贮饲料的营养成分

饲料	干物质/%	产奶净能/（MJ/kg）	粗蛋白/%	粗纤维/%	钙/%	磷/%
青贮玉米	29.2	5.03	5.5	31.5	0.31	0.27
青贮苜蓿	33.7	4.82	15.7	38.4	1.48	0.30
青贮甘薯藤	33.1	4.48	6.0	18.4	1.39	0.45
青贮甜菜叶	37.5	5.78	12.3	19.7	1.04	0.26
青贮胡萝卜	23.6	5.90	8.9	18.6	1.06	0.13

（二）青贮料的品质评定

目前青贮料品质评定的方法有感官评定和实验室评定两种。感官评定无须仪器设备，主要依靠嗅气味、看颜色、看茎叶结构和质地来评定品质好坏，但缺点是评定的结果容易受到评定者主观因素的影响，具体评定等级见表 8-2。实验室评定青贮料指标是总酸度、各种有机酸含量、常规营养成分分析、微生物分类培养等。

表 8-2　青贮料品质评定的等级分类

等级	气味	颜色	结构	pH
优	醇、酸香味浓重，无丁酸臭味	与原料颜色接近，绿色或黄绿色	结构良好，可见明显的茎叶	<4.0
良	醋酸味强，有丁酸味	深绿或草黄色	结构尚好，茎叶可分	4.6～5.1
中	酸臭刺鼻，丁酸味强	褐色、黑绿色	叶片变软，结构模糊	5.1～6.0
差	有腐败的臭气	暗黑褐的烂草色	叶片和嫩枝腐败、霉烂	>6.0

（三）青贮饲料的利用

（1）取用。青贮后经过 40～50 d 就能完成发酵过程，便可开始利用。取用时应分段开窖、分段取用，每段应由上而下分层利用，切勿全面打开，严禁掏洞取草，尽量减少草与空气的接触面。已经霉烂变质的部分应丢弃不用。取用后要及时用塑料膜将窖口盖好，以免青贮料过多地与空气接触，导致霉菌和腐败菌大量产生，引起青贮料霉烂变质。

（2）饲喂方法与用量。青贮饲料带有酸味，开始饲喂时家畜可能不习惯，应使之慢慢适应。为此应对家畜进行训练，可在空腹时先喂青贮饲料，喂量由少逐渐增多。饲喂后应将食槽打扫干净，以免残留物产生异味。由于青贮料具有轻泻作用，故饲喂妊娠母畜时要控制喂量。大量饲喂青贮料时,应注意同时添喂适量的碳酸氢钠,以缓解瘤胃的酸度,保证瘤胃微生物的正常活动。

四、能量饲料及其营养特性

能量饲料主要包括谷实、糠麸、草籽树实、脱水块根块茎、动植物油脂等。

(一)谷实类饲料的营养特性

谷实类的消化率很高,有效能值也高,是生产中最重要的能量饲料。无氮浸出物含量在 70% 以上;粗纤维含量在 5% 以内,只有带颖壳的大麦、燕麦、稻和粟等可达 10% 左右。含粗蛋白质少,在 8%~11% 之间。但因为比例大,其蛋白质含量也有重要位置。例如,玉米含蛋白质 8.6%,常在配合饲料中配比 60% 左右,约提供 5.16% 的蛋白质,占到全价配合饲料中蛋白质总量的 1/3 左右。谷实饲料的氨基酸不平衡,一般谷实类饲料的赖氨酸不足,蛋氨酸也较少,尤其玉米中色氨酸含量少和麦类中苏氨酸少;钙的含量也低,磷含量较多,但磷是以单胃动物难以消化吸收的植酸磷形式存在;维生素 B_1 和维生素 E 较为丰富,但缺乏维生素 C 和维生素 D。

(1)玉米。谷实中以玉米有效能值最高,含脂肪 4%,其中含亚油酸 59%。玉米无氮浸出物含量丰富,粗纤维含量很低,适口性好,消化率高。此外,玉米中维生素 B_1 含量丰富;黄色玉米还含有较多的胡萝卜素。

玉米的主要缺点为蛋白质含量低,且品质较差,生物学价值较低;色氨酸和赖氨酸含量严重不足,在配制日粮时需用饼粕、鱼粉或合成氨基酸加以调配。此外,玉米含钙量少且缺乏维生素 D 和维生素 B_2,用玉米饲喂动物,特别是饲喂幼畜和妊娠母畜时,除应补充优质蛋白质饲料外,还必须补加钙、磷和维生素。玉米含有较多的不饱和脂肪酸,过量饲喂玉米可导致动物体脂变软而降低胴体品质。

(2)高粱。高粱含碳水化合物 70%,脂肪 3%~4%,在谷实类饲料中有效能值仅次于玉米,总营养价值为玉米的 70%~90%。其蛋白质含量略高于玉米,但品质不佳,赖氨酸、色氨酸及苏氨酸的含量均较少,蛋白质的生物学价值不高。饲喂高粱时必须同时补加蛋白质饲料,才能获得满意的效果。高粱中含单宁较多,因此高粱有苦涩味使适口性变差,单宁对于单胃动物是一种营养限制因素。在配合饲料中高粱比例不宜过大,通常控制在 15% 以下。

(3)小麦。小麦的有效能值低于玉米,蛋白质含量较高(11%~16%),但缺乏赖氨酸。矿物质中钙、磷、铜、锰、锌的含量较玉米高。B 族维生素及维生素 E 含量较多,尤其胚芽富含维生素 E。

小麦对猪的适口性甚佳,可多量取代玉米用于肉猪饲料,虽饲料效率略逊于玉米,但可节约部分蛋白质饲料,并改善胴体品质。小麦全量取代玉米用于鸡饲料,其饲料效率仅及玉米的 90%,故取代量以 1/3～1/2 为宜。小麦亦是反刍动物良好的能量饲料,但日粮中用量不宜超过混合精料的 50%;否则可能导致瘤胃过酸症。

(4)燕麦。燕麦外壳占整个籽实的 1/5～1/3,粗纤维含量较高。燕麦的营养价值在所有谷实中是最低的,总营养价值仅为玉米的 75%～80%,但燕麦蛋白质含量较高,品质良好,并含有丰富的 B 族维生素。此外,燕麦质地疏松,适口性好,适合于饲喂各种动物,特别是饲喂种畜和役畜。

(5)大麦。大麦也是一种广泛应用的能量饲料,蛋白质和无氮浸出物含量较多,粗纤维含量较少,消化率较高。大麦总营养价值较燕麦约高 20%,但略低于玉米。大麦同样具有其他谷实类的类似缺点,主要是蛋白质品质较差,胡萝卜素和维生素 D 缺乏,维生素 B_2 含量很少;但大麦富含维生素 B_5(含量约比玉米高 3 倍)。

大麦是猪的一种优良饲料,特别是在肥育后期饲喂大麦,可提高胴体品质。大麦含有较多的壳,粗纤维含量较高,因此喂量不宜超过日粮的 30%。

(二)糠麸类饲料的营养特性

糠和麸都是由谷实的果皮、种皮、胚和部分糊粉层所构成。糠麸的粗纤维、粗脂肪、粗蛋白、矿物质和维生素的含量均比其谷物籽粒高,但无氮浸出物含量很低,所以有效能值比全谷实类低。糠麸类饲料包括干物质中粗纤维的含量小于 18%、粗蛋白质含量小于 20% 的各种粮食加工副产品,如小麦麸、米糠、米糠油、玉米皮等,按国际饲料分类法均属能量饲料。但有些粮食加工后的低档副产品,或者在米糠中人为掺入没有实际营养价值的稻壳粉的"统糠",其干物质中的粗纤维含量多数大于 18%,按国际饲料分类法则属于粗饲料。

(1)小麦麸。小麦麸是生产面粉的副产品,其组成中主要是小麦种皮、胚及少量面粉。小麦麸属于粗蛋白质和粗纤维含量较高的中低档能量饲料,B 族维生素、维生素 E 含量高,维生素 A、维生素 D 少。小麦麸中磷多钙少,但大部分为动物不易利用的植酸磷。此外,小麦麸质地疏松且具有轻泻作用,适于饲喂分娩前后的母畜。

(2)米糠。米糠是稻谷加工的副产品,其中除种皮、果皮外,还含有少量碎米和颖壳。米糠是一种蛋白质较高的糠麸类能量饲料,但其蛋白质品质较差,氨基酸消化率次于小麦麸,除赖氨酸外,均不能满足猪、鸡的营养需要。米糠富含 B 族维生素、维生素 E,但缺乏维生素 A 和维生素 D。米糠中钙多磷少,在总磷量中 80% 以上是植酸磷。米糠含油 10%～18%,大多为不饱和脂肪酸,过量饲喂易使肉脂和乳脂软化,且不宜过久存放。

(3)大麦麸。大麦麸是大麦加工的副产品,包括种皮、外胚乳和糊粉层。大麦麸可分为粗制麸、精制麸及混合麸。精制大麦麸的营养价值与小麦麸近似,含维生素 B_1、维生素 B_4 和维生素 B_5 较多,维生素 B_2 较少;矿物质中磷、钾较多,钙较少。粗制大麦麸因粗纤维含量高,不宜用作猪和鸡的饲料,精制和混合大麦麸则可参照小麦麸的用量。

(三)根茎和瓜果类饲料的营养特性

(1)营养特性。由于块根、块茎和瓜果类自然含水量高达 70%～90%,因而称之为多汁饲料。其干物质中主要是淀粉和糖,粗纤维和粗蛋白质含量均很低,符合能量饲料条件,故将其归属于能量饲料。常用的块根、块茎和瓜果主要是胡萝卜、甘薯、甜菜、马铃薯、菊芋、木薯、芜菁、南瓜及各种落果等。这类饲料中钙、磷贫乏,富含钾,维生素含量因饲料种类不同差异较大,如胡萝卜中富含胡萝卜素和 B 族维生素,甜菜中富含维生素 C,马铃薯和甘薯中维生素含量低。各种块根、块茎类饲料中均缺乏维生素 D。

(2)利用。块根、块茎类饲料适口性好,消化率高。薯类可作为各种肥育家畜的能量来源,甜菜和胡萝卜适用于幼畜及泌乳母畜,有催乳作用。但该类饲料营养成分不均匀,不能单一饲喂,必须与其他粗饲料、精饲料搭配使用。饲喂甘薯应防止引起家畜黑斑病,饲喂马铃薯时要注意幼芽及未成熟块茎中龙葵素引起的中毒,饲喂甜菜时要防止亚硝酸盐中毒,饲喂木薯时要防止氢氰酸中毒。

(四)动植物油脂类的营养特性

用作能量饲料的油脂包括动物油脂与植物油脂等,油脂为高能饲料,总消化养分或代谢能约为玉米的 2.25 倍。油脂不仅本身热能值高,而且可以促进其他营养成分的吸收,改善饲料的适口性,提高饲料转化率。

五、蛋白质饲料及其营养特性

蛋白质饲料主要包括植物性蛋白饲料、动物性蛋白饲料、微生物蛋白饲料及工业合成产品等。

(一)植物性蛋白质饲料的营养特性

植物性蛋白质饲料,根据其来源可分为三大类,即饼粕类、豆科籽实及加工副产品。生产中使用的主要是饼粕类。饼粕类包括大豆饼、棉籽饼、菜籽饼、花生饼、亚麻籽饼等,是油料作物榨油后的副产品。

(1)大豆饼(粕)。大豆饼(粕)是饼粕类饲料中营养价值最高的饲料,蛋白质含量为 42%～46%,而且是赖氨酸、色氨酸、甘氨酸和维生素 B_4 的良好来源。大豆饼中残脂为 5％～7％,大豆粕中残脂为 1％～2％。矿物质中钙多磷少,磷主要是植酸磷。维生素 A、维生素 D、维生素 B_{12} 含量少,其他 B 族维生素含量较高。此外,大豆饼粕中含有抗胰蛋白酶,使用前必须高温熟化。

(2)棉仁饼(粕)。棉仁饼(粕)蛋白质含量较高,一般在 35％左右,精氨酸含量很高,但赖氨酸含量只有豆粕含量的 50％,蛋氨酸含量也较低。矿物质中含硒量很少,磷较多,主要以植酸磷的形式存在。维生素 B_1 丰富,胡萝卜素和维生素 D 贫乏。棉仁饼(粕)由于含有棉酚毒素,过量饲喂易引起动物中毒,单胃动物使用前必须做去毒处理,反刍动物的瘤胃微生物可以降毒素;国家规定棉仁饼(粕)中游离棉酚含量不得超过 1 200 mg/kg。

(3)菜籽饼(粕)。菜籽饼(粕)也是一种高蛋白饲料,蛋白质含量一般为 35％;在氨基酸组成中,蛋氨酸、赖氨酸含量高,精氨酸含量低,可供氨基酸平衡使用。矿物质中钙、磷含量均高,但 65％的磷属于植酸磷;含硒丰富(1 mg/kg),约为大豆粕的 10 倍。

菜籽饼(粕)中含有芥子苷毒素,饲喂单胃动物前应做去毒处理。

(4)葵花饼(粕)。葵花饼(粕)的蛋氨酸含量为 0.46％～0.66％,比豆粕高,而赖氨酸含量比豆粕低。粗纤维的含量随壳的比例变化,脂肪量随提油方式不同变化较大。B 族维生素的含量比大豆粕高,尤其是维生素 B_5 含量约相当于一般谷物的 10 倍;其钙、磷的含量也比一般油粕类高。

(5)花生饼(粕)。花生饼(粕)的饲用价值仅次于豆饼,蛋白质和能量都较高,且含有大量维生素 B_1、维生素 B_3、维生素 B_4 和维生素 B_5,营养丰富。花生饼(粕)本身无毒素,但易被黄曲霉污染而产生大量黄曲霉毒素,因此,花生饼(粕)在饲喂前应注意检测其是否被黄曲霉污染。

(6)玉米蛋白粉。玉米蛋白粉是生产玉米淀粉和玉米油的副产品,含粗蛋白质 40％～60％;氨基酸组成中蛋氨酸、胱氨酸和亮氨酸丰富,但赖氨酸和色氨酸明显不足;粗纤维含量低;缺乏矿物质和 B 族维生素,但类胡萝卜素含量高达 150～270 mg/kg,对动物和鱼类产品具有良好的着色作用。

(二)动物性蛋白质饲料的营养特性

这类饲料主要是乳、肉、渔及养蚕业的加工副产品。包括全乳、脱脂乳、乳酪及乳清;肉粉、肉骨粉、血粉及羽毛粉以及鱼粉、蚕蛹、蚕蛹饼、蚕沙等。

(1)鱼粉。利用全鱼或加工副产品如头、鳍、骨、尾、内脏等制成。鱼粉分为全鱼粉、混合鱼粉和下杂鱼粉三类。鱼粉是优质蛋白质饲料,蛋白质含量高达 60％以上,而且必需氨基酸比较齐全,营养价值很高。矿物质中钙、磷含量丰富,且易于消化吸收。维生素含量丰富,并含有未知生长因子。因此,鱼粉是动物最佳蛋白补充饲料。

(2)肉骨粉。肉骨粉是由卫生检验不合格的肉畜屠体和内脏等经高温、高压处理后制成。一般肉骨粉中蛋白质含量为 30%~50%,赖氨酸含量丰富,蛋氨酸含量较少。此外,肉骨粉中还含有丰富的钙、磷和 B 族维生素。肉骨粉因原料不同,营养价值有很大差异。

(3)血粉。血粉是宰杀动物的鲜血,经加热凝固烘干或浓缩喷雾干燥制成的粉状物。血粉中蛋白质含量高达 80% 以上,但其蛋白质可消化性较差。血粉中氨基酸的含量不平衡,赖氨酸含量较为丰富,异亮氨酸和蛋氨酸含量较少,蛋白质营养价值相对较低。血粉中钙、磷含量很少,含铁量很高,其含铁量高达 1 000 mg/kg。血粉黏性强,适口性较差,饲喂效果也不如骨肉粉和鱼粉,因而血粉饲喂动物仅能少量使用。

(4)水解羽毛粉。水解羽毛粉蛋白质含量极高,通常在 80% 以上,如果制作方法适宜,蛋白质的消化率可在 75% 以上。但是,水解羽毛粉不可作为动物所需蛋白质的唯一来源,只有与其他动物性或植物性蛋白质饲料配合使用,才能获得良好的饲喂效果。

目前,我国农业部发布的《禁止反刍动物饲料中添加和使用动物性饲料的通知》,禁止使用以哺乳动物为原料的动物性饲料产品(不包括乳及乳制品)饲喂反刍动物。

(三)单细胞蛋白质饲料的营养特性

单细胞蛋白,简称 SCP。目前,工业化生产的 SCP 几乎全是酵母。饲用酵母因原料和工艺的不同,其营养组成有相当大的变化,一般风干制品含粗蛋白质 50%~60%,有效能值与玉米近似,所含氨基酸及其效价可与豆粕媲美。此外,单细胞蛋白中富含维生素和矿物质元素(如铁、锌、硒、磷、钾),但钙的含量较少。

(四)非蛋白含氮化合物的营养特性

目前,作为反刍动物蛋白质饲料代用品的主要有尿素和缩二脲。这类化合物不含能量,只能借助反刍动物瘤胃中微生物的活动,作为微生物的氮源间接地起到补充动物蛋白的作用。因此,其饲喂对象只能是成年的反刍动物,幼龄反刍动物因瘤胃尚未发育完全,微生物区系尚未完善建立,不能饲喂尿素。

(五)合成氨基酸

(1)L-赖氨酸。一般商品赖氨酸均为 L-赖氨酸盐,通常赖氨酸盐纯度为 98.5%,其中 L-赖氨酸含量为 80%,因而产品中 L-赖氨酸实际含量仅为 78.8%。现在赖氨酸主要用于猪、鸡和犊牛饲料。

由于赖氨酸经常是"谷实—饼粕型"日粮的第一限制性氨基酸,因此,通过补添赖氨酸可使日粮必需氨基酸趋向平衡,提高饲料蛋白质的利用效率。赖氨酸对动物还具有增进食欲,促进生长发育和骨骼钙化,提高抗病力的作用。

(2)DL-蛋氨酸。商品蛋氨酸产品为 DL-蛋氨酸,纯度大于 98.5%,产品外观呈白色或淡黄色结晶或结晶粉末。合成 DL-蛋氨酸产品与天然存在的 L-蛋氨酸生物学效价完全相同,故 DL-蛋氨酸可等量取代 L-蛋氨酸。

蛋氨酸是"谷实—饼粕型"日粮的一种重要限制性氨基酸,在动物营养与生理上具有重要功能。蛋氨酸对促进动物的被毛、蹄角生长,增加肌肉活力,预防脂肪肝,提高动物产品产量等方面均具有重要的作用。

第三节　各类饲料的加工与调制

一、饲料加工调制的必要性

饲料的营养价值不仅取决于饲料本身,而且受加工调制的影响。饲料经过适当的加工调制后,可改善原来的理化性质,提高适口性、采食量及利用率,可改善饲料的可消化性,更好地保存养分,提高饲料的营养价值。

二、饲料加工调制的一般方法

(1)物理调制法。物理调制法是利用机械、水、热力等作用进行加工调制,使饲料由粗变细,由长变短,由硬变软,便于动物咀嚼、消化,减少浪费,提高利用率,同时还可消除饲料中混杂的泥土、沙石、有毒有害物质。

用物理方法调制粗饲料,只能改变某些物理特性,对提高适口性及采食量有一定的作用,但对提高饲料营养价值作用不大。具体的调制方法有切短、粉碎、加热处理(蒸煮、干湿热处理)、热喷处理、碾青、压扁等。

(2)化学调制法。化学调制法是利用酸、碱等药品处理秸秆等粗饲料,分解饲料中难于被动物消化的部分,以提高粗饲料的营养价值。调制方法有碱化处理、氨化处理等。

(3)微生物调制法。微生物调制法是利用乳酸菌、酵母菌等一些有益微生物和酶,在适宜的条件下,使其生长繁殖,分解饲料中难于被动物消化利用的部分,并可增加一些菌体蛋白、维生素和某些对动物有益的物质。

三、粗饲料的加工调制技术

粗饲料包括干草、秸秆和秕壳等农副产品。其中干草是由天然草地或人工栽培的牧草适时收割后干制而成的,青干草保持着良好的营养价值和青绿的颜色,是枯草季节重要的饲料来源。秸秆和秕壳类的营养价值较干草低,可消化性差,但资源丰富,是草食家畜饲养的重要保障。

(一)干草的加工与调制

(1)田间干燥法。青草刈割后在原地铺成薄层,曝晒 5～7 h,水分下降到 40%～50% 时,将草集中成松散小堆,缓慢阴干。当水分降到 17% 左右时即可堆成大垛或打捆运出。

正常晒制干草过程中,其养分损失主要来自植物细胞的呼吸和叶片的散落,每次翻草、集堆、转运都会造成 1% 以上的干物质损失,且损失部分大多是对动物营养价值较高的叶片和细茎。此外,在阳光曝晒的过程中,除麦角固醇转化为维生维生素 D_2 外,各种维生素被大量破坏,因此,应尽量缩短干燥时间,减少青干草中的养分损失。

(2)人工阴干法。人工阴干法是把收割的青草运至有遮棚设施的草架上,自然通风晾干。青草在阴干过程中,虽然也有植物呼吸代谢的损失,但不必翻草、集堆,叶片损失少;而且通风良好,无地面吸潮,能避免雨淋,因而营养损失较少。由这种方法制得的干草,颜色青绿,草气清香,营养较为丰富,是冬季草食动物良好的粗饲料。

(3)高温脱水干燥法。高温脱水干燥法是生产优质青干草的一种重要手段。该方法是将青草刈割后,待青草失水适当萎蔫,再装入干燥机中,用高热空气进行干燥。

人工强制热风干燥可以使青草在高温下短时间脱掉水分,比田间干燥法和人工阴干法更能加快制备干草的进程,成品干草色泽、气味良好,营养成分损失很少,是干草中的上品。

尽管高温脱水机的热效率较高,燃料能的 70% 可用于水的蒸发,但是由于能量成本高,烘干需要相应运输、存放、成品打包等配套设施,资本投入大,因而这种干燥方法在实际中的应用受到了限制。

(二)秸秕类饲料的加工与调制

1.物理加工调制法

(1)切短与粉碎。切短多用于干草和秸秆,粉碎多用于有坚硬外壳的籽实。干草和秸秆适当切短有利于动物的采食和咀嚼,改善适口性,并且易于同精料混合,提高采食量,减少了采食与消化过程中的能量消耗和动物挑食抛撒造成的浪费,但秸秆也不宜粉碎过细,以免影响瘤胃发酵;干草和秸秆切短的适宜长度为:马属动物和羊 2～3 cm,牛 3～5 cm,老、弱、幼畜应更短一些。

(2)加热处理。秸秕类粗料单纯用水浸泡,只能将其软化而便于动物采食,达不到增加营养价值的目的。如果用加热蒸煮、常压或高压蒸汽处理,就能迅速软化粗饲料,在一定程度上破坏植物细胞壁中木质素、纤维素的交联,有利于瘤胃微生物的发酵和消化酶的作用,从而提高粗料干物质的消化率。

(3)热喷膨化。将适当切短的秸秆装入饲料热喷压力罐内,通入过饱和蒸汽,经一定时间的高压热力处理后,打开热喷罐口骤然减压,使物料从罐口爆喷出来,进入泄料罐中。经热喷处理后,秸秆中高度交联的纤维束变得蓬松,部分化学键断裂,纤维结晶度降低,可消化性提高。

此外,通过热喷膨化可达到消毒、除臭及饼粕脱毒的效果。但是,在实际应用中由于热喷所需能耗较高,以及秸秆本身的营养价值有限等原因,一直难以普及。

(4)碾青。多用于青苜蓿与麦秸混压调制。此法既可以缩短苜蓿晒制的时间,减少叶片脱落和营养物质的损失,又可以提高麦秸的营养价值,是一种简便的调制方法。具体做法是:在打谷场上先铺一层 17 cm 以上厚的麦秸,再铺一层相同厚度的青苜蓿,苜蓿上再铺麦秸,然后用石磙碾压,经过反复碾压破坏了苜蓿的结构,挤压出的苜蓿汁液由麦秸吸收,在干热的天气下只需短时间的曝晒即可上垛贮存备用。

2.化学加工调制法

(1)碱化处理。通过碱液的作用使得植物纤维变得松软,破坏木质素与半纤维素之间的化学键,把镶嵌在"木质素-半纤维素"复合物中的纤维素释放出来,供瘤胃微生物分解利用,提高消化率。碱化处理的方法有两种:一是浸泡法,将秸秆类浸入 1.5%～2.5% 的氢氧化钠溶液中 12 h,取出后用清水冲净碱液再喂给动物。二是喷洒法,将秸秆切成 1～5 cm 长的段,在混合机内用氢氧化钠溶液喷洒切短的原料,每吨风干秸秆用 1.5% 的氢氧化钠溶液 300 kg,随喷随拌,不经冲洗可直接饲用,有机物消化率可提高 15%。

(2)氨化处理。通过氨作用于秸秆等粗饲料,破坏纤维之间的化学键,提高消化率,并增加含氮物质,提高其营养价值。秸秆经氨化后,有机物消化率可提高 10%～20%,采食量也相应提高。

液氨法:将秸秆堆放在氨化池并用塑料布密封,按每吨秸秆 30 kg 液氨的比例在秸秆堆的中央注入液氨,随后氨气会弥散到整个秸秆堆。处理时间取决于气温,气温低于 5℃,需 8 周以上;5～15℃ 时,需 4～8 周;15～30℃ 时,需 1～4 周。饲喂前先揭开薄膜晾 1～2 d,使残留的氨气挥发,不开垛可长期保存。

氨水法:常用氨水的含氨量为 25%～35%,注入量为秸秆重量的 10%～12%,氨化得当的干草中含氮量为 1.7%～2.0%,相当于含粗蛋白质 10%～12%。如果秸秆非常干,需加水处理。氨化时间与液氨法类似。

尿素法:将秸秆粉碎后用 3%～5% 的尿素液分层喷洒,分层压实,然后用塑料膜密封。在 20℃ 的条件下,尿素受到脲酶的作用分解为氨,实现秸秆氨化,大约 1 周后即可取用。为促使尿素加速分解,可以在氨化时喷洒一些富含脲酶的生大豆浸出液,增加氨化效果。

3.微生物加工调制法

微生物加工调制是指在一定的条件,利用乳酸菌、酵母菌及纤维素分解菌等有益微生物和酶处理秸秆等粗饲料,经发酵分解,将植物细胞壁破坏,生成糖和菌体蛋白这些有利于动物利用的有效养分,从而提高粗饲料的营养价值。在微生物加工调制中菌种选择和发酵条件的控制很重要,如果菌种选择不当、温湿度及 pH 不合适,则有益菌不能迅速抑制杂菌的繁殖,发酵效果会受到严重影响,而且容易导致杂菌污染,使之失去饲用价值。

四、青贮饲料的加工调制技术

(一)青贮的原理

常规青贮是将适当水分的青贮原料切碎、压实,利用原料中的乳酸菌,在密闭的条件下进行厌氧发酵并产生大量的乳酸,使青贮料的 pH 降到 4.0 以下,从而抑制了其他有害杂菌的活动,使青贮原料得以完好的长期保存。

加酸青贮(化学青贮)是把无机酸(如硫酸)、有机酸(如甲酸、丙酸或混合酸)以及其他的抑菌剂直接地均匀喷洒于青贮原料中,使青贮料的 pH 降到 4.0 以下,达到保存青贮料的目的。

(二)制备优质青贮的技术要点

(1)原料含水量。可作饲料利用的青绿植物茎、叶以及块根、块茎等多汁饲料都可用以青贮。禾本科植物的收割期应在抽穗期,豆科植物应在现蕾或初花期。青贮原料一般要求 60%～70% 的含水量,以利于乳酸菌发酵。

黄熟期的玉米单位面积的营养成分总收获量最高,而且也接近于调制青贮饲料时的理想水分要求;对水分高的原料,为防止杂菌发酵和青贮原料汁液流失,常采取刈割后在田间自然萎蔫失水的方法或添加秸秆、麦麸等,调整水分后再贮。

(2)原料含糖量。适时收割的玉米植株、高粱植株、饲用甘蓝、菊芋植株,其干物质中水溶性碳水化合物(WSC)含量约为 20％;适时收割的大麦植株、黑麦草、胡萝卜茎叶、向日葵植株,其 WSC 含量为 12％～19％。这些原料都可制成优质的青贮饲料。

在青贮原料中 WSC 含量、水分含量与乳酸发酵品质有密切关系,豆科牧草和薯类的藤蔓含糖量低,豆科牧草中的 WSC 含量为 9％～11％,而蛋白质和非蛋白氮含量高,单贮容易腐败,应与含 WSC 多的禾本科牧草混贮。

(3)创造厌氧条件。乳酸菌正常发酵必须具备严格的厌氧条件,因此在青贮时应集中力量在 2～3 d 之内完成;青贮窖应装满、压实,并立即封顶,防止透气,促进厌氧发酵。如果青贮延长到 6 d 以后封顶,青贮料的质量将严重下降。

(三)青贮场地与建筑要求

青贮窖应选择土质坚实,地下水位低的地方建造,既与畜舍保持一定的安全间距以防污染,又要取用方便。

青贮窖一般呈圆形或方形,可分为地上式、半地下式及地下式三类。窖壁可用混凝土、石、砖筑成,底部的四角应砌成弧形,以便装填压实,排除空气。

青贮窖高度、宽度在设计时,要根据畜群每天采食量做好规划,原则上窖的横切面上每天都需挖取 20～30 cm 厚的青贮料,以防二次发酵。冬季每天取青贮料可少些,夏季根据情况必须勤取勤喂,保证家畜每天可吃到新鲜的青贮料。

(四)各类青贮料的加工调制

1.常规青贮饲料的加工调制

青贮原料在刈割后的萎蔫和封存初期,植物细胞仍进行有氧呼吸代谢,消耗可溶性糖,产生二氧化碳、水并释放出热量。这一时间持续越长青贮原料的营养损耗越大,因而,制备青贮料是一项时间性很强的突击性工作,要求收割、运输、切短、装窖、压实、封顶的一系列操作连续进行,一气呵成。

首先,将刈割后的原料在田间经过萎蔫失水达到要求水分后,尽快运至青贮场地,利用铡草机将原料切短到 2～4 cm,装窖,随装随压,每装 30 cm 左右压实 1 次。特别注意青贮窖窖壁和拐角部位压实。

装填完毕后应当立即封顶,具体方法是先用大张的塑料膜将青贮窖(塔、壕)的顶部、周边盖严封好,再在膜上封盖约 60 cm 厚的湿泥土,形成完好的厌氧环境。

乳酸菌在厌氧条件下快速增殖,在数量上占到绝对优势,并将青贮原料中水溶性碳水化合物发酵,形成以乳酸为主的有机酸,使 pH 迅速降低。当 pH 达到 3.8～4.0 时,各种微生物包括乳酸菌本身的活动也全部终止,这就制成含有相当数量乳酸,少量乙酸和微量丙酸与丁酸的常规青贮料。

2.半干青贮饲料的加工调制

半干青贮又名低水分青贮,是在常规青贮技术基础上发展起来的。半干青贮方法是将青饲料收割后,经过放置使其含水量降到 40%～50% 时,切成 1.5 cm 的小段再厌氧贮存。这种原料对腐生菌、酪酸菌及乳酸菌均可造成逆境,使其生长繁殖受阻,在青贮过程中,微生物发酵程度减弱,蛋白质分解较少,有机酸形成量少。

由于半干青贮的微生物处于半干厌氧状态,所以原料青贮中糖分或乳酸的多少及酸碱值高低对于贮存效果影响不大,从而使一些采用传统方法不易青贮的豆科牧草得以贮存。此法在营养成分的保存上虽然优于干草,但在采食量及生产效果上往往不如干草。

五、能量饲料的加工调制技术

(一)谷物类饲料的加工调制

(1)粉碎。整粒的谷实,特别是带有粗硬颖壳的谷实籽粒,不经粉碎直接饲喂动物会消化不良,粉碎后便于咀嚼,增大消化液的接触面积,提高饲料的消化率和利用率。比如,用整粒大麦喂猪时,有机物的消化率仅有 67%,粉碎后则提高到 85%。

谷实类饲料粉碎的粒度可参考国家关于各类畜禽配合饲料的产品标准,选用不同孔径的筛网来控制。粉碎时粒度并不是越细越好,粉碎太细时不仅加工能耗增加,而且粉料干饲时粉尘飞扬,适口性下降。此外,含脂高的饲料如玉米、大麦等粉料在贮存中容易吸潮、氧化、变质,出现苦味,因此,精料一次不宜粉碎太多。

(2)加热处理。籽实类饲料经过加热处理可以提高适口性,但能否提高饲料的消化率和能量利用率,则取决于加热的方式、温度、时间、饲料性质及饲喂对象等。饲料在经受各种热处理时,必定会使某些营养物质损失,因而,应用热处理要区别不同情况,权衡利弊,不能一概而论。

(3)压扁。压扁适用于籽实饲料。目前,国外生产配合饲料添加了压扁工艺,以提高消化率。其方法是将原料玉米、大麦、高粱加 16% 的水,加 120℃左右的热蒸汽使之软化,然后让其通过压辊间隙被压成片状,冷却后再配合各种添加剂即成压扁饲料。

(二)根、茎、瓜、果类饲料的加工调制

根、茎、瓜、果类饲料由于其水分含量高,在饲料工业生产中很少使用,多用于农村的散养户。这类饲料在鲜喂前通常切碎、打浆,并与其他饲料搭配使用,仅有

甘薯、木薯、马铃薯等可经脱水加工成能量饲料(有效能值近似玉米)。一般根茎和瓜果的适口性均较好,且具有调养作用,作为牛、羊冬季青绿饲料的补充,可明显提高生产性能。

第四节　配合饲料和全混合日粮

一、配合饲料的概念

配合饲料是以动物的不同生长阶段、不同生理要求、不同生产用途的营养需要,以及饲料营养价值评定为基础,按科学配方把多种不同来源的饲料,按一定比例均匀混合,并按规定工艺流程生产的商品饲料。

二、配合饲料的优越性

1. 优势互补,实现能量、蛋白更加平衡

使用配合饲料能避免因饲料单一、营养物质不平衡而造成的饲料浪费。例如,玉米是高能量饲料,但蛋白质含量低、品质差,钙、磷比例不当;单一饲喂玉米就会造成蛋白质的不足,使猪生长受阻、蛋鸡产蛋力降低。豆饼、葵花饼虽富含蛋白质,但缺乏能量。石粉、磷酸氢钙是钙、磷的良好来源,而不含能量和蛋白质。如果把上述原料按合适的比例配合起来就能取长补短,营养全面,饲喂效果大大提高。实践证明,使用全价配合饲料比使用单一饲料或混合饲料可节省 20% 的饲料,缩短饲养时间 1~2 个月,饲料报酬提高 20%~30%。

2. 精准定量,实现矿物质、维生素的有效补加

配合饲料体现最新的营养研究成果,各种添加剂的使用使饲料营养更加全面。但是,有些添加剂在每吨饲料中添加量以毫克计,人工混合很难达到均匀,食入过量会中毒。因此,配合饲料在专门的饲料加工厂,采用特定设备,经过粉碎、混合等工艺,保证了饲用安全性。

3. 贮运方便,有利于饲料的专业化高效生产

生产配合饲料的设备良好,技术与工艺先进,高效率而低成本,商品性很强,可在大范围流通调剂,全年均衡供应,从而消除了传统的自给饲料生产的季节性。此外,配合饲料便于贮藏、运输,使用方便,节省劳力,简化了养殖业主的劳动强度,节约了畜牧场和养殖场的设备投资,符合规模养殖的要求。

4. 资源丰富,有巨大潜力可挖掘

配合饲料生产所使用的原料种类之多,数量之大,是其他任何行业不能与之相

比的；其中包括各种农副产品、牧草和林业资源，屠宰和食品工业下脚料以及发酵酿造、榨油、制药等多种行业的剩余废物。这些资源经过合理转化，变废为宝，成为降低养殖成本的有效手段。

三、配合饲料的种类

凡是按动物营养需求用多种饲料原料科学配合而成的产品均可称为配合饲料。所以，配合饲料既包括能直接用于饲喂动物的全价配合饲料，也包括中间类型的产品，如预混料、精料补充料及浓缩。添加剂预混料、浓缩料、精料补充料与全价配合饲料之间的关系见图8-1。

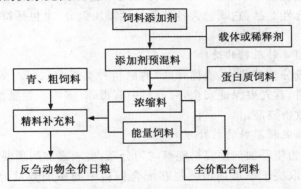

图 8-1　添加剂预混料、浓缩料、精料补充料与全价配合饲料关系示意图

(一)添加剂预混料

添加剂预混料是指将一种或多种微量组分(各种维生素、微量元素、氨基酸、药物等添加剂)与载体或稀释剂按要求配比，均匀混合而制成的中间型配合饲料。

从功能上讲，添加剂预混料是使那些添加微量的添加剂经过稀释扩大，均匀地分散于配合饲料当中的一种营养强化剂，因而不能单独或直接投喂给动物，必须与其他饲料充分混合后方可饲用。

添加剂预混料的生产工艺比配合饲料要求的更加严格而精细，产品配比更准确，一般是在专门的预混料加工厂生产。

1.添加剂预混料的种类

添加剂预混料是由饲料添加剂与稀释剂(载体)构成，就其含有的添加剂组分可将添加剂预混料划分为两大类。

(1)单一型添加剂预混料。这种类型添加剂预混料有作为原料用的有效成分含量不同的单品种维生素预混料,稀释的单品种微量元素预混料。另外,有些组分不宜与其他成分混合使用时,可制成单一型添加剂预混料,比如氯化胆碱预混料。

(2)复合型添加剂预混料。该类预混料是由多种添加成分与载体(或稀释剂)构成的预混料。根据添加组分的类型又可分为两种:

一种是由同一种类的多种添加成分构成的预混料,如多种维生素预混料、混合微量元素预混料。这种产品根据饲喂对象的具体要求,按相应饲养标准及使用条件,将各种维生素和微量元素与相应的载体(或稀释剂)混合在一起形成。用户使用时按产品说明书中规定将其加入基础饲料中即可。

另一种是综合型添加剂预混料,是将各类添加物质按既定的需求全面补充后混合均匀的综合性产品,它既包含各种营养性添加组分,也包括特殊药物等非营养性添加组分。

2.添加剂预混料原料的选择

各种微量成分及其载体(或稀释剂)的原料种类很多,纯度、效价、性质等也各有不同。选择时,首先要保证安全,对原料中有毒、有害物质含量要严格限制;其次是价格低廉而效价要高。

3.添加剂预混料原料的前处理

(1)粉碎。为使添加剂预混料能够均匀分布,要求添加剂预混料具有一定的粒度,粒度的大小取决于添加剂预混料在配合饲料中的添加数量,添加量越小的物质,要求粉碎粒度越细。不同添加量对粉碎粒度的要求见表8-3。

表8-3 不同添加量对粉碎粒度的要求

添加量	颗粒直径/μm	标准筛目	单位粒数/(粒/g)
0.1%~0.5%	1 000~590	18~30	1 530~7 460
0.1%	420	40	208 000
0.02%	250~74	60~200	84 700~3 260 000
1 mg/kg	44	325	5 600 000
0.1 mg/kg	22	—	—
0.01 mg/kg	5	—	—

(2)抗结块处理。在添加剂预混料的有效成分中,有许多性质不同且不稳定的化学物质,当含水量较高时极易结块、变质,以致添加剂失效。因此对含水量高的原料,要求进行驱水或疏水处理。易吸湿结块和变质的原料,可用油脂类进行包被处理,也可加入二氧化硅、沸石等以增强其流动性。对于维生素类原料不宜使用矿

物油脂处理,以防脂溶性维生素在动物体内随不被消化的矿物油脂流失掉。

(3)稀释。硒、碘、钴等在预混料生产中用量极微,应预先进行稀释处理。相互间有拮抗作用的物料,应当利用载体承载或者扩大稀释剂,减少其接触机会。

4.载体和稀释剂的条件

(1)载体。载体是一种能够承载或吸附微量活性添加成分的微粒。

载体的要求:载体本身为非活性物质,对所承载的微量成分有良好的吸附能力且不损害其活性;对全价配合饲料中的主要原料有良好的混合特性;化学稳定性好,不具有药理活性;价格低廉。营养性的微量成分被其承载后,本身的若干物理特性发生改变或不再表现出来,而所得混合物的流动性、粒度等物理特性,基本上取决于载体的特性。

常用的载体有无机载体和有机载体两类。有机载体分为两种,一种是指含粗纤维多的物料,如次粉、小麦粉、玉米粉、脱脂米糠、稻壳粉等;另一种是含粗纤维少的物料,如淀粉、乳糖等,多用于维生素添加剂或药物添加剂的制作。无机载体多用于微量元素预混料的制作,包括碳酸钙、磷酸钙、二氧化硅、食盐、沸石粉、海泡石等。

(2)稀释剂。稀释剂是指混合于一组或多组微量活性成分中的物质,它可将活性微量组分的浓度降低,并把它们阻隔开来,减少活性组分间的相互反应,以增加活性成分的稳定性。

稀释剂的要求:稀释剂本身是非活性物质,不能改变添加剂的性质;稀释剂的粒度、相对密度等应尽可能与相应的微量组分接近,粒度大小要均匀;稀释剂本身不能被活性微量组分所吸收、固定;稀释剂应是无害的、畜禽可食的物质;水分含量低,不吸潮,不结块、流动性好;pH 为中性;不带静电荷。稀释剂与微量活性成分之间的关系是简单的机械混合,并不改变微量成分的物理性质。

(二)浓缩料

(1)浓缩料的概念。浓缩料几乎包含了所有的饲料加工技术,是全价配合饲料的一种补充。浓缩料主要由微量元素、维生素、氨基酸、促生长剂、抗病药物、蛋白质等饲料组成,属于全价饲料的半成品,因而不能单独使用。浓缩料与能量饲料相混合后才能构成饲喂动物的全价配合饲料或精料补充料。

(2)浓缩料的优点。能量饲料占全价料比例的 60%以上,扣除能量饲料后,单独向用户提供浓缩料,可以减少能量饲料的往返运输成本。当地农户可充分利用手头的余粮(主要是能量饲料),加上浓缩料配制成营养全面的全价料,技术简单,易于操作,饲养效果良好,符合我国的国情。因此,在小型农场及专业养殖户中浓缩料很受欢迎。

（3）浓缩料生产的质量要求。浓缩料对其构成原料及产品的质量要求,在卫生指标上与添加剂预混料相同,粒度及混合均匀度的要求略宽于添加剂预混合饲料。其配合比例以及对基础饲料的要求,均应在产品说明书或标签中有明确规定,以避免使用不当危害畜牧生产。浓缩料也属于饲料工业的中间产品,不经再混合与加工不能直接饲喂动物,特别对于含有药物及非蛋白氮的浓缩饲料更应注意。

因此,配合饲料厂生产的产品标签上必须注明其所含各种营养成分分析保证值,注明饲喂对象、浓缩饲料名称、批号、使用方法、配合比例、配伍饲料种类、搅拌要求等;含有药物时,必须注明有效成分名称及其含量,包括停药期、配伍禁忌等,以利用户使用。

（三）精料补充料

精料补充料属于饲料工业的终产品。可以直接用于饲喂动物。这类饲料产品通常是为牛、羊等反刍动物生产的,但它不能单独构成日粮,而是用以补充反刍动物采食青、粗饲料及青贮饲料后不足的养分,其中也包括干物质和能量指标。

因此,精料补充料在设计上应具有更强的针对性,除针对不同类型的动物外,很重要的一点是必须针对具体地区的饲草背景、用户的饲养方式、饲草成分、动物生产水平以及平均采食量等具体情况,拟制各种类型的精料补充料配方,生产不同型号的精料补充料。

（四）全价配合饲料

全价配合饲料也属于饲料工业的终产品,也称全日粮配合饲料。通常按饲喂对象划分为各种型号,只要选用产品型号与具体饲喂对象相符,投喂量适当即可,用户不必再另外添加任何营养性饲用物质。

在全价配合饲料的组分中,能量饲料一般占总量的 $60\% \sim 75\%$,蛋白质饲料一般占总量的 $20\% \sim 30\%$。除蛋禽外,矿物质添加量一般不超过 5%;氨基酸、维生素类和非营养性添加物质（保健药物、防霉剂、抗氧剂、着色剂等）通常占总量的 $0.5\% \sim 1.0\%$。

无论是全价配合饲料或是精料补充饲料,所用原料必须符合国家饲用原料标准,同时不得含有对动物及人类健康不利的物质。另外,加工工艺指标（粒度、混合均匀度等）也必须符合相关规定。

四、全混合日粮

全混合日粮（TMR）主要是应用在反刍动物上,其营养全面而平衡,采食积极性高,饲料浪费少,饲喂效果良好,还可显著降低甲烷排放量。而且便于机械化生产,减少人工,提高生产效率。

(一)全混合日粮的概念

全混合日粮是根据反刍动物在不同生长发育、妊娠、泌乳等生理阶段的营养需要设计日粮配方,用特制的搅拌机把铡切长度适当的粗饲料、青贮饲料、精饲料补充料和各种添加剂预混料等按照配方比例进行充分混合而得到的一种营养全面且相对平衡的日粮。

(二)全混合日粮的优势

(1)有利于开发各种饲料资源。将玉米秸、尿素、各种饼粕类等廉价的原料同青贮饲料。糟渣饲料及精料充分混合后,掩盖不良气味,提高适口性,而且可有效防止反刍动物挑食。

(2)全混合日粮使用可保证日粮营养全价,提高粗饲料利用率。对于个体大、增重快的动物增加喂量便可保证其营养需要。

(三)全混合日粮加工调制与鉴定

1. 全混合日粮加工调制

(1)饲料原料与日粮检测。饲料原料的营养成分是科学配制 TMR 的基础,要定期抽检;原料水分是决定 TMR 成败的重要因素,一般 TMR 含水量 35%～45%,过干或过湿都会影响采食量,因此,须经常检测 TMR 水分含量。

(2)饲料配方选择。饲料配方可参照日粮配制的方法。将养殖场的动物根据年龄阶段、性别等合理分群,每个群可以有各自的 TMR。

(3)科学搅拌。首先投料量准确。投料顺序为:先干草,再加青贮饲料,然后加精饲料补充料或糟渣类饲料,最后加水或糖蜜。合理控制搅拌时间,时间太长造成 TMR 过细,有效纤维不足;时间太短,原料混合不均匀;一般是边填料边混合,最后一批料填完后,再搅拌 6 min。

2. 全混合日粮质量鉴定

(1)感官评定。随机从全混合日粮中取一些样品,用手捧起,用眼观察不同粒度的比例,长度＞3.5cm 的粗饲料不超过日粮总重量的 15%。搅拌好的全混合日粮中精饲料混合均匀,松散不分离,色泽均匀,新鲜不发热,不结块。

(2)宾州筛法。取已混合好的全混合日粮,分 3～5 点取样,采集样品混合均匀,过宾州筛。利用宾州筛各层质量对应数据 X_1,X_2,X_3,X_4 计算出平均数和变异系数。

$$变异系数度＝\frac{变异系数}{平均数}×100\%$$

$$混合均匀度＝1-变异系数度$$

（3）饲喂效果评价。观察动物的采食量及生长发育情况,根据其数值评价全混合日粮的饲喂效果。

思 考 题

1.我国对饲料是如何分类的？并将饲料分为哪些种类？

2.结合粗饲料的营养特点,简述粗饲料的饲用价值。

3.青绿饲料的营养特点是什么？动物利用青饲料应当注意哪些问题？

4.青贮饲料的营养特点是什么？如何对青贮饲料进行感官品质评定？

5.谷实类能量饲料对动物的营养作用表现在哪些方面？

6.糠麸类在配合饲料中使用时应当注意什么？

7.动植物油脂主要应用于哪些畜禽的配合饲料？作用是什么？

8.比较植物性蛋白质饲料与动物性蛋白质饲料对动物的不同饲用价值。

9.非蛋白含氮化合物在配合饲料中使用要注意什么问题？

10.简述常量矿物质饲料和微量矿物质饲料对动物的营养作用。

11.如何认识矿物质饲料中对有害元素限定指标的意义？

12.各类饲料加工调制的意义与方法是什么？

13.粗饲料如何进行加工调制？

14.青贮的原理是什么？如何完成常规青贮？重点注意哪些方面？

15.配合饲料的概念及其优越性是什么？

16.全混合日粮的概念及其优越性是什么？

17.简述全混合日粮质量的鉴定方法。

第九章　牧草种植与草地利用

牧草,广义上泛指可用于饲喂家畜的草类植物,包括草本、藤本及小灌木、半灌木和灌木等各类型栽培或野生的植物;狭义上仅指可供栽培的饲用草本植物,尤指豆科牧草和禾本科牧草,这两个科的牧草几乎囊括了所有栽培牧草。此外,藜科、菊科及其他科也有,但种类极少。

第一节　牧草的分类

一、按植物分类系统分类

(1)豆科牧草。豆科牧草是栽培牧草中最重要的一类牧草,由于其特有的固氮性能和对土壤的改良性能,使其在农业生产中得到广泛应用。豆科牧草种类不如禾本科牧草多,但因其富含氮素和钙质而在农牧业生产中占据重要地位。目前生产上应用最多的豆科牧草有紫花苜蓿、杂种苜蓿、小冠花、沙打旺、红豆草、白三叶、红三叶、毛苕子、普通苕子、白花草木樨、紫云英、山黧豆及柠条、羊柴、胡枝子、紫穗槐等。

(2)禾本科牧草。禾本科牧草栽培历史较短,但种类繁多,占栽培牧草70%以上,是建立放牧、刈草兼用人工草地和改良天然草地的主要牧草。目前利用较多的禾本科牧草有无芒雀麦、披碱草、冰草、羊草、老芒麦、多年生黑麦草、苇状羊茅、鸭茅、碱茅、小糠草、象草、御谷、苏丹草,以及玉米、高粱、黍、粟、谷、燕麦等,作为草坪绿化的牧草还有草地早熟禾、紫羊茅、硬羊茅、多年生黑麦草、高羊茅等。

(3)其他科牧草。其他科牧草指不属于豆科和禾本科的牧草,无论种类、数量上,还是栽培面积上,都不如豆科牧草和禾本科牧草。但某些品种在农牧业生产上仍很重要,如菊科的苦荬菜和串叶松香草,苋科的千穗谷和籽粒苋,紫草科的聚合草,藜科的饲用甜菜,伞形科的胡萝卜,十字花科的芜菁等等。

二、按生育特性分类

(一)按寿命划分

(1)一年生牧草。这类牧草的生长期限只有一个生活周期,一般春秋季播种,夏秋季开花结实,随后枯死。此类草播种后生长、发育迅速,短期内生产大量牧草。如紫云英、苏丹草、燕麦、苦荬菜、毛苕子。

(2)两年生牧草。这类牧草的生长年限为 2 年,播种当年仅进行营养生长,可生产较多牧草,第二年返青后迅速生长,并开花结实,随后枯死。如白花草木樨、黄花草木樨、甜菜、胡萝卜等。

(3)多年生牧草。这类牧草生长年限 2 年以上,一般第二年就能开花结实,一次播种可多年利用。大多数牧草属于此类,依据其利用年限又可分为:短期多年生牧草和长期多年生牧草。

①短期多年生牧草:此类草寿命 4~6 年,高产期在第二、第三年,第四年之后显著衰退。如红三叶、白三叶、沙打旺、红豆草、老芒麦、披碱草、多年生黑麦草、苇状羊茅、鸭茅、猫尾草等。

②长期多年生牧草:此类草寿命多达 10 年以上,第三年进入高产期,并可维持高产 4~6 年甚至更长时间。如苜蓿、胡枝子、草莓三叶草、山野豌豆、羊柴、柠条、无芒雀麦、冰草、羊草、小糠草、碱茅等。

(二)按再生性划分

(1)放牧型牧草。牧草上部茎叶生长于茎基部节上,或者地下根茎及匍匐茎上,株丛低矮密集,一般不超过 20 cm,仅能放牧利用,不适宜刈割。如碱茅、草地早熟禾、紫羊茅等。

(2)刈割型牧草。牧草上部分生长增高靠枝条顶端生长点的延长或者从地上枝条叶腋处新生出再生枝条,故而放牧或刈割过低时因顶端生长点和再生芽被去掉而再生不良,一般不适于放牧或频繁刈割。如沙打旺、红豆草、白花草木樨、黄花草木樨、苏丹草等。

(3)牧刈型牧草。牧草上部分生长增高靠每一个枝条节间的伸长或者从地下的根茎节、分蘖节、根颈处新生出再生枝,因而此类牧草放牧或低刈后仍能继续生长再生,具有极强的耐牧性和耐刈性。如无芒雀麦、羊草、苜蓿、白三叶等。

(三)按分蘖性划分

(1)根茎型牧草。根茎型牧草不仅具有垂直于地面生长的地上茎和枝条,而且其地下 5~20 cm 处还有地下横走的根状茎,根茎上产生的地上枝又可产生新的根状茎,新的根茎上又可产生新的枝条,依次逐渐扩展,不断更新形成具有大量枝条的根茎网。根状茎的长度因植物种类不同差异很大。根茎型植物适宜生长于通气性和透水性良好的疏松土壤上,并且具有特别强大的营养繁殖能力,往往能在一处形成连片的株丛,但不形成草皮。这类牧草有无芒雀麦、多花黑麦草、草地早熟禾、羊草、偃麦草等。

(2)疏丛型牧草。疏丛型牧草在地下 1~5 cm 处具有短的茎节,即分蘖节,枝条从分蘖节上以锐角的形式伸出地面,形成株丛。每年新生枝条发生在株丛边缘,故而株丛中央常为枯死残余物。这类牧草有猫尾草、鸡脚草、羊茅、大麦草、蒙古冰草等。

(3)根茎疏丛型牧草。由地表下 2~3 cm 处的分蘖节上形成短根茎,由此向上新生出枝条,每个枝条又以同样方式进行分蘖,久而久之形成以短根茎相连的疏丛型草皮,既耐放牧,又耐践踏,也适于作草坪。如紫羊茅等。

(4)密丛型牧草。密丛型牧草的分蘖节位于地表上面,节间很短,由节上生长出的枝条彼此紧贴,几乎垂直于土表向上生长,因而形成稠密株丛。株丛随生长年限延长而直径增大,老株丛衰老形成草丘,只有株丛外围才保持有活力的枝条。密丛型牧草生长缓慢,产草量不高,但耐牧性极强。如羊茅、针茅等。

(5)轴根型牧草。主根发达,垂直向下生长,入土深达 2 m 或 2 m 以上,主根上可产生大量的侧根,构成的根系为直根系。由根过渡到茎的部位,即根与茎相连接的区间称为根颈,根颈上产生的芽叫更新芽,由更新芽可形成新的枝条,枝条的叶腋也能形成芽。因此,这类植物在放牧或刈割后,可从根颈上和茎上生出新的枝条。这类牧草有豆科的紫花苜蓿、白三叶、红三叶、柠条、红豆草、沙打旺等。

(6)根蘖型牧草。这类牧草主根粗短,入土不到 100 cm,在土表 5~30 cm 处生有众多横向根蘖,由此向上新生出枝条。如小冠花、黄花苜蓿、山野豌豆、鹰嘴紫云英等。

(7)匍匐型牧草。分蘖节生长发育后形成匍匐于地面的匍匐枝,匍匐枝的节间较直立枝长,节上可生有叶、芽和不定根,与整体分离后能长成新的株体独立生活,适宜进行营养繁殖。随着生长年限的延长,在土表形成密集的草皮层,耐牧性和耐践踏性极强。如狗牙根、结缕草、草地早熟禾等。

(四)依据茎叶发育状况划分

依据植株上枝条和叶着生部位和发育层次的不同,可把牧草分为上繁草、下繁草和莲座叶丛草三类。

(1)上繁草。株高一般在 100 cm 以上,株丛多由生殖枝和长营养枝组成,叶子和枝条多分布在株体 1/3 以上部位,株型呈倒锥形。该类牧草适于刈割利用,刈割后留茬的产量不超过总产量的 5%～10%。这类牧草有羊草、披碱草、无芒雀麦、多年生黑麦草、苇状羊茅、猫尾草、苏丹草、红豆草、草木樨、沙打旺等。

(2)下繁草。株高一般 40～50 cm,生殖枝和长营养枝不多,株丛多以短营养枝为主,叶子和枝条多集中于株体下部,距地面 7 cm 以内的茎叶重量占整个株丛重量的 40% 以上,刈割后留茬的产量一般占总产量的 20%～60%,因而该类牧草适于放牧利用。如草地早熟禾、紫羊茅、小糠草、白三叶等。

(3)莲座叶丛草。没有茎生叶或茎生叶很少,株丛以根出叶形成叶簇状,整个植株低矮,产量较低。如聚合草、蒲公英、车前草等。

第二节　牧草的生物学特性与饲用价值

一、豆科牧草

豆科植物是人类赖以为生的主要食品来源,同时也是饲喂畜禽的主要饲草。

(一)豆科牧草的形态特征

(1)根。属于直根系,分为三种类型。①主根型,如紫花苜蓿,主根粗壮发达,可深达 10 m;②分根型,如红三叶,主根不发达,而分根发达;③主根-分根型,如草木樨,根系发育介于上述二者之间。这三种类型的根上均着生根瘤,根瘤内的根瘤菌能固定空气中的氮素。

(2)茎。多为草质,一般圆形但具有棱角或者近似方形,光滑或有毛、刺,茎内有髓或者中空。株形分四种类型:①直立型,茎枝直立生长,如红豆草、紫花苜蓿、红三叶、草木樨等;②匍匐型,茎匍匐生长,如白三叶;③缠绕型,茎枝柔软,其复叶的顶端叶片变为卷须攀缘生长,如毛营子;④无茎型,没有茎秆,叶从根颈上发生,这种草低矮,产量低,如紫云英等。

(3)叶。初出土为双子叶,成苗后叶常互生,分为羽状复叶和三出复叶两类,羽状复叶的如毛苕子、沙打旺等,三出复叶的如红三叶等。

(4)花与花序。蝶形花,花序多样,通常为总状或圆锥花序,有时为头状或穗状花序,腋生或顶生。

(5)果实。大多为荚果,种子无胚乳,子叶厚,种皮难以透水、透气,硬实率较高。

(二)豆科牧草的生物学特性

(1)对水分的要求。多年生豆科牧草的蒸腾系数较多年生禾本科牧草稍低,在水分不足的情况下,豆科牧草可抑制蒸腾作用以减少水分的散失。豆科牧草的需水量因品种而异,紫花苜蓿、红三叶等需水最多,而黄花苜蓿、草木樨、沙打旺等需水较少。

（2）对土壤空气的要求。土壤良好的透水、透气性是豆科牧草正常生长发育的必需条件。分根型豆科牧草根系较浅,土壤表层通气良好,根茎上才能长出较多的新芽;主根型豆科牧草根系较深,土壤底层的通气尤为重要。

豆科牧草生长发育过程中,有两个时期对土壤通气特别敏感。一是春季,此时根颈萌芽第一批分枝;二是夏末,此时在根颈处形成未来嫩枝的新芽。

（3）对温度的要求。热带豆科牧草生长的最低温度、最适温度和最高温度分别为 15℃,30℃ 和 40℃,其相对生长率在昼夜温度为 31～36℃ 时达最高率,当温度降至 10～15℃,则减少 15%。温带豆科牧草生长的最低温度、最适温度和最高温度分别为 5℃,20℃ 和 35℃。豆科牧草对于地上和地下部分温度条件的显著差异具有极大的敏感性,过低温度对豆科牧草根瘤菌的固氮作用有不良影响,研究表明,根瘤菌能够固氮的最低温度是 8～9℃,最高界限为 30℃。

（4）对光照的要求。多数豆科牧草喜光,对光照强度较禾本科牧草敏感。

（5）对养分的要求。豆科牧草能借助于根瘤菌直接利用大气中的游离氮,对氮肥不如禾本科牧草敏感,但对钾、钙、磷等元素非常敏感,吸收能力强。豆科牧草对土壤结构的改良和土壤肥力的提高具有重要作用。

（三）豆科牧草饲用价值

豆科牧草含有丰富的蛋白质、钙和多种维生素,具有很高的营养价值。开花前粗蛋白质占干物质的 15% 以上,可消化蛋白质达 9%～10%;钙质含量一般都在 0.9% 以上,高者可达 2%。

豆科牧草鲜草含水量较高,草质柔嫩,适口性很好。根据已经研究过的 565 种豆科植物中,家畜最喜食的有 328 种,占 58%;喜食的 158 种,占 28%;不食的 79 种,占 14%。

植株生长点位于枝条顶部,可以不断萌生新枝,刈割后再生能力较强;开花结实期甚至种子成熟后茎叶仍呈绿色,利用期长,为各类家畜所喜食。调制成干草粉的豆科牧草纤维素含量低,质地绵软,可代替部分豆粕和麸皮使用。

豆科牧草的饲用价值和营养价值优于禾本科牧草。羔羊放牧于豆科牧草草地的增重率远高于禾本科牧草草地。其自由采食量比具有相似消化率和代谢能的禾本科牧草高 20%～30%。由于豆科牧草,特别是白三叶,在成熟时可消化性下降的速度比禾本科牧草慢,推迟收获损失较少,因而比禾本科牧草利用率高。对羊来说,豆科牧草的营养价值高于具有中等或较低代谢能的禾本科牧草;但对牛来说,在代谢能含量较高的情况下,利用率的提高可能较少,但是能改变畜体组成而产生瘦肉较多的胴体。

在控制豆科牧草日食量、防止瘤胃鼓胀的前提下,豆科牧草喂牛、喂羊都可获得较高的增重率。如黑白花阉牛自由采食白三叶时日增重为 1.2 kg,而喂禾本科牧草时日增重为 0.9 kg。

二、禾本科牧草

禾本科是组成我国天然草地植被的主要草类,禾本科植物是人类粮食的主要来源,是各类家畜主要的饲草饲料,是草原地带植被的重要组成部分。禾本科牧草生境极为广泛,有相当强的生态适应性,抗寒、抗病虫害能力远比豆科及其他牧草强。

(一)禾本科牧草的形态特征

(1)根。属于须根系,无主根,根系一般入土较浅,一般在表土以下 20～30 cm,但有些草种的根系可深达 100 cm。

(2)茎。茎上有节,节间中空,茎秆多为圆筒状,少数扁形,茎秆分为生殖枝和营养枝两种。基部数节的腋芽可长出分枝,称为分蘖;叶着生于膨大坚实的茎节处。禾本科牧草的茎大多直立,或者向斜上方生长。

(3)叶。单子叶,由叶鞘、叶片和叶舌构成,有时有叶耳。

(4)花。花序多为圆锥花序,或者总状花序和穗状花序,顶生或侧生。

(5)果实。通常为颖果,干燥后不开裂,内含种子1粒。种子有胚乳,含大量淀粉质,胚位于胚乳的一侧。

(二)禾本科牧草的生物学特性

(1)对水分的要求。多年生禾本科牧草的蒸腾系数较强,根系较浅,过分干旱容易引起草地退化,甚至旱死;过涝影响根系正常的呼吸作用,不利于牧草生长;当然因品种不同,各种牧草的耐旱、耐涝能力不同。抗干旱的牧草有无芒雀麦、苇状羊茅、冰草;较耐湿的牧草有草地早熟禾、多年生黑麦草;耐湿强的有草芦、小糠草、牛尾草、猫尾草等。

(2)对土壤的要求。具有根茎的禾本科牧草要求土壤中有充足的空气,土壤通气良好能使生长在土壤中的根茎呼吸增强,生长旺盛。适于生长在湿润土壤或积水中的禾本科牧草及密丛型禾本科牧草能在通气微弱的土壤中生长。

（3）对温度的要求。温带禾本科牧草生长适宜温度在 20℃ 以下,热带禾本科牧草生长最适温度为 29～32℃,16℃ 以下生长甚微。

（4）对光照的要求。各种禾本科牧草所需光照强度不同,猫尾草因遮光而减产最多,而多年生黑麦草、牛尾草减产较少。按牧草对光照的需要程度将一些牧草排序,鸡脚草耐阴性较强,无芒雀麦、多年生黑麦草、牛尾草次之,燕麦、小糠草耐阴性极弱。

禾本科牧草对日照长短的反应也不同,多数中、高纬度地区的禾本科牧草,如无芒雀麦、鸡脚草、草芦等为长日照植物,即需要 14 h 以上的光照时间才能开花;而低纬度的苏丹草、狗牙根等则为短日照植物,需较短日照或长夜,即需经过 14 h 以上的黑暗时间才开花结实;也有一些禾草如画眉草对日照长短要求不严,称为中日照植物。

（5）对养分的要求。一般禾本科牧草对氮的要求较其他养分高,氮能促进分蘖和茎叶的生长,使叶片嫩绿,植株高大,茎叶繁茂,产草量高,品质好。施氮量大幅度提高禾本科牧草产量的同时,也加速了土壤中其他元素,主要是磷和钾的消耗,磷、钾元素缺乏时往往成为增产的限制因子。因此只有均衡施肥,才能保证饲草持续高产。

（三）禾本科牧草的饲用价值

作为饲用植物,禾本科牧草在家畜的饲草组成上居于诸科牧草之首,在陆地草本植物的组成中,禾本科牧草是主要的建群种和优势种。据统计,禾本科牧草在我国南方草山草坡中占 60% 以上,在北方草原地区可占 40%～70%。

禾本科牧草富含无氮浸出物和粗纤维,但其蛋白质和钙含量低于豆科牧草,在干物质中粗蛋白的含量为 10%～15%,粗纤维约占 30%;禾本科牧草主要用于饲喂反刍动物,适口性好,饲用价值很高。据苏联文献记载,在调查的 499 种禾本科牧草中,家畜最喜食的有 276 种,占 55.3%;喜食的 175 种,占 35.1%;可食性差或不采食的仅有 48 种,占 9.6%。也就是说,在禾本科牧草中,最喜食和喜食的种类可占 90% 以上。

禾本科牧草一般具有较强的耐牧性,虽经践踏仍不易受损,再生性强。在调制干草时叶片不易脱落,茎叶干燥均匀。由于含有丰富的碳水化合物,易于调制成品质优良的青贮饲料。此外,禾本科牧草在保持水土、防止冲刷和改善生态环境方面均有重大作用。

第三节　多年生牧草产草量和营养价值的动态变化

一、多年生牧草的产草量动态变化

牧草的产量动态从发育阶段来说，春季开始分蘖或分枝时期生长缓慢，同时由于处于生长发育的初期阶段，所以物质的积累较少，牧草的产量也低；生长到抽穗孕蕾期，牧草开始最大量的积累地上物质，开花盛期到末期干物质的积累达到高峰。

但是，因植物种类不同，高峰期的出现表现出明显的差异，一般来讲禾本科牧草产量最高时期是抽穗期，豆科牧草一般在成熟期。同时还应指出，由于我国草原地区年降水量多集中于夏季的后半期和秋季，此时土壤湿度较高，温度也较适宜于牧草的生长，所以这一时期草地植物干物质的积累最高，因此许多天然牧草产量最高的时期不是在开花期，而是在种子成熟期。

天然草地牧草产量的季节变化动态与牧草的生长发育期有着密切的关系，即秋季最高，夏季次之，因此在草地畜牧业生产中常表现出夏秋草料充足，冬春饲草严重不足的局面。

二、多年生牧草营养价值的动态变化

多年生牧草的营养价值，决定于蛋白质和粗纤维素含量，蛋白质、矿物质含量愈高，粗纤维素含量愈低，牧草的营养价值就愈高；反之，牧草的营养价值就低。

影响牧草营养价值动态变化的主要因素是植物的生长发育阶段，一般来说，牧草生长初期，水分含量较高，干物质较少；随着牧草的不断生长，水分减少，干物质含量逐渐增多。随着干物质的不断积累，牧草的纤维化、木质化程度提高，牧草的营养价值也发生了显著的变化，蛋白质所占比例降低，粗纤维的比例增加，粗纤维含量的增加使牧草营养物质的可消化率随之降低。因此，牧草有机物质的消化率与纤维素含量成反比。

牧草的适口性也随植物的生长发育程度而发生变化。生长前期的牧草，适口性好，采食率高；牧草干枯后适口性变差，采食率降低。实践证明，幼嫩牧草的采食率可达 90%，牧草在抽穗现蕾期采食率降至 65%～80%，开花期达 40%～60%，种子成熟后降低至 25%～40%。所以，为了最有效地利用草地植物，放牧利用时间不应迟于抽穗现蕾期，此时牧草营养物质丰富；而刈割干草应在开花期，这一时期所获得的可消化蛋白质含量最高。

第四节　牧草的饲用价值综合评价方法

一、适口性评价

牧草的适口性是指家畜对某种牧草的喜食程度,也是反映牧草饲用品质好坏的一种较为准确的质量指标,对评定牧草的饲用价值具有重要的意义,当缺乏对植物化学成分的分析时常以它的适口性进行评价。

植物的适口性评价通常采用调查法和放牧观察法。调查法主要是向当地有经验的牧民进行实地调查,放牧观察法是在放牧或调制加工(干草、青贮)条件下,观察家畜采食时选择的状态和程度。一般来讲,适口性好的植物营养物质含量和饲用价值就高,适口性差的植物营养物质含量和饲用价值就低。但是,牧草的适口性又是受很多因素影响的,既有植物因素又有动物因素。

1. 牧草因素

(1)营养成分。牧草的适口性与牧草本身所含营养成分紧密相关,通常情况下,粗蛋白质、无氮浸出物、脂肪含量高和比较容易消化的牧草,适口性好;反之,粗蛋白质、无氮浸出物、脂肪含量低,而木质素和粗纤维的含量高的牧草,适口性不好。因此,家畜的适口性与牧草本身的营养动态有着密切的关系。

(2)外部形态和结构比例。外部光洁、内部多汁的牧草适口性好,而外部粗糙,有芒、刺、毛等,且质地较硬时,适口性就差。另外,从植株各部分结构看,大多数家畜喜欢采食牧草的叶子、花和种子。在天然草地中家畜采食机会最多、采食量最大的是牧草的茎和叶;在茎、叶比中,叶的比例越大,适口性就越好,饲用价值就越高。

(3)生长期。牧草在整个生长期内随着生长季节变化,植物的外部结构和内部结构、营养成分都在发生变化。表现最突出的是粗纤维和多汁性,牧草随着生长期的延长粗纤维含量不断增加,体内多汁性下降,到成熟期整个株体各部变得粗糙而质硬,适口性明显变差。

2. 家畜因素

家畜因种类、生活习性不同对牧草的适口性有明显的差别。如绵羊喜食细小、干燥而富含粗蛋白质的牧草,牛喜欢高大、粗糙富含水分、碳水化合物和偏酸性的牧草,骆驼则喜欢干燥型的粗大草类和灌木,对含盐或带有苦、咸、涩等味道的牧草尤其喜食。

二、营养价值评价

牧草营养价值评价主要是采用常规的营养分析方法,测定牧草中水分、干物质、粗蛋白质、粗脂肪、粗纤维、无氮浸出物、灰分和维生素等含量,以客观评价其营养价值。具体测定时要特别注意牧草种类、发育时期、部位、地理及生态条件以及栽培技术等具体因素对牧草营养含量的影响,按不同情况采样,进行多次化学分析,以求全面了解其营养含量和营养价值动态。此外,牧草营养价值评定在测定其营养含量的基础上,有时还要做家畜对各种物质的消化代谢试验,以便更加准确、客观地评价牧草。

三、综合评价

综合评价主要是依据每种牧草不同生育期的营养组成、对各种家畜的适口性、在草群中所起的作用以及它的生态生物学特性、生产性能和利用前景进行综合性的饲用价值评价。

(1)优等牧草。适口性好,营养价值高;其干物质中,粗蛋白质含量占 15% 以上,粗脂肪占 2% 以上,粗纤维含量在 30% 以下。生态生物学特性表现出较强的抗逆性和侵占性,在草地中能够成为建群种或优势种,有希望成为建立人工草地或天然草地的补播对象。在生产中,可刈牧兼用或专用性强,叶量占茎、叶、穗比的 30% 以上,种子成熟良好。某种牧草,如果达不到上述全部指标,但其主要指标已达到或单项指标极为优秀者亦可列入优等牧草的等级中。

(2)良等牧草。适口性好,蛋白质含量占干物质的 10% 以上,粗脂肪占 1.5% 以上,而粗纤维素的含量在 35% 以下。在生态生物学特性上,表现有强烈的抗逆性或侵占性,在草地中可成为建群种、优势种或常见种,有希望成为建立人工草地或天然草地的补播材料。在生产中,放牧与刈草兼用性较强,叶量占茎、叶、穗比的 25% 以上,种子成熟较好。某种牧草,如果达不到上述所有指标时,但其主要指标已达到或具有特殊的饲用价值者可列入良等牧草范围之内。

(3)中等牧草。适口性一般,在营养组成上,其粗蛋白质含量占物质的 5% 以上,粗脂肪占 1% 以上,粗纤维含量在 40% 以下。在生态生物学特性上,表现有一定的抗逆性和侵占性,是草地中常见种、伴生种或建群种。在生产性能上,叶量占茎、叶、穗比的 20% 以上,种子能成熟,可作为一般放牧或刈草对象。

(4)低等牧草。适口性较差、营养含量低,但可以饲用,动物采食后主要起饱腹作用。在营养组成上,其粗蛋白质含量占干物质的 5% 以下,粗脂肪占 1% 以下,粗纤维的含量在 40% 以上。在生态生物学特性上,抗逆性和侵占性一般,是草地中的伴生种、偶见种或者也是建群种。在生产性能上,叶量占茎、叶、穗比的 20%以下,种子能成熟或不饱满,可作为某一季节少许利用的对象。

(5)劣等牧草。适口性很差,家畜一般不采食或少量采食,在饲料特别缺乏时主要用于充饥。在化学组成上,往往因含有某种有毒物质或者含有芳香类物质而发出特殊的气味。此类牧草仅在草地局部地区少量出现,饲用价值低,一般在枯黄后或者加工改造后再做利用。

第五节　牧草种植技术

解决畜牧业饲草不足的关键在于人工草地建设,在我国草原地区和农牧交错带,选择适宜土地,种植人工草地,不仅可以解决饲草料不足问题,也将大大缓解天然草地的放牧压力,使其发挥应有的生态功能。2015 年中央一号文件中,有一个新提法引起了学界和管理部门的注意,这就是"草牧业"。中央一号文件首次明确了草牧业在促进我国"粮-经-饲"三元种植结构协调发展中的重要地位。

一、牧草品种的选择

(1)根据当地自然条件选择适宜种植的牧草品种。有些牧草品种对温度、湿度、土壤条件有具体要求,选择种植的牧草一定能够适应当地的气候特点和水土条件。一般土地平整、水肥充足的田地适合种植紫花苜蓿、鲁梅克斯 K-1、菊苣、籽粒苋、黑麦草等;干旱贫瘠的山坡地或荒地则应选择适应性较强、耐旱、耐贫瘠的品种,如杂交狼尾草、三叶草、沙打旺;果树或林地间则可选择植株较矮、耐阴的品种,如紫花苜蓿、三叶草。

(2)根据当地畜禽需求确定牧草品种及种植规模。比如紫花苜蓿、黑麦草、小冠花等是牛羊等草食畜喜食的牧草,籽粒苋、菊苣等适于喂猪;牧草种植规模与当地养殖规模相匹配,牧草品种又适销对路,才能真正推动草牧业的和谐、持续发展。

二、牧草种植的关键环节

1.播种前的准备

(1)整地与施肥。播种前要耕地、整地、开沟、作畦。牧草种子一般较小,播种量也较少,因此整地要细,整地同时施足基肥。如果施有机肥,每亩* 1 500～2 000 kg;如果施复合肥,每亩 100 kg。

---

　* 1亩≈666.7 m²

（2）种子的处理。牧草种子硬实率较高,禾本科种子可用去芒机或碾压器等碾压种子,通过划破种皮,有利于种子对水分的吸收,从而提高种子的发芽率。若是初次在土地上种植豆科牧草,播种前应进行种子根瘤菌接种,以有利于早期形成根瘤,增加其固氮能力。

2. 播种

（1）播种时期。春播一般在 3 月下旬至 4 月中旬,当地气温 10℃ 以上即可进行;秋播一般在 8 月下旬至 10 月,气温在 25℃ 以下进行,播种前晒种不少于 3 h,以利于种子发芽。

（2）播种方法。牧草播种方法主要有条播、撒播和穴播。

土地相对平整,能够使用播种机的最好选择条播,如籽粒苋、三叶草。播种行距因牧草品种和土地肥力不同而不同,行距一般为 20~40cm,植株较大的牧草行距宽,植株矮小的牧草行距窄;土地瘠薄的行距宽,水肥条件好的行距窄。播种深度的掌握,一般大粒种子宜深,小粒种子宜浅;土干时宜深,土湿宜浅;疏松土壤宜深,土黏宜浅;春季干旱时宜深,夏季雨季宜浅。紫花苜蓿、一年生黑麦草、苦荬菜、籽粒苋播种深度为 1~2 cm,菊苣、墨西哥玉米、串叶松香草播种深度为 2~3 cm,苏丹草、皖草 2 号播种深度为 3~5 cm。

撒播是人工或机械把种子撒在地表上,然后用细土覆盖,该方法播种速度快,适合于大规模的沟坡地牧草播种,如黑麦草,但出苗不一致。

穴播适用于植株较大且生长繁茂的牧草品种,间隔一定距离开穴播种即可,穴播节约种子又容易出苗,如种植苏丹草、苦荬菜。

（3）播种量。牧草种子的播种量要根据牧草种子的大小、种子的品质、土壤肥力、播种方法、播种季节、播种气候等确定。籽粒苋、菊苣每亩播种量为 0.1~0.3 kg,串叶松香草、墨西哥玉米、苦荬菜为 0.3~0.6 kg,紫花苜蓿为 0.75~1.0 kg,黑麦草、皖草 2 号为 1.0~1.5 kg,杂交苏丹草为 2.0~3.0 kg。

3. 田间管理

（1）除杂草。牧草苗期生长缓慢,杂草丛生不仅影响牧草的产量,而且有些有毒植物还能造成畜禽中毒,因此去除杂草是牧草田间管理的一项重要任务。除杂草可以用锄头锄地,也可以用专用的除草剂。

（2）施肥。在牧草生长的重要环节,如牧草分蘖、拔节、现蕾及每次刈割后,根据牧草生长的营养需要适时追肥。禾本科牧草主要是追施氮肥并配合一定量的磷、钾肥;豆科牧草主要追施磷肥,在播种当年也可以施一定数量的氮肥。

（3）灌水与排水。牧草在干旱时要及时灌溉,雨季雨量过剩时要及时开沟排水。豆科牧草从现蕾到开花前需要大量灌溉,但不能长时间积水;禾本科牧草抗旱抗涝稍强于豆科牧草。此外,牧草在每收割一茬后都须浇灌 1 次,入冬前灌 1 次冻水,以利于牧草的安全越冬和第二年的返青生长。

(4)刈割。豆科牧草(如苜蓿)最佳刈割期是开花现蕾期,禾本科牧草长到50~60 cm 时要适时刈割,一般留茬 5~10 cm。刈割次数因气候特点和水肥条件存在较大差异,一般无霜期长、水肥条件好的地方可刈割 3~5 次。

(5)病虫害防治。病虫害防治要坚持"预防为主,防治结合"为原则。早春牧草返青时,牧草易受黏虫、蝗虫等的危害,要及时喷洒速灭杀丁防治;出现蚜虫,可喷洒乐果防治;出现锈病、白粉病、褐斑病等,可分别用石灰硫黄合剂防治。

第六节　草地的综合培育与改良

天然草地是一种可更新的自然资源,但是只有对草地进行科学管理、合理利用,才能有效地发挥天然草地自然生产的优势,使天然草地不仅能重复利用,而且能获得稳产、高产的生产力。相反,如果缺乏合理的维护、科学的经营、无视必要的培育和改良,而只求一本万利的掠夺性生产,草地退化和自然环境恶化的结果是必然的。

为了保持草地生态平衡,提高生态效益,必须对天然草地进行综合培育。所谓草地的综合培育,就是把草地的合理利用,科学的经营管理与草地的改良结合起来,目的在于调节和改善草地植物的生存环境,创造有利的生活条件,促进优良牧草的生长发育,在稳定草群结构的基础上不断提高草地产草量和牧草质量。

一、草地封育

天然草地由于长期超载放牧和管理不当,使草地植物被反复采食利用,耗尽贮藏营养物质而又不能及时得到补充,造成牧草生长发育受阻,生存能力减弱,繁殖能力衰退,特别是优良牧草形不成种子而没有繁殖机会,于是逐渐从草群中消失;而适口性差的杂类草或毒草类不断侵入、壮大,结果导致草地植被退化。

在一般情况下,草场生产力没有受到根本破坏时,采用草地封育方法,可收到培育退化草地和提高草地生产力的明显效果。

草地封育又称封滩育草和划管草原,就是把草地暂时封闭一段时期,在此期间不进行放牧或割草,使牧草有一个休养生息的机会,积累足够的贮藏营养物质,逐渐恢复草地生产力,使牧草有一个结籽或营养繁殖的机会,促进草群自然更新。

在封育期间,可配合进行一些其他改良措施,如灌溉、施肥、补播,效果更佳。

二、草地松耙

草地经过长期的自然演替和人类的生产活动的影响,土壤变得紧实,通气透水作用减弱,微生物的活动和生化过程降低,从而直接影响牧草水分和营养物质的供应,结果导致优良牧草从草层中衰退,降低了草地的生产力。为了改善土壤的通气状况,加强土壤微生物的活动,促进土壤中有机物质分解,必须对草地进行松土改良。

(1)划破草皮。所谓划破草皮,是在不破坏天然草地植被的情况下,对草皮进行划缝的一种草地培育措施。通过划破草皮可以改善草地土壤的通气条件,提高土壤的透水性,改进土壤肥力,提高草地生产能力。

(2)耙地。耙地是改善草地表层土壤空气状况的常用措施,是草地进行营养更新、补播改良和更新复壮的基础作业。

三、牧草补播

牧草补播是在不破坏或少破坏原有植被的情况下,在草层中播种一些适应性强、有价值的优良牧草,以便增加草层的物种、草地的覆盖度和提高草层的产量及品质。

(1)草种的选择。正确选择草种是补播成败的关键,用作补播的草种在产量、品质、适应性等条件中首先要考虑的是适应性及竞争力。因此,最理想的补播材料应是当地优良的野生牧草,在事先经过试种的基础上正确补播。

(2)播床的准备。一般来说,天然草地土壤是紧实的,表面播种不易成功,因此,在补播前播床要松土和施肥。松土深度 $15\sim25$ cm。原则上要求地表下松土范围越大越好,而地表面开沟越小越好,这样有利于牧草扎根,同时增加土壤的保墒能力,改善土壤的理化性状。

(3)补播时期。选择适宜的补播时期是补播成功的关键。原则上应选择原有植被生长发育最弱的时期进行补播,这样可以减少原有植被对补播牧草幼苗的抑制作用,由于在春、秋季牧草生长较弱,所以一般都在春、秋季补播。但是,实际操作时要结合当地的气候、土壤和草地类型灵活掌握。

(4)补播方法。大面积补播采用撒播,小面积补播采用人工条播。补播时如结合松耙、施肥、灌溉、排水、划破草皮等措施效果更好。

四、有毒有害植物的防除

草地上的有毒有害植物在局部地区可生长成片,畜群毒害事故时有发生,直接威胁着畜牧业生产。有毒有害植物的防除方法主要有以下几种。

(1)生物防除法。生物防治是利用毒害草的"天敌"生物来除毒害草,而对其他生物无害,如利用昆虫、病原生物、寄生植物等。也可选择性放牧,如飞燕草对山羊无毒害作用,因此在这类草生长多的地方,有意识利用山羊反复重牧,等飞燕草减少后,可再放牧其他家畜。有些牧草在生长的某一阶段或某一季节无毒作用,对家畜不会造成危害,可以组织畜群在此期间进行重牧,耗竭有毒有害植物生机,使其渐渐衰退。

(2)机械铲除法。机械除草是用人工和机具将毒害草铲除的方法。这种方法需要大量劳动力,所以只适用于小面积草地。采用这种方法时必须做到连根铲除,而且必须在毒害草结实前进行,以免再生种子散落传播。铲除毒害草可以同时与补播优良牧草相结合,效果更好。

(3)化学除草法。利用化学药剂杀死毒害草的方法,称为化学除草法。凡能杀死杂草的化学药剂,在农业中统称为除莠剂。化学除草是清除有毒有害植物最有效的方法,在农业生产和草地改良上,已被国内外广泛应用。化学除草比利用机械除草更经济和节省劳力,见效快,不受地形限制,防止土壤侵蚀,有利于水土保持,如果采用选择性除草剂,可使有价值的牧草不受损害。

五、草地灌溉

灌溉是防止土壤和大气干旱的可靠方法,能适时、适量地满足植物对水分的需要,而天然降水在各地区、不同季节分布不均,降水的年变幅大,降水量和降水时间都不可能完全符合植物生长发育的需要。特别是干旱地区,降水少,蒸发量大,而且往往在植物生长发育最需水的季节缺乏水分,因此草地灌溉更具有特殊的意义,完全可以弥补依赖天然降水的不足。综合起来,草地灌溉在草地生产上体现了如下好处:

(1)能适时适量地满足牧草对水分的需要,保证草地高产、稳产。如甘肃省甘南地区通过蓄水喷灌,使产草量提高 4～9 倍。

(2)改善草群组成,提高牧草质量。草地灌溉后草层高度显著增高,植被组成发生明显变化,豆科牧草所占比例大幅度增加,草地质量明显提高。

(3)改善了土壤的理化性质,增加了土壤肥力,促进牧草对土壤养分的吸收。

(4)改善了草地局部气候条件,延长了牧草的青绿时间。据观察,草地灌水后可使地面在 2 m 以内的小气候相对湿度较未灌水的增加 30%～50%,使牧草生长期延长 1 个月。

六、草地施肥

施肥是提高草地牧草产量和品质的重要技术措施,合理的施肥可以改善草群成分和大幅度地提高牧草产量和质量,并且增产效果明显延长。据测定,每公顷草场一年之中大约要损失氮 60 kg、磷 7.5 kg、钾 45 kg、钙 27 kg,施氮、磷、钾全价肥料,每公顷增产牧草 1 095～2 295 kg,草群中禾本科牧草的蛋白质含量增加 5%～10%,牧草的适口性和消化率显著提高。

七、草地鼠、虫害及其防除方法

(一)草地鼠害及其防除方法

(1)鼠类对天然草地的危害。鼠害是草地退化的主要自然因素之一,1986 年我国牧区、半农半牧区鼠害发生面积约占可利用草原面积的 10.4%。据统计,内蒙古地区有各种鼠类 40 种,青海省草地的害鼠达 30 多种,老鼠的繁殖力极强,对草地危害十分严重。1 只老鼠每日采食的草量相当于体重的 10%～20%,当每公顷草地达到 100 只老鼠时,其活动范围内可使产草量减少 50%;每公顷草地田鼠洞达 400 个时,其采食量相当于 1 只羊。有关资料表明,青海省每年由于鼠害损失的牧草达 50 亿 kg 以上,相当于 500 万只羊的采食量。老鼠除食草外,平时絮窝及过冬均盗存大量饲草。

此外,鼠类打洞破坏使土壤水分蒸发增大,持水力下降;打洞造成的土堆覆盖草地,影响牧草生长;在地下破坏植物根系,特别是根茎性牧草的根系,造成草皮退化,植被稀疏,水土流失。据统计,一只沙土鼠能破坏草地 3.61 m²,一只布氏田鼠能破坏草地 10.8 m²,内蒙古地区因鼠类破坏的草地总面积约 1 000 万亩以上。

(2)草地鼠害的防除方法。草地灭鼠可采用机械法和药剂法,机械法如地箭法、鼠夹法等,药剂法可用磷化锌、甘氟等配制毒饵。

(二)草地虫害及其防除方法

(1)虫类对天然草地的危害。在我国的广阔草原上,草地害虫和农业害虫一样,种类多,生态习性复杂,虫害非常严重。如蝗虫,甘肃发生虫害面积有 200 多万亩,青海 370 多万亩,新疆为 1 000 多万亩,蝗虫最高密度为 200 只/m² 左右。这些害虫在危害严重的年间和地区,将大片草原上的牧草抢食一空,成为牲畜缺草的主要原因之一。

(2)草地虫害的防除方法。草地虫害防除可采用生物防除法和药剂防除法。生物法主要是培育害虫的天敌,以虫灭虫,减少农药对环境和牧草的污染;药剂法是采用高效、低残留的药物将害虫杀死,使用杀虫剂时,要注意害虫的种类和发育时期,对症下药,提高防除效果。

第七节　草地资源的可持续发展

一、我国草地资源面临的挑战

我国幅员辽阔,草地资源和草地类型丰富,然而,一个多世纪以来,随着人口的增加和经济的发展,人与自然的矛盾日益加剧,我国草地资源开发与草地建设面临着巨大挑战。生态环境恶化、水土流失加剧、草地大面积退化、沙漠化地区不断扩大、自然灾害频繁发生。遥感资料表明,目前我国水土流失面积为 367 万 km^2,占国土总面积的 38.2%;沙漠化土地约 17 万 km^2;内蒙古大草原的草地退化面积占可利用草场面积的 40%以上。草地退化使草地畜牧业变得更加脆弱和不稳定。

二、以可持续发展为目标的草地管理对策

1.加强草地生物多样性的保护

生物多样性是指一个区域多种多样活有机体(动物、植物和微生物)有规律地结合在一起的总称。一般认为只有生物多样性才能实现生态系统的稳定性。

2.合理开发草地资源

草地是一种可更新的资源,草地资源的利用开发不应超过其生态系统的耐受性和稳定性,保持其更新能力。无限制地利用草地,使草地生态系统长期损耗大量营养物质,能量得不到补充,输入与输出失调,长期下去必将使整个生态系统遭到破坏。因此,我们对草地资源的开发利用要有一个阈限,不到这个阈限,对草地资源的利用不充分;达到这个阈限,利用效率最高;超过了这个阈限,就超越了生态系统的承载能力,会引起生态系统的崩溃。

3.打破部门、行业界限,实施草地资源综合配置

(1)调整产业结构。产业结构是社会经济发展程度的重要标志。在市场经济条件下,传统的单一的产业结构不利于草地资源的综合开发利用和可持续发展,只有延长产业链,发展二、三产业进行产品增值,才能促进草业经济的良性循环。

(2)开展人工种草,实行局部农牧结合。在草地使用权固定的基础上,牧民在自己的草地上经营小块或大块人工或半人工草地,种植优良牧草,进行必要灌溉和施肥,可使牧草产量和质量都成倍地超过天然草地,从而改变牧区靠天养畜的被动局面,保持草地牧业生产系统的稳定性。

（3）实现草地畜牧业产业化经营。草地产业化是把草地资源作为一种资产,对其实物量和价值量进行核算与管理,使草地资源得到保护和增值。

（4）促进农林牧全面结合。农林牧结合是我国草地畜牧业发展的方向,尤其在水土流失区实行退耕还林还草,以草养畜、以牧促农、农牧结合、林草相兼,才能恢复生态,实现草地畜牧业和生态大农业的可持续发展。

（5）实施草地配套建设,为草地畜牧业持续发展打好基础。草原牧区在逐渐完善草地责任制的过程中,通过工程措施,使草地有围栏,加强畜棚的配套建设,大力发展现代家庭牧场,为草地畜牧业持续发展打好基础,同时改善社会文化基础设施,加强人力资源的开发,推动传统靠天养畜的畜牧业向现代化畜牧业转变。

4.建立健全资源系统的法制管理

我国已公布了土地法、森林法、水法、矿产资源法、海洋资源保护法、草原法和环境保护法等一系列法律,对这些法规的执法情况应加强监督、检查、不断完善。各种资源相互联系、相互影响构成一个有机的整体——资源系统。必须协调各种资源之间、资源再生产与开发利用之间的关系,如果制定一部资源通法,可以更好地加强资源系统的法制管理。

同时也要加强宣传教育,使自然资源的合理开发和保护,成为全体人民的共同行动。通过宣传教育,改变长期形成的"资源无价、环境无限、消费无虑"的错误思想,使资源环境意识深入人心,把合理开发和利用资源、保护环境、维护全人类的未来,变成每个公民的自觉行动。

思 考 题

1.牧草有哪些分类标准?如何分类?
2.豆科牧草有何营养特性?
3.禾本科牧草有何营养特性?
4.豆科牧草与禾本科牧草各自的生物学特性是什么?
5.简述牧草的产量和营养价值动态变化。
6.如何科学评价牧草的饲用价值?
7.草地综合培育与改良包括哪些技术环节?
8.如何实现我国草地资源的可持续发展?

第十章　畜产品加工

第一节　肉与肉制品加工

一、肉的概念与化学成分

（1）肉的概念。畜禽经屠宰后，除去皮、毛、头、蹄、骨及内脏后的可食部分叫作肉。肉是各种组织的综合物，其组成的比例大致为：肌肉组织 50%～60%，脂肪组织 20%～30%，结缔组织 9%～11%。肉类是一种极易腐败的食品，因此除一部分新鲜肉直接供食用外，其余大部分必须进行冷藏或加工。

（2）肉的化学成分。其化学成分包括：水分、蛋白质、脂肪、碳水化合物、矿物质、维生素等。这些化学成分的含量因动物的种类、品种、性别、年龄、季节、营养状况、胴体部位等不同而存在很大的差异。

二、肉的成熟

在没有微生物腐败的情况下，未被加工的肉在冻结点以上温度贮藏称为成熟。成熟过程中肉质内部会发生一系列的变化，肉质变得柔软、多汁、产生特殊滋味和气味，成熟后的肉有如下特征：

（1）胴体表面形成一层"皮膜"，用手触摸时，发出牛皮纸似的沙沙声音。"皮膜"可以防止微生物侵入肉内进行繁殖。

（2）切开肉时有肉汁流出。

（3）肉的特殊香味。

（4）肉的组织状态有弹性。

（5）肉呈酸性。

生产实践证明，肉的成熟对于营养风味、经济价值和食品卫生等方面都有重要的意义。但是如果用作生产肉制品的原料时，应尽量利用鲜肉、不必进行成熟，因为成熟后的肉用于生产灌肠及香肠时，结着力很差，影响产品的组织状况。

三、肉制品的加工工艺

火腿、腊肉、香肠、灌肠等腌腊制品为肉制品中的代表产品,这些产品由于加工方法或所用调料等不同,名目繁多。除腌腊制品外,还有一些肉制品久负盛名,如南京板鸭、中国肉松等,在此不一一详述。

(一)中国火腿的加工工艺

我国南方各地盛行腌制火腿,尤其是金华火腿和宣威火腿,因其在选形及加工技术方面都有独到之处而闻名世界;其外形大多是皮薄趾细,颜色红白鲜艳,肉质肥瘦适宜,食时香而不腻;用于烹调、烹制糕点、加工罐头或配味,均独具风味,并且可以长期保藏。下面以金华火腿为例介绍其加工工艺。

1. 选腿

选择新鲜优质原料火腿是加工优质火腿的前提,标准如下:

(1)重量。鲜腿重量以 5~7.5 kg 为宜,过大不易腌透或腌制不匀,过小肉质太嫩、水分过多,腌制中失重较大,成品既咸又硬,不易成熟,滋味很差。

(2)腿形。选择脚趾纤细,小腿细长者为佳。

(3)皮。鲜腿的皮愈薄愈好,皮薄不仅易于盐分渗入,而且优的可食部分增加,皮的厚度以 2 mm 左右为优。

(4)膘。火腿的香味主要由肌肉中蛋白质的分解而形成,脂肪作用不大,同时肥肉过多不利于盐分渗入,容易导致腐败变质,所以选腿时肥膘要薄。

(5)新鲜度。屠宰后 24 h 内的鲜腿,肌肉鲜红,肉质柔软,皮色白润;超过 24 h 以后肉色逐渐变暗,肉质变硬,皮面干燥,皮色变黄;超过 3 d,肉面干枯发暗,肉质软化,不宜用来制造火腿。

2. 修腿

修腿前先刮去皮面上的残毛和污物,使皮面光滑清洁。然后用削骨刀修整坐骨与耻骨,除去尾椎和脊骨,使肌肉外露,再把过多的脂肪和附在肌肉上的浮油除去,腿边修成弧形,腿面平整,然后挤出大动脉内的淤血,最后使猪腿成为整齐的柳叶形。

3. 腌制

修腿以后即可用食盐和硝石进行腌制,腌制时以鲜火腿重量的 10% 分 6~7 次上盐。

4. 洗晒及整形

(1)洗腿。洗腿前先用冷水浸泡约 2 h,然后,按脚爪、爪缝、爪底、皮面、肉面和腿尖下面,顺肉纹依次洗刷干净,最后用绳吊起送往晒场挂晒。

（2）挂晒。将腿挂在晒架上，用刀刮去剩余的细毛和污物，大约 4h 后皮面已基本干燥，再继续挂晒 4 h 左右，腿面变硬，但内部尚软，即可开始整形。

（3）整形。整形可分三个部分，一在大腿部，用两手从腿的两侧往腿心部用力挤压，使腿心饱满，成橄榄形；二在小腿部，先用木锤敲打膝部，再用校骨凳使小腿正直，至膝踝无皱纹为止；三在脚趾部，将脚趾加工成镰刀形。

整形后再继续暴晒 4～5 d，暴晒期间接连整形 2～3 次。

5. 晾挂、发酵

火腿经洗晒后，虽然大部分水分已经蒸发，但在肌肉的深厚处还没有达到足够的干燥程度，还须经过晾挂发酵过程。一方面使水分继续蒸发，另一方面使肌肉中的蛋白质、脂肪等发酵分解，使肉色、肉味、香气更为完善。

火腿的发酵时间，一般为 2～3 个月。

6. 落架与堆叠

经过修整和发酵后的火腿，根据干燥程度，分批落架，再按照腿的大小分别堆叠在腿床上。

7. 金华火腿的等级标准

特级：每只重 2.5～4.5 kg。皮平整，脚趾细，腿心丰满，油头（即腿尖）小，无裂缝，式样美观整洁。

一级：每只重 2.25～4.5 kg。腿样整洁，油头较小，无虫蛀等伤痕。

二级：每只重 2.0～5.0 kg。腿脚较粗，皮稍厚，味稍咸，式样整齐，无虫蛀等伤痕。

三级：每只重 2.0～5.0 kg。腿脚粗胖，刀工略粗，稍有虫蛀伤痕。

四级：每只重 2.75～5.0 kg。脚粗皮厚，骨外露，式样差，稍有异味和虫蛀伤痕。

（二）香肠和灌肠的加工

人们习惯上把我国传统加工方法生产的肠类肉制品称为"香肠"或"腊肠"；把由外国传入的加工方法生产的产品称为"灌肠"。香肠和灌肠都是以肉为主要原料，经过切碎或搅碎并添加各种调味料和其他辅助材料后，灌入肠衣或其他包装材料内的一种肉食品。

1. 香肠和灌肠的种类

（1）香肠的种类。我国香肠的种类很多，按产地区分，如广东香肠、南京香肠、北京香肠、山西香肠等。以生熟来分，有生干香肠和熟制香肠两大类；其中生干香肠类由于经过较长时间的晾挂和成熟，具有浓郁的风味，而且便于贮藏。根据香肠所用原料或配料不同，又可分很多种类，如玫瑰香肠、猪肝香肠、鸭肝香肠、猪心香肠、猪舌香肠等。香肠虽然名目繁多,但仅仅是原料和辅助材料的配合上有某些差别,生产方法大同小异。

(2)灌肠的种类。灌肠的种类很多,按煮沸程度分,有生肠类和煮肠类;按干燥程度分,有新鲜灌肠和干制灌肠;按熏烟程度分,有熏烟灌肠、半熏烟灌肠和不熏烟灌肠等。

2.香肠的加工工艺

(1)原料和辅料的选择。原料肉以屠宰后经冷却排酸的新鲜猪肉为主,新鲜度较差或经过成熟的肉,结着力差,影响成品质量。原料肉最好选择大腿肉及臀部肉,这两个部位瘦肉多而结实,结缔组织少,颜色好,成品品质高。

目前肠衣的种类很多,食盐为洁白的精盐,蔗糖为白砂糖,酒一般采用大曲酒或高粱酒,酱油是制造香肠的主要调味品,而且用量比较大,直接影响香肠的味道,应采用上等酱油。

(2)切肉。先将皮、骨、筋、腱全部剔去,把肥肉切成 1 cm³ 左右小立方块备用。

(3)配料。介绍两个配方。

广东腊肠配料标准:瘦肉 70 kg,肥肉 30 kg,白砂糖 7.6 kg,无色酱油 5 kg,白酒 2.5 kg,细盐 2.2 kg,硝石 50 g。

武汉腊肠配料标准:瘦肉 70 kg,肥肉 30 kg,白砂糖 4 kg,细盐 3 kg,汾酒 2.5 kg,味精 0.3 kg,生姜粉 0.3 kg,白胡椒粉 0.2 kg,硝石 50 g。

(4)肠衣及麻绳的准备。肠衣用猪或羊的小肠均可,干肠衣先用温水浸泡,回软后沥干水分待用。麻绳用于结扎香肠。

(5)灌制。将上述配料与肉充分混合后,用灌肠机将肉灌入肠内。每 12～15 cm 用绳结扎一次,边灌边扎,直至灌满全肠;然后用细针在每节肠上刺若干小孔,以便烘肠时排出肠内水分和空气。

(6)漂洗。灌完结扎后的湿肠,放在温水中漂洗一次,以除去附着的污杂物。

(7)日晒和火烘。灌好的香肠,即送到日光下曝晒 2～3 d,或者用烘干室烘烤 1～2 昼夜,再送到通风良好的场所挂晾风干。在日晒和烘烤过程中,若肠内有气体膨胀,应针刺排气。烘房烤时,温度应控制在 50℃ 左右,温度过高易使脂肪熔化,瘦肉烤熟,色泽变暗;温度过低,难于干燥,且易引起发酵变质;温度过高过低都会降低香肠成品率和品质。

(8)贮藏。香肠在 10℃ 以下可以保藏 1～3 个月。

3.灌肠的加工工艺

(1)原料肉的选择。灌肠所用的原料肉比香肠范围广,除了猪肉和牛肉为主外,羊肉、兔肉和马肉等都可应用。在灌肠生产中猪肉要求中等肥度,瘦肉用作肉馅,肥肉和香肠的加工一样切成小立方块,按比例加入肉馅中使用。牛肉主要是利用瘦肉,瘦牛肉在灌肠中颜色鲜艳,而且蛋白质结着力大,灌肠的组织状态良好,产品质量高。此外,原料肉处理时,肉的温度应控制在 10℃ 以下,否则结着力明显降低。

(2)切肉和腌肉。原料肉选好后,剔去骨、筋、腱等,将瘦肉切成长约 10 cm,宽 5~6 cm,厚 2 cm 的肉块,每块重 100 g,然后用肉重 3%~5% 的食盐和盐量 5% 的硝石与肉块搅拌均匀,盛入木盆中,置于 3~4℃ 的冷库内,腌制 2~3 d。经过腌制,蛋白质收缩,血液和一些容易腐败的体液渗出,避免了不良味道的产生;此外,腌制使肉产生多孔质的组织状态,有利于调味品及烟等有效成分均匀地渗入组织中。腌制时肥膘和瘦肉应分别进行,不得混合。

(3)制馅。制馅是灌肠生产中主要工序之一,必须严格按操作规程进行。腊制后的瘦肉,可用搅肉机和剁肉机搅碎拌匀,肥膘切成肥肉丁。然后拌馅,根据各类灌肠的规格要求将肉馅和肥肉丁、调味料及其他辅助材料,用拌馅机充分混合。

(4)灌制。灌制的方法基本上与香肠相同。

(5)烘烤。为了使肠膜干燥和杀灭肠内杂菌,使其富于耐久性,各类灌肠均需进行烘烤。

(6)煮制。煮制可以进一步消灭病原微生物,停止肉内酶的活动,使蛋白质凝结,结缔组织中的部分胶原蛋白质变为易于消化的明胶。煮制的方法有水煮和汽蒸两种,水煮更好,水温在 85~90℃ 计时下锅,保持温度在 78~84℃ 之间。煮制时间随灌肠的粗细而定。

(7)熏烟。煮制后的灌肠,肠衣湿软且色淡无光,存放时易霉变;熏烟可以除去灌肠中的部分水分,使肠衣干燥而有光泽,肉馅鲜红色,而且具有熏制的香味,既美观又有一定的防腐能力。熏烟的温度和时间随灌肠的种类而异,煮制的灌肠在 35~45℃ 的温度下熏 12 h 左右。

(8)贮藏。未包装的灌肠,必须在悬挂状态下存放;已包装的灌肠在冷藏库内存放。生熏类灌肠或水分不超过 30% 的灌肠,在温度 12℃、相对湿度 72% 的室内,以悬挂式存放,可保存 25~35 d;用木箱或纸包装后,在 -8℃ 的冷库内,可贮存 12 个月;湿肠含水量高,放在温度不超过 8℃ 和相对湿度 75%~78% 的室内,以悬挂式存放,可保存三昼夜。

(三)香肠和灌肠的质量检查

鉴定香肠和灌肠成品质量的方法,可分为感官检查和分析测定两种,测定内容主要有水分、盐分、亚硝酸盐残留量、淀粉含量及微生物等。

品质优良的制品,肠衣坚固不易撕破、形状整齐、饱满、坚实而富有弹性,肠皮与肉馅连接紧密而不易脱落,肉馅颜色鲜艳,肥肉丁分布均匀,咸淡适中,无异味,有特殊的香味。

(1)香肠的成品规格。

色:色泽鲜明,肠衣表面不得有花纹和发白等现象。

香:具有特殊的腊味、香味,不得有酸味和不良的气味。

味:咸淡适中,味美可口。

形状:长短大致相同,每条长 13 cm 左右,大小均匀,肥、瘦肉比例恰当,无空腔,坚实而有弹性。

(2)灌肠的成品规格。肠衣干燥完整并与内容物紧密结合;内容物坚实而有弹力,无黏液及霉斑;切面坚实而湿润,肉呈均匀的红色,脂肪白色;无腐臭及酸败味。

第二节　蛋与蛋制品加工

禽蛋由蛋壳、卵膜、蛋白和蛋黄四部分组成,其中蛋白占总质量的 $55\% \sim 66\%$,蛋黄占 $32\% \sim 35\%$,禽蛋中含有胚胎发育成幼雏所需的全部营养物质,是人们主要的营养食品之一。接下来简要介绍蛋制品加工的一般知识。

一、蛋制品的种类

蛋制品的种类很多,按其性质可归纳为下列五大类。

(1)干蛋品。包括干蛋白、蛋黄粉及全蛋粉等。

(2)湿蛋品。包括湿蛋白、湿蛋黄及湿全蛋。

(3)冰蛋品。包括冰蛋白、冰蛋黄及冰全蛋。

(4)蛋品饮料。

(5)腌蛋品。包括皮蛋(松花蛋)、咸蛋和糟蛋。

以上各种蛋制品中,腌蛋制品为我国的主要副食品,但生产规模较小,且以手工操作为主。

二、蛋制品的加工工艺

(一)皮蛋的加工工艺

皮蛋是我国名产,因加工用料及条件不同,可以分硬皮蛋和溏心皮蛋两类。皮蛋一般多采用鸭蛋为原料进行加工,皮蛋的成品为,蛋黄呈青黑色凝固状(溏心皮蛋中心为糯糊状)、蛋白呈半透明的褐色凝固体,经成熟后,蛋白表面产生美观的花纹,状似松花,故又称松花蛋。皮蛋营养价值高,味儿鲜美,易消化,不仅在国内深受群众欢迎,在国际市场销路也很广。

1.材料的选择

皮蛋的加工方法与配方很多,但原料基本相同。最主要的原料为生石灰和碳酸钠,其次为茶叶、草木灰、食盐等。原料蛋要新鲜,凡破壳、散黄的蛋不能加工。

2.加工方法

(1)料液配制。将食盐、纯碱、红茶等放入缸中,倒入开水使其溶解;随后逐步边搅动边加入石灰,使其混合均匀。料液配成后,温度较高,切勿将热料倒入蛋中,待冷却后再用。

(2)装缸、灌料。经检验合格后的鲜蛋,平稳地装入缸内,距缸口 16 cm 左右,把料液徐徐倒入缸内,并不停地搅动料液,使浓度均匀。料液灌满后,用竹篾撑入缸内,使蛋全部浸入料水中,最后加盖密封。

(3)成熟。浸料数天后呈清水状,再过 2～3 d 蛋白逐渐凝固,蛋白凝固后,室内温度需保持在 20～27℃,凝固初期较高的温度可以加快料液向蛋内渗透,促使皮蛋凝固变色,及时成熟。装缸半个月后,温度可稍降低。北京皮蛋的成熟时间,夏季一般 20～25 d,冬季一般 5～30 d;浸料时间过长,会发生蛋白黏壳现象;浸料时间过短,蛋内软化不坚实。成熟好的皮蛋,颠动时有微微震动的弹性,剥壳检验,蛋白凝固光洁,不黏壳,呈棕褐色,蛋黄呈青褐色。

(4)涂泥包糠。皮蛋在料液浸渍时间较长,蛋壳变薄变脆,因此成熟后需要涂泥包糠,以防破碎及引起变质。

(二)咸蛋的加工工艺

咸蛋的加工方法简单易行、费用低廉,蛋经盐水浸泡后,不仅增加其保藏性,而且滋味可口。因此在全国各地都很普遍,江苏省高邮的咸蛋,因其口味较佳,全国闻名,也远销国外。

1.材料配合

鸭蛋 500 个,食盐 3.0～3.6 kg,无污染的干燥黄土 3.2 kg,冷开水 2.0～2.3 kg。

2.加工方法

食盐放在容器中,加清水溶解,加入黄土,调成糊状,泥浆的浓稠程度以放入鸭蛋后一半浮在泥浆上面为宜。将新鲜鸭蛋放在泥浆中,蛋壳上全部粘满盐泥后,再滚上一层薄薄的干草灰,把蛋移入缸内,把剩余的泥料倒在缸中咸蛋的上面,盖上缸盖即可。咸蛋成熟时间,春秋两季一般需 30～40 d,夏季约需 20 d。

第三节　乳与乳制品加工

一、乳的概念与化学成分

1.乳的概念

乳是哺乳动物分娩后从乳腺分泌的一种白色或微黄色的不透明液体,乳中除了含有丰富的蛋白质和脂肪外,还含有幼儿生长所需要的各种营养成分。乳的营养成分因泌乳期的各个阶段而不同,分为"初乳""常乳""末乳";有时因外界影响使乳的成分发生变化,这种乳称为"异常乳"。初乳是母畜产仔 7 d 内分泌的乳,颜色黄而浓稠,含有丰富的蛋白质、矿物质和维生素,有很高的营养价值。常乳是母畜产后一周至干乳前一周分泌的乳汁,此时乳的性质和成分基本稳定。末乳是母畜停止泌乳前一周左右所分泌的乳,末乳中除脂肪外干物质含量比常乳高,味道苦而咸,且带有油脂氧化味,一般不作加工原料。

2.乳的化学组成

目前市场中常见且份额最大的是牛乳。牛乳的成分主要有:水分、蛋白质、脂肪、乳糖、矿物质、维生素、酶以及其他的微量成分。其中水分占 87%～89%,蛋白质 3.20%～3.80%,脂肪 3.40%～4.40%,乳糖 4.60%～4.70%,矿物质类 0.70%～0.75%。

二、消毒牛乳的加工

消毒牛乳是指以新鲜牛乳为原料,经净化、杀菌、均质、灌装后,直接供应消费者饮用的商品乳。近年来随着生产技术的进步,消毒牛乳已发生了很大的变化,在常温下保存期可达数月之久,这种乳在西欧各国已占消毒乳的 40% 以上,我国也开始生产销售。

(一)消毒乳的分类

(1)全脂消毒乳。以检验合格的鲜乳为原料,不加任何添加剂,经净化、杀菌、包装后供应给消费者。各项卫生指标必须符合国家卫生标准。

(2)强化消毒乳。在鲜乳中添加钙、磷、铁等人体必需的微量元素及各种维生素,以增加营养成分,作为不同年龄人群的专用乳品。

(3)花式消毒乳。牛乳中添加咖啡、可可或各种果汁,以满足人们的各种口味儿,扩大消费市场。

(二)牛乳的杀菌和灭菌

牛乳由于加热而使全部微生物失活时,称为灭菌;大部分微生物失活时,称为杀菌。乳在处理过程中,受很多微生物的污染,在生产消毒牛乳和各种乳制品时,为了维护公共卫生和人们身体的健康,避免牛乳腐败,最简单有效的方法就是利用加热进行杀菌、灭菌处理。但是热处理在杀灭微生物的同时,也会造成乳中营养成分的损失,同时对风味和色泽也有影响。牛乳加热杀菌和灭菌方法有以下几种:

(1)低温长时间巴氏杀菌法。又称保温杀菌,加热条件为 61～63℃ 持续 30 min。这种杀菌方法,由于所需时间较长,而且杀菌效果也不够理想,生产上已很少采用。

(2)高温短时间巴氏杀菌法。处理条件为 70～75℃ 持续 15～16 s,通常利用管式杀菌器或板式热交换器进行杀菌,其优点是能连续处理大量牛乳。

(3)普通灭菌法。处理条件为 115～120℃ 持续 15～20 min。这种方法可将乳中的全部微生物消灭。

(4)超高温灭菌法。处理条件为 130℃ ～150℃ 持续 0.5～2 s。用这种方法处理时,牛乳中的微生物全部被杀死,尽可能地保持了乳中的营养成分,所以是比较理想的加热灭菌法。

三、酸乳制品的加工

(一)酸乳制品的营养与保健功能

(1)酸乳制品的化学组成。乳经乳酸菌发酵而制成的产品,称为酸乳制品。酸乳的化学组成因原料配合和加工方法等不同而不同,下面列举两种比较普遍的酸乳组成(表 10-1),以供参考。

表 10-1　酸乳的化学组成

酸乳种类	水分/%	蛋白质/%	脂肪/%	糖类/%	灰分/%	钙/(mg/100 mL)	磷/(mg/100 mL)	铁/(mg/100 mL)
含脂酸乳	83.5	4.6	2.1	8.7	1.1	150	140	0.1
脱脂酸乳	84.3	4.3	0.2	10.2	1.0	140	130	0.1

(2)酸乳制品的营养与保健功能。人类肠道内有许多微生物菌群,其中的有害微生物在其生命活动过程中能产生毒素。这些毒素经人体吸收后,破坏机体器官的组织细胞,严重时会引发各种病变,以至于死亡。酸乳制品能抑制肠道中有害微生物的活动,如果长期食用酸乳制品,由于乳酸菌在肠道内繁殖产生乳酸,能抑制

其他有害细菌的繁殖,减少毒素的生成,有利于身体健康。此外,有些乳酸菌还能代谢产生 B 族维生素。总的来说,酸乳制品不仅具有很高的营养价值,而且具有明显的保健功能。

(二)发酵剂的制备

1.发酵剂的概念

所谓发酵剂是指生产干酪、奶油、酸乳制品时所用的特定微生物培养物。在生产酸乳制品之前必须根据生产需要预先制备发酵剂。

2.发酵剂的种类

通常乳酸菌发酵剂分以下三个制造阶段。

(1)乳酸菌纯培养物。一般多接种在脱脂乳、乳清、肉汁或其他培养基中,或者用升华法制成干燥粉末,以便供生产单位使用和保存菌种。

(2)母发酵剂。生产单位取到乳酸菌纯培养物菌种后,即可将其移植于灭菌脱脂乳中,生产母发酵剂以扩大种源。

(3)生产发酵剂。母发酵剂进一步转接,生产出更多的用于实际生产的发酵剂,叫作生产发酵剂,也称工作发酵剂。生产发酵剂,通常可分奶油发酵剂、干酪发酵剂、酸乳制品发酵剂等。

(三)发酵剂菌种的选择

发酵剂所用的菌种,随生产的乳制品而异。有时单独使用一个菌种,有时将两个以上的菌种混合使用。乳酸菌的混合发酵剂,多以乳酸链球菌(或者嗜热链球菌)与干酪杆菌(或者保加利亚杆菌)混合,其组合方式随乳制品的种类而异。

(四)发酵剂的调制

1.发酵条件

(1)培养基。发酵剂所用的培养基原则上要与产品原料相同或类似。例如,调制乳酸菌发酵剂时最好用全乳、脱脂乳或还原乳等,原料乳必须新鲜、优质,凡乳房炎乳、细菌污染乳以及其他各种异常乳,都不得用作培养基。

制备培养基时,原料必须预先杀菌,以破坏阻碍乳酸菌发酵的物质并消灭杂菌。

(2)菌种。菌种的选择对发酵剂的质量起重要作用,可根据不同的生产目的,选择适当的菌种。同时对菌种发酵的最适温度、菌种的耐热性、产酸力以及是否产生黏性物质等需特别注意。

(3)接种量。接种量随培养基的数量、菌种的种类与活力、培养时间及温度等的不同进行选择。一般调制乳酸菌发酵剂时,按脱脂乳的 0.5%～1% 接种为宜。

大批量生产是为了加快发酵速度,接种量可略为增加。

(4)培养时间与温度。培养的时间与温度,随微生物的种类、菌种活力、产酸能力、产生香味的程度以及凝块形成情况而异。

(5)发酵剂的冷却与保存。当发酵剂按照适宜的培养条件培养,并达到所要求的发育状态后,应迅速冷却,并存放于 0～5℃的冷藏库中。当大量发酵剂同时冷却时,由于本身带有大量热量,放入冷藏库中后,短时内不能完全冷却,在这段时间里,酸度继续上升,会使发酵过度,因此必须提前停止培养。

发酵剂保存时,活力随保存温度、培养基的 pH 等变化。1.7℃时保存期为2 个月;-5℃为 6 个月;如在脱脂乳中加 1‰的碳酸钙可延长保存期。

2.调制发酵剂所需器具与材料

干热灭菌器,供发酵剂容器及吸管等灭菌用。

高压灭菌器,供培养基等灭菌用。

恒温箱,供培养发酵剂用。

母发酵剂容器,带棉塞的三角烧瓶(容量 100～300 mL)。

工作发酵剂容器,大型三角烧瓶或发酵罐、发酵槽等,可按生产规模选择容器。

灭菌试管,供培养乳酸菌纯培养物用,预先进行干热灭菌。

灭菌吸管,容量 2～5 mL,预先用硫酸纸包严,并进行干热灭菌或高压灭菌。

0～5℃冰箱,用于保存发酵剂。

菌种培养用脱脂乳。将新鲜脱脂乳盛入预经干热灭菌的带棉塞试管中,脱脂乳量以试管容量的 1/3 为度,并进行间歇灭菌,供移植及复活乳酸菌纯培养物用。

3.发酵剂的调制方法

(1)菌种的复活及保存。从菌种保存单位取来的纯培养物,通常都装在试管或安瓿中。由于保存寄送等影响,活力减弱,需反复接种,以恢复其活力。接种时先将装菌种的试管口用火焰杀菌,然后打开棉塞,用灭菌吸管从试管底部吸取 1～2 mL 纯培养物(即培养在脱脂乳中的乳酸菌种),立即移入预先准备好的灭菌培养基中。根据采用菌种的特性,放入保温箱中恒温培养。凝固后再取出 1～2 mL,再按上述方法移入灭菌培养基中,如此反复数次,待乳酸菌充分活化后,即可调制母发酵剂,供正式生产。如果新取到的发酵剂是粉末状时,将瓶口充分灭菌后,用灭菌铂耳取出少量,移入预先准备好的培养基中,恒温培养,最初数小时徐徐加以振荡,使菌种与培养基(脱脂乳)均匀混合。然后静置使其凝固,再照上述方法反复进行,移植活化后,即可用于调制母发酵剂。以上操作均需在无菌室内进行。

活化的乳酸菌纯培养物如不立即使用,需将凝固后的菌管保存于 0～5℃的冰箱中,每隔 2 周转接 1 次即可维持其活力,但在用于生产以前,仍需按上述方法反复接种进行活化。

（2）母发酵剂的调制。取新鲜脱脂乳 100～300 mL 装入预先干热灭菌的母发酵剂容器中，120℃高压灭菌 15～20 min，然后迅速冷却至 25～30℃。用灭菌吸管吸取适量纯培养物进行接种，接种量为 1％，然后恒温培养。凝固后再接种于另外的灭菌脱脂乳中，如此反复接种 2～3 次，使乳酸菌保持活力，用于调制生产发酵剂。

（3）生产发酵剂的调制。取实际生产量 1％～2％的脱脂乳，装入预先灭菌的生产发酵剂容器中，90℃杀菌 30～60 min，冷却至 25℃左右，无菌操作加入母发酵剂，接种量为 1％。加入后充分搅拌，使其均匀混合，恒温培养，达到所需酸度后，即可取出存于冷库待用。

（五）发酵剂的质量要求及鉴定

1. 发酵剂的质量要求

（1）凝块均匀细腻，富有弹性，有适当的硬度，表面无变色、龟裂、气泡及乳清分离等现象。

（2）具有优良的酸味与特有的风味，不得带有腐败味、苦味等异味。

（3）凝块完全粉碎后，质地细腻、滑润、均匀，略带黏性，不含块状物。

（4）按常规方法正确接种后，在规定时间内发生凝固，酸度、滋味、挥发酸等符合规定指标。

2. 发酵剂的质量检查

发酵剂质量的好坏直接影响酸乳制品的质量，因此必须对发酵剂的质量进行严格把关。最常用的质量评定方法如下：

（1）感官检查。首先观察发酵剂的质地、组织状况、色泽，以及是否有乳清分离等现象；然后用触觉或其他方法检查凝块的硬度、黏度及弹性等指标，品尝酸味是否过高或不足，有无苦味和异味等。

（2）化学性质检查。化学测定的方法很多，常用的测定指标是酸度和挥发酸。酸以 0.8％～1.0％的乳酸度为宜。

3. 细菌检查

用常规方法测定总菌数和活菌数，必要时选择适当的培养基进行菌落培养，根据特定的菌落特征鉴定菌群及数量。

4. 发酵剂的活力测定

发酵剂的活力测定必须简单而迅速，可选择下列两种方法。

（1）酸度测定法。即在高压灭菌后的脱脂乳中加入 3％的发酵剂，在 37.8℃的恒温箱内培养 3.5h，然后测定其酸度。如果酸度达 0.4％则认为活力较好，并以酸度的数值 0.4 表示。

（2）刃天青还原试验。在 9 mL 脱脂乳中加入 1 mL 发酵剂和 1 mL 0.005％ 刃天青（$C_{12}H_{17}NO_4$）溶液，36.7℃的恒温箱中培养 35 min 以上，如果完全褪色则表示活力良好。

（六）酸乳制品的发酵工艺

酸乳制品的种类因所用原料和微生物发酵剂的不同而不同，但基本的操作方法大同小异，现将基本操作步骤介绍如下。

1. 发酵剂制作

从乳酸菌纯培养物到母发酵剂，再到生产发酵剂，按菌种扩增的常规操作方法操作，一级一级转接扩增，最后得到足够的生产发酵剂，在此不再赘述。

2. 原料配合

按照生产配方把脱脂乳、脱脂乳粉、蔗糖、香料、硬化剂及其他风味儿添加剂按比例搭配。

3. 过滤、均质

把搭配好的原料过滤、混匀。

4. 杀菌与冷却

原料经以上工序处理后，90℃杀菌 30 min，然后按菌种的要求进行冷却。此时可加入风味儿添加剂。

5. 加入发酵剂

将活力最强的混合发酵剂充分搅匀后，按混合料 1％的接种量接种。此时不应加入粗大的凝块，以免影响成品质量。

混合发酵剂的配合方法，常用的有下列两种：

（1）保加利亚乳杆菌∶嗜热链球菌＝1∶（1～2）。

（2）保加利亚乳杆菌∶乳酸链球菌＝1∶4。

6. 装瓶

装瓶过程必须无菌操作。

7. 发酵

发酵的时间因菌种而异，用保加利亚杆菌和嗜热链球菌混合发酵时，需在 45～46℃的温度下培养 4 h；而用保加利亚杆菌和乳酸链球菌混合发酵时，需在 33℃的温度下发酵 10 h 左右。

8. 冷藏与出厂

发酵好的酸乳，应移入 5℃冷库保存，适时出厂。

四、乳粉的生产

(一)乳粉的概念和种类

1. 乳粉的概念

乳粉是通过冷冻或者加热的方法除去鲜乳中的水分,使乳干燥而成的粉末。

生产乳粉的目的在于便于贮存、运输、食用,而且最大限度地保持鲜乳的品质及营养成分。

2. 乳粉的种类

由于加工方法及原料处理等不同,乳粉可以分为下列几种:

(1)全脂乳粉。以全脂鲜乳为原料直接加工而成。

(2)脱脂乳粉。用脱脂乳制成,保存期相对延长。

(3)乳油粉。在鲜乳中添加大量稀奶油,或者在稀奶油中添加部分鲜乳加工制成。

(4)加糖乳粉。在鲜乳中添加一部分蔗糖或乳糖加工而成。

(5)调制乳粉。在鲜乳中添加一部分维生素、无机盐、风味儿添加剂及其他一些营养成分加工制成。

(6)酪乳粉。利用制造奶油时的副产品酪乳制造而成。

除了上述主要种类外还有乳清粉、速溶奶粉、炼乳粉等等。

(二)乳粉的生产工艺

1. 原料乳的验收

原料乳的质量直接影响乳粉质量,验收鲜乳时必须严格。首先要感官检查原料乳的气味和色泽,仔细闻是否有异常气味,如酸味、臭味、腥味、蒸煮味等,观察色泽有否带红色、绿色或明显的黄色。然后再检查受杂质污染情况,如草、饲料、牛粪、尘土及昆虫等。

感官检查后做理化检验,如酸度、比重、酒精试验及杂质度等。对于可疑的鲜乳还应进行细菌污染程度试验和热稳定性试验。

检验合格的鲜乳,经净化后备用。

2. 原料乳的标准化

生产乳粉时,为了获得一定化学组成的产品,原料乳需进行标准化。

乳中的成分,尤其是脂肪,随品种、饲养管理条件和泌乳期的不同阶段而存在差异,原料乳进行标准化的目的在于通过控制乳中脂肪与无脂干物质的比例,使全年获得与标准规定一致的产品。

3.原料乳的杀菌

最常用的是高温短时灭菌法,牛乳的营养成分损失较小,乳粉的理化特性较好。

4.浓缩

所谓浓缩就是通过加热使牛乳中的一部分水汽化,干物质浓度增加。

5.喷雾干燥

喷雾干燥的原理是将浓缩乳借助于机械力量,即压力方法或高速离心的方法,通过喷雾器将乳分散为直径 $10\sim150\ \mu m$ 的雾状乳滴;同时鼓入热风,使乳滴中的水分 $0.01\sim0.04\ s$ 的瞬间内蒸发完毕,雾滴被干燥成球形的颗粒,落入干燥室的底部;水蒸气被热风带走,从干燥室排风口排出,整个干燥过程为 $15\sim30\ s$。

6.出粉与包装

(1)出粉。牛乳经喷雾干燥成乳粉后,应迅速从干燥室中排出并冷却,特别是全脂乳粉。如果在高温下停留时间过长,脂肪容易氧化,并会影响其溶解度、色泽及贮藏的持久性。

(2)包装。包装过程中有很多因素影响产品的质量,而这些因素往往被生产者忽视,在此作简要介绍。①温度。乳粉排出后应立即冷却,温度降到28℃以下才可包装。否则,高温会导致蛋白质变性,溶解度下降,脂肪游离,出现氧化味等,降低乳粉品质。②湿度。乳粉的吸湿性很强,潮湿能使乳糖结晶,脂肪游离,甚至结块,严重影响产品质量。③气体。包装时使容器中保持真空,然后填充氮气(N_2),防止空气中氧气使脂肪发生氧化。

第四节　皮与皮制品加工

一、皮的概念、结构与成分

1.皮的概念

家畜屠宰后剥下的鲜皮,未经鞣制的原料皮都称为"生皮",在制革学上称"原料皮"。生皮经脱毛鞣制而成的产品叫作"革",带毛鞣制的产品叫作"毛皮"。

2.皮的结构

生皮的构造在组织学上分为表皮、真皮和皮下组织三层。

表皮层由表面角质化的扁平上皮细胞组成的角质层(占全皮的1%)及与真皮层连接处由柱状细胞组成的生发层组成。生发层由柱状有核细胞所组成。

真皮是致密的结缔组织,也是皮最坚韧部分,占皮的绝大部分,包括乳头层和网状层。乳头层在上部,约占真皮厚的 20％,其表面部分形成很多乳头状突起,组织特别坚实细致,是制革的主要部分(粒面),对皮革的美感作用很大,但对其强度贡献很小。乳头层下面是网状层,占真皮厚的 80％ 左右,由无数交错的结缔组织的纤维束所组成,是皮的最坚韧的部分,也是制革上的主要部分。真皮层决定皮革的强度。

真皮下面称皮下组织,由疏松结缔组织所构成,在鞣制的准备工序中被消除,是制革的无用部分。

3.皮的成分

皮的成分由水分、蛋白质、脂肪、碳水化合物和矿物质组成,蛋白质是构成生皮的基础,占生皮的 35％ 左右,由高分子所构成。生皮的蛋白质,多以纤维状态存在,它们编织成各种各样的结构,使生皮具有相当大的强度、弹性和坚韧性。构成生皮蛋白质的种类和性质如下:

(1)角质蛋白。角质蛋白是表皮和毛的主要成分,存在于表皮的角质层中。动物的表皮、毛皮、趾甲、羽毛、蹄和角都由角蛋白组成。它属于硬蛋白,特点是含胱氨酸比较多,不溶于水、酸、碱溶液;但对碱不稳定,在制革工业中,用石灰碱性溶液脱毛时,可将毛和表皮脱掉。

(2)白蛋白和球蛋白。存在于皮组织的血液及浆液、淋巴和纤维之间,加热时凝固,溶于弱酸、碱和盐类的溶液中;白蛋白溶于水,球蛋白不溶于水,洗皮时白蛋白随水溶出。在毛皮加工工艺的浸水工序中,可将上述两种蛋白去掉。

(3)弹性蛋白。弹性蛋白是真皮层中黄色弹性纤维的主要成分,呈细致的网状。不溶于水、稀酸及碱液,但胰酶和饱和石灰溶液可以将其分解。在制革工业中利用此特性除去弹性蛋白,以增加革的柔软性和伸张性。

(4)胶原蛋白。胶原蛋白是真皮层中的主要成分,也是真皮中的主要蛋白质,一般占真皮的 90％～95％,是皮革的基础部分,胶原蛋白在鲜皮中是由许多原纤维集合而存在,呈白色。不溶于水、稀酸、稀碱及酒精溶液,但能吸收这些溶剂发生膨胀现象,但加热到 70℃ 时变成明胶而溶解。加热到 130℃,胶原蛋白的纤维组织完全被破坏。

胶原蛋白是革的主要成分,生皮鞣制过程中保持柔韧、坚固的良好特性。

胶原蛋白是皮革的主要成分,生皮鞣制成革的过程,也是胶原蛋白的变性过程,因胶原蛋白经稀酸或其他鞣剂处理后,能保持柔韧、坚固等革的特性,所以无论在生毛贮藏期间或鞣制过程中,应尽量防止胶原蛋白受到损失。

二、生皮的初步加工

家畜屠宰后剥下的鲜皮，大部分不能直接送往制革厂进行加工，需要保存一段时间。为了避免发生腐烂，同时便于贮藏和运输，必须加以初步加工。初步加工的方法很多，主要有清理和防腐两个过程。

1. 清理

屠宰时去除头、蹄后，进行剥皮。剥下的皮张需要清理所沾污的污泥、粪便、残肉、脂肪等。

2. 防腐

鲜皮中含有大量的水分和蛋白质，很容易造成自溶和腐败，因此鲜皮不直接加工制革时，必须在清理以后进行防腐贮藏。在生产方面常用的防腐贮藏方法有：干燥法、盐腌法、盐干法、酸盐法等。

（1）干燥法。干燥防腐法是通过干燥除去皮中大量水分，造成细菌繁殖的不利条件，从而达到防腐目的。此法简便易行，成本低廉，便于贮藏和运输，所以为我国民间最常用的方法。

（2）盐腌法。生皮用食盐防腐，是最普遍的防腐方法，其原理是以食盐夺去皮内的水分，造成高渗环境，抑制细菌生长发育，从而达到防腐的目的。盐腌时不能用大块的盐粒，以避免损坏皮张。

（3）盐干法。即把经过盐腌后的生皮再进行干燥，用这种方法贮藏的生皮称为"盐干皮"，其优点是防腐力强，而且避免了生皮在干燥时发生硬化断裂等缺陷，一般适用于南方天气较热的地区。

（4）酸盐法。本法用食盐、氯化铵和铝明矾按一定比例配合而成，混合处理生皮。这种方法最适于绵羊皮原料毛皮的防腐。

三、生皮的贮藏

鲜皮经过初步加工后，即应送入仓库中贮藏。贮藏时仓库的条件、皮的堆叠方法和管理等必须严格遵守操作规程，以保证生皮的质量。

（1）贮藏条件。仓内通气良好，温度不应超过 25℃，相对湿度最好保持在 65%～70%，生皮的含水量就能保持在 12%～20%，以防腐烂。皮张不应堆叠过多，要及时翻堆倒垛进行检查；应避免日光直接照射皮张，以防变质。

（2）药物处理。生皮如需长期储存时，为了避免虫害，在进库时应进行防虫处理，常用的处理方法是用萘（俗名樟脑）处理，在进库堆叠前，将皮平铺于木板上，撒布萘粉，然后再行堆叠。以萘挥发产生的特殊气味达到防虫的目的。

四、毛皮的鞣制

毛皮富含滞留空气的间隙，能防止空气的对流和热的传导，为最好的防寒衣料，但是生皮干燥以后皮质坚硬，有臭味，易吸潮腐烂，既不美观又不耐存，为此必须经过适当加工处理才能应用。用鞣剂处理裸皮使之变成革的过程称为鞣制。鞣制后的毛皮皮质柔软、蛋白质固定、不吸潮、不腐烂、坚固耐用，适于制造各种生活用品。鞣剂种类很多，常用的是铬盐。毛皮的鞣制方法主要有：铬鞣、明矾鞣、油鞣、福尔马林鞣和混合鞣等，但无论采用哪一种鞣制方法，整个过程都可以分成下列三个工序。

（一）准备工序

（1）浸水。使原料皮吸水，软化，回复至鲜皮状态，并除去附着在皮上的血液、粪便等污物和食盐。浸水温度一般以 15～18℃ 为宜，浸水时间通常为 24～48 h。

（2）削里。将浸水软化后的毛皮，肉面向上平铺在半圆木上，用钝刀刮去附着于肉面的残肉、脂肪等，刀刃锋利或用力过大易伤及毛囊，造成日后被毛脱落。

（3）脱脂。即除去脂肪，清理表皮。毛皮成品质量的好坏，很大程度上取决于脱脂的效果。在脱脂过程中，碱液浓度过高，易伤及毛鞘细胞，造成脱毛，即使没有达到脱毛的程度，也会使光泽消失或绒毛缠结；碱液浓度过稀，则脱脂不充分，产品变硬，鞣制过程不能顺利进行。

（4）水洗。将脱脂后的毛皮投入清水中漂洗，除去碱液和污物。

（二）鞣制工序

（1）配制鞣液。明矾鞣液的配比为，明矾：食盐：水＝(4～5)：(3～5)：100，先用温水将明矾溶解，然后加入水与食盐，混合均匀。

（2）鞣制。取湿皮重 4～5 倍的鞣液于缸中，投入漂洗干净并沥水后的毛皮。开始鞣制时，为了使鞣液均匀渗入皮质中，必须充分搅拌，隔夜以后，每天早晚各搅拌一次，每次 30 min 左右，浸泡 7～10 d 鞣制结束。鞣制时水温最好保持在 30℃ 左右。

（三）整理工序

（1）加脂。皮中原有的脂肪在脱脂时被除去，皮质由此失去柔软性和伸展性。为了使成品具有柔软性和伸展性，鞣制后需重新加脂。加脂液由蓖麻油、肥皂和水配制而成，其比例为 1：1：10；配制时，先将肥皂切成碎片，加水煮开，使肥皂熔化后，徐徐加入蓖麻油，使其充分乳化，待用。然后，把加脂液涂于半干状态的毛皮的肉面，肉面重叠放置一夜，继续干燥即可。

（2）回潮。加脂干燥后的毛皮,皮板很硬,为了便于刮软,必须在肉面适当喷以水分,这一过程叫作"回潮"。正确的回潮应使革身含水量均匀一致,革含水量30％左右。

（3）刮软。将回潮后的毛皮,铺于半圆木上,毛面向下,用钝刀轻刮肉面,这时皮纤维伸长,面积扩大,皮板变得柔软发白。

（4）整形及整毛。为使刮软后的皮板平整,需进行整形,即将毛皮毛面向下钉于楦板上使其伸展,避光阴干。充分干燥后用浮石或砂纸将肉面磨平,然后卸下楦板,修整边缘。磨革通常是在磨革机上进行的。

革打光的目的是使革变紧实,粒面平滑,打光是在打光机上进行的。打光产生的压力,使革变紧实,厚度减少 8％～16％,增加了抗张强度,降低了透水性,但革的面积几乎没有改变。

最后,用梳子梳毛或用锯末搓皮,使皮毛清洁、蓬松、光亮、美观。

思 考 题

1. 什么是初乳?初乳和常乳在营养上有什么差别?

2. 如何生产消毒牛乳?

3. 酸乳的制作工艺包括哪些环节?

4. 什么是肉的成熟?特征是什么?

5. 简述火腿和香肠的加工工艺。

6. 什么是皮蛋?如何加工皮蛋?

7. 生皮如何加工与储藏?

8. 原料皮的结构分为几层?皮革生产中主要保留哪一层?

9. 简述毛皮鞣制工艺的主要技术环节。

第十一章　畜牧业经营管理

第一节　畜牧业经营管理基础知识

畜牧业经营管理是从农业经济学中分离出来的一门独立的部门经济管理学。随着人类的进步、社会的发展,经济管理在日趋合理化、科学化、系统化,而且在社会生产中的作用日益明显,决定着其他资源的开发和利用。

一、畜牧业经营管理的概念

所谓经营,即企业或生产单位根据外部环境和内部条件,确定经济活动的目标、内容、方式,以及为实现这个目标而采取的一系列的重大措施和决策计划的过程。换言之,经营是指企业在一定的社会制度和环境条件下,有目的地将劳动力与生产资料结合起来,进行产品的生产与交换或提供劳务的动态活动过程。因此经营的内容主要包括:为了解和掌握外部环境,首先而且必须进行市场调查、市场预测,然后根据内部条件进行经营决策、制订计划、签订经济合同,进行市场营销以及协调部门关系等。经营主要解决的问题是确定企业经营目标及如何组织、利用资源,采取有效措施,实现目标。

所谓管理,则是指为了达到一定的经营目标,对经营要素的结合与经营过程的运转进行决策、计划、组织、指挥、协调、控制等全部工作的总和。因此,管理的内容分为"执行"和"控制"两个方面。

"执行"包括:①系统地组织人力、物力、财力。②指挥下级、沟通思想,使工作有序、有效地进行。③协调各部门,使其通力合作,为实现共同目标而努力工作。

"控制"包括:①对经营活动进行的调查,了解经营活动动态过程。②进行人员培训和素质教育。③制定定额、生产责任制度。④制订各种工作程序(饲养管理程序、疾病防疫程序等)。⑤进行经济核算、技术经济效果评价、经济活动分析。⑥研究畜产品的商品交换与价格、畜牧业的扩大再生产,建立和应用信息系统等。⑦制定各种规章制度,调动各方面的积极性,挖掘生产潜力。

经营与管理密不可分,不能截然分开。管理是适应经营的需要而产生,有了经营才会有管理；经营借助于管理而实现目标，离开了管理，经营活动就会产生紊乱，甚至中断。管理循环理论指出，经营与管理过程都以人的因素为核心进行。

经营偏重于对外界环境条件的协调，管理偏重于内部资源的组织和利用。经营的使命在于决策，使企业的生产适应社会需要，管理的使命在于组织和指挥，为实现经营目标服务。一个企业，只有在优良经营的前提下，再加上科学的管理，才能取得良好的经济效果。假如经营决策发生错误，则管理效率越高，背离目标会越远。

显而易见，畜牧业经营管理是对畜牧业的生产、交换、分配、消费各环节中的人力、物力、财力的经济有效的组织、指挥、核算和监督。既有组织生产力的问题，又有适当调整和不断完善生产关系和上层建筑的问题。

二、我国畜牧业主要经营方式

1. 国有经济形式

国有经济是指由国家出资，或直接设立国有独资企业，或控股、参股设立企业，由国家行使国有资产的所有权，即国家所拥有的企业资产和其他形式的资产，以及国家所具有的对整个社会范围内的诸多所有者财产的支配、处置和受益权的总和，并由国家直接或间接管理和经营国有资产的一种形式。

现代企业制度是适应社会化大生产和社会主义市场经济体制要求，自主经营、自负盈亏、自我约束、自我发展，成为法人实体和市场竞争主体的企业制度。其特征可概括为"产权清晰，权责明确，政企分开，管理科学"。

"产权清晰"是指：①有具体的部门和机构代表国家对某些国有资产行使占有、使用、处置和收益等权利，并承担财产责任。②搞清国有资产的有形价值和无形价值，不能让国有资产流失。

"权责明确"是指合理区分和确定企业所有者、经营者和劳动者各自的权利和责任，建立相互依赖又相互制衡的管理和运行机制。企业以其全部法人财产，依法自主经营、自负盈亏、照章纳税，对出资者承担资产保值增值的责任，以其全部法人财产对它的债务承担责任。

"政企分开"是指企业按照市场需求组织生产经营，以提高劳动生产率和经济效益为目的，政府不直接干预企业的生产经营活动。即政府宏观的行政管理职能和行业管理职能与企业经营职能分开，企业进行自主经营；同时要求企业将原来承担的社会职能（如住房、医疗、养老、社区服务等）分离后交还给政府和社会。

"管理科学"是指建立科学的企业领导体制和组织管理制度，调节所有者、经营者和职工之间的关系，形成激励和约束相结合的经营机制，调动人的积极性和创造性。科学管理包括企业组织合理化、企业管理科学化。其实质是：①企业资产具有明确的实物和价值界限,政府机构代表国家行使所有者职能。②企业实行有限责任公司或股份有限公司制度,按照《公司法》的要求,形成由股东代表大会、董事会、监事会和高级经理人员组成的相互依赖又相互制衡的公司管理结构,并有效运转。③企业以生产经营为主要职能,有明确的发展战略和赢利目标,各级管理人员和一般职工按经营业绩和劳动贡献获取收益,住房、养老、医疗及其他福利事业由市场、社会或政府机构承担。④企业具有合理的组织结构,在生产、供销、财务、研究开发、质量控制、劳动人事等方面形成行之有效的企业内部管理制度和机制。⑤企业可以通过收购、兼并、联合等方式谋求企业的扩展。经营不善时,也可通过破产、被兼并等方式寻求资产和其他生产要素的再配置。⑥形成企业的凝聚力,"以人为本",充分调动人的积极性和创造性。

2. 集体经济形式

集体经济是以土地等生产资料集体所有制为基础,以集体统一经营和农户分散经营相结合,按劳分配为主的一种公有制经济。畜牧业中的集体经济,其组成主要是县、乡、村出资筹办的畜牧场,饲养的家畜主要是猪、鸡,其次是牛(奶牛)。四川省委政策研究室等单位通过对四川省农村集体经济发展过程的调查,概括出当前农村集体经济的主要实现形式:家庭承包责任制、服务性统一经营、集体经济项目承包经营、股份合作制、业主负责制、税收分成和资产管理与运作增值等形式。通过这些制度的变化,企业经营效果有好转的趋势。

3. 个体和私营经济形式

个体经济是指生产资料全部或部分归劳动者私有,以劳动者个体劳动力为基础,经营所得归个体劳动者自己支配的经济形式。私营经济是指生产资料私有,以雇佣劳动力为基础,以按资分配为主的经济形式。十一届三中全会以后,畜牧业个体经济有了较大的发展,专业化和集约化程度越来越高,规模也越来越大,尤其是其他产业转型发展畜牧业的个体企业,资金雄厚、设备先进、规模较大。在现阶段,个体和私营经济是社会主义经济的重要组成部分,对国民经济的发展和市场经济体制的确立发挥着重要作用,有利于资源的合理开发利用,促进农村经济的发展。

4. 合作经济形式

农村的合作经济是农民为了共同的经济目标,在自愿互利的基础上组织起来的,如农民养殖专业合作社等,实行自主经营、民主管理的经济形式。其特征是:①劳动者共同占有生产资料。②坚持自愿互利的组织原则。③在一定的经营范围内,共担风险,均享利益。而在约定的经营范围外,劳动者保持自己的独立性。④经营管理实行一人一票的原则,民主管理,共同决策。⑤实行按劳分配,建立和逐步扩大公共积累,用以发展合作经济。合作经济形式具有较强的适应性,是发展社会主义市场经济的有效经济形式。

5.联合经济形式

联合经济是一种社会主义公有制的联营经济,也是近年来学习国外经验,结合我国实际,在改革现行体制中所出现的一种新的经济形式。联合体的联合形式不受所有制、隶属关系以及行业、地区的限制,根据自愿原则,实行平等互利、兼顾各方面利益的组织形式。

我国畜牧业经济联合的形式按联合的单位可分:①跨地区的联合。②跨行业、部门的联合。③牧工之间、城乡之间的联合。④不同所有制之间的联合。⑤中央企业与地方企业之间的联合。⑥生产企业与教育、科研、服务单位的联合。

按联合的松紧程度可以分为:①松散联合,一般为单项合作,如销售联合。②较紧密联合,指产、供、销全面联合。

6.中外合资经营形式

中外合资经营是由有关地方政府出面将国有企业资产通过租赁、承包、托管等形式与国外投资者合作经营。在不改变企业资产国有性质的前提下,实行所有权与经营权分离,将企业的资产以有偿的形式租赁出去。国家的所有权从获得的租金和国有资产的适度增值等方面得以实现。企业的经营权移交给租赁者,进行自主经营、自负盈亏。

《公司法》规定:"中外合资经营企业是指外国公司、企业和其他经济组织或个人与中国的公司、企业或其他经济组织,按照中国法律,经中国政府批准,在中国境内设立的以合资方式组成的有限责任公司。中外合资经营企业股权是中外双方共同占有的,合营双方按资本比例分享和分担风险。"《中外合资企业法》规定合营企业的组织形式为有限责任公司,其特点是共同投资、共同管理、共负盈亏。中外合资企业往往规模较大、资金雄厚、技术装备先进、生产水平较高。

第二节　经营预测及决策

预测与决策是畜牧业经济管理的一个重要职能,对市场发展趋势做出科学的预测与正确的决策,是保障畜牧业持续稳定发展的必要条件。

一、市场调查

市场调查是根据一定的原则和科学的方法,有组织有计划地收集、整理和分析市场信息资料的过程,它是进行经营预测与决策的依据,是企业提高经营效益的重要途径。

(一)市场调查的内容

(1)市场需求调查。调查一定区域一定时间范围内市场的需求总量,需求结构及其变化情况,产品的潜在需求,商品价格、广告宣传、收入增长等因素以及这些因素对需求的影响。

(2)消费者调查。调查消费者购买动机、购买行为、购买特点、购买人数的多少及其构成,购买的习惯及其地区性、季节性规律,以及对产品的性能、功效、服务等方面的评价。

(3)竞争者调查。对竞争者的生产能力、市场占有率、成本价格、利润、销售渠道及其他竞争策略和手段等进行调查。

(4)宏观环境调查。包括对政治、经济、科学技术、人文环境、自然环境的调查。政治环境主要包括政府的产业政策、方针、法律法规、条例等;经济环境主要包括国内外的经济发展状况,产业结构变化,金融形势、汇率和利率的变化等;科学技术主要调查新技术、新工艺、新材料、新产品、新能源等;人文环境包括教育水平、宗教信仰、风俗习惯等;自然环境包括对地理、气候、资源、能源等因素的调查。

(5)产品调查。包括对产品的品牌形象、价格、分销渠道、促销方式以及消费者对产品的接受程度等情况的调查。

(二)市场调查的方法

1. 案头调查

案头调查是一种间接调查方法,主要用来用来搜集企业内部和外部经他人搜集、记录和整理所积累起来的现成的间接信息。主要来自企业内部资料和企业外部资料以及互联网信息。

2. 实地调查

实地调查是一种直接调查的方式,由调查人员直接同受访者接触,搜集未被加工的来自调查对象的原始信息。可采用询问法、观察法和实验法。

(1)询问法。具体可采用面谈法、电话询问法、邮寄询问法、留置问卷询问法。

(2)观察法。观察法是指在被调查人员不知道的情况下,由调查人员或利用观察器材,在现场客观并真实地记录被调查者的行为或反应,获取第一手资料的一种调查方式。

(3)实验法。实验法是通过实验收集所需信息资料的一种调查方法。把某种商品和被调查者作为实验对象,把特定地点作为"实验市场",然后变换各种条件进行试销,并检测效果,所以又称试销法。

3.抽样调查

按随机原理从全体对象中抽取一部分样本进行调查,然后用调查结果推断整体。样本数量应该足够大,应根据不同的对象采用不同的抽样方法。

(1)单纯随机抽样。在抽取样本前先对总体单位进行编号,然后直接从总体中随机抽取样本号码。

(2)分层随机抽样。先从总体按与调查目的相关的标识分类,然后在每一类中按比例随机抽取样本。

(3)整群随机抽样。将调查总体区分若干群体,然后抽取其中某一群体作为样本。

(4)系统抽样法。先将总体样本进行编号,然后按抽样距离进行抽样。抽样距离由母体总数除以样本数而得。

(5)任意抽样法。根据被调查对象的方便和合作与否来抽取样本。

(6)判断抽样法。由专家判断而决定所选样本。

(7)配额抽样法。依一定的标准规定不同群体的样本配额数,然后对配额内的抽样由调查人员主观地抽出。

4.问卷调查

通过问卷,访问员可以按统一的提问要求和问题顺序规范提问,受访者可以按统一的答题要求回答,数据处理人员可以按统一的问卷进行数据分析,从而提高市场调查的整体质量和效率。

二、经营预测

经营预测是指企业通过对外部和内部环境条件变化的调查研究,运用一定的方法,对与企业经营有关的未来状况所做的估计、判断与测算。畜牧业经营预测是指畜牧业有关经济组织对未来畜牧业发展状况和市场变化情况做出分析、推测。

(一)经营预测的内容

(1)生产和资源预测。即对各类商品的生产能力、生产技术、生产布局、生产发展前景以及原材料、饲料、畜禽资源、水源、能源、交通运输等的保证程度、利用情况和发展变化趋势的预测。

(2)市场预测。预测市场对畜产品需求量及其变化趋势,消费者的消费倾向、消费结构、消费心理等的变化情况;预测畜产品供给总量及其结构变化趋势、价格变动趋势包括各种产品的比价与差价结构,调控市场价格的能力与效果预测,市场竞争能力预测等。

(3)技术发展预测。预测新技术、新工艺、新材料、新畜种的发展对产品需求的影响,包括本企业技术发展的影响和同类企业技术发展的影响。

(4)竞争态势预测。即对国内外同行业及同类产品竞争的态势进行预测,了解竞争企业的生产规模、技术力量、经营方针、营销策略等情况。

(5)经济效益预测。即预测成本、价格、销售量等要素对企业经济效益的影响。

(二)经营预测的方法

1.定性预测方法

根据预测者个人的经验和知识,判断未来市场的状态和发展趋势,不易提供准确的定量数据。

(1)专家意见法。又称德尔菲法,通过向企业外部若干选定的专家(10~15 人)邮寄背景材料和预测意见表,请这些专家背对背地对需要预测的问题提出意见,并按规定时间将预测表返回。经过汇总归纳后,再回寄给各专家,专家们也可索要补充背景材料,以便进一步修正预测。如此反复数次,直至专家们的意见大致趋于一致时,即可依此结果作为预测结论。常用于技术发展预测或新产品开发及销售预测。

(2)集合意见法。将与预测内容有关的人员集中起来进行讨论,每人提出自己的预测意见,由决策者集中起来,并根据每个人的身份、工作性质、发表意见的权威性等因素,对各种意见进行分析整理,最后汇总为一个集体的预测意见作为结论。

(3)经验判断法。预测者根据对客观事物的分析和自己的经验,对市场的需求状况做出主观判断,预测市场未来的变化趋势。如果预测者有较丰富的经验和分析判断能力,并且对各方面的情况比较熟悉,可以得到较好的预测结果。

2.定量预测方法

(1)算术平均法。求出一定观察期内预测目标的时间数列的算术平均数作为下期预测值的一种最简单的时序预测法。计算公式如下:

$$Y_t = (X_1 + X_2 + X_3 + \cdots + X_n)/n = \left(\sum X_i\right)/n$$

式中,Y_t 为第 t 期预测值;X_i 为第 i 期的实际值;n 为资料期数

(2)加权平均法。根据不同时期的实际值对预测值影响程度的差异给予不同的权数,把加权平均数作为下一期的预测值。计算公式如下:

$$Y_t = (x_1 f_1 + x_2 f_2 + \cdots + x_n f_n)/(f_1 + f_2 + \cdots + f_n)$$

式中,x_i 为第 i 期的实际值($i = 1, 2, \cdots, n$);f_i 为 x_i 的权数;Y_t 为 t 期的预测值;n 为期数。

（3）移动平均法。运用靠近预测期前 N 项资料的平均值来预测未来时期值。移动平均法可分为一次移动平均法和二次移动平均法。二次移动平均法是在一次移动平均法的基础上再作一次移动平均，以使预测值更加符合实际。其计算公式如下：

$$Y_{t+1}=M_t=(X_t+X_{t-1}+X_{t-2}+\cdots+X_{t-n+1})/n$$

式中，M_t 为 t 时期的移动平均值；X_i 为 i 时期的观察值（$i=t,t-1,\cdots,t-n+1$）；Y_{t+1} 为 $t+1$ 期预测值；n 为移动期数。

（4）一元回归预测法。相关分析有多种方法，其中常用的是回归分析法。回归分析法包括一元线性回归、一元非线性回归、多元回归等。一元线性回归预测是最简单的回归预测法，用于分析两个变量之间的相关关系。在市场预测中，可设 x 与 y 两个随机变量，如果两个变量之间线性相关，则其回归方程为：

$$y=a+bx$$

式中，a 为常数项，表示直线在 y 轴上的截距；b 为回归系数，表示直线的斜率；x 为自变量，表示按时间单位变动而变动的变量；y 为因变量的预测值，随时间的变动而变动。

预测的关键是运用统计资料求出回归系数 a 和 b。根据最小二乘法原理，可推导出系数 a 和 b 的计算公式：

$$a=(\sum y-b\sum x)/n$$
$$b=[n(\sum xy)-\sum x\sum y]/[n\sum x^2-(\sum x)^2]$$

三、经营决策

在所有畜牧业经营管理活动中，经营决策是非常重要的一个环节，企业经营决策是否正确直接影响其兴衰和成败。所谓经营决策就是对企业未来的经济活动确定目标，并为达到这个目标在多种可以相互替代的方案中选择最佳方案并实施的过程。

（一）畜牧业经营决策的内容

畜牧业经营决策的领域十分广泛，概括起来，其大体内容包括以下几个方面：

（1）经营战略决策。确定企业发展方向、经营目标、经营规模的扩张方式、核心竞争力的培育等。

（2）销售决策。目标市场、销售渠道、销售方式以及运输与储存方式的选择，销售量和销售价格的确定,销售服务内容与方式的确定,产品包装、商标及广告的选择。

(3)生产决策。生产方针、场地选择、饲养方式、畜群周转、饲料配合、防疫程序、设备更新等。

(4)供应决策。物资供应渠道的选择,采购时间和采购批量的确定等。

(5)投资决策。确定投资方向,选择投资项目、基本建设方案以及企业改造方案等。

(6)财务决策。选择资金来源,确定资金构成,确定贷款时间与数量以及其他资金筹集方式与规模,选择资金的调度与运用策略、确定产品的成本或费用以及利润分配等。

(7)组织上的决策。包括管理机构的设置、职务的划分、作业组织的划分和组织成员的合理搭配、各种职责的确定、管理人员的任免以及考核、奖惩等决策。

(二)畜牧业经营决策的程序

将决策程序化是为了保证企业经营决策的正确性、可靠性,克服决策的主观随意性。一般可分为以下四个步骤:

(1)确定决策目标。根据所要解决的问题实质确定决策目标。决策目标要可行合理,方便执行和对照检查。为此应做到概念简单,有明确的约束条件和数量界限。如遇到多目标的问题应当尽量减少目标数量,按重要性将其排序并注意多个目标之间的协调性。

(2)拟定各种备选方案。拟备选方案应尽量做到内容详尽,设计者应从不同角度,从不同途径设计多种可行方案,进行比选。从中选出几个备选方案,预测其实施结果,为进一步的评价选优提供依据。

(3)方案评价与选择。对筛选出来的几个备选方案,根据决策目标的具体要求,选出接近决策目标的方案。但通常决策目标往往有多个,需要明确规定目标的相对重要性,并确定选择方案的标准。决策方案的标准应尽量满足技术上的先进性、经济上的合理性、生产上的可能性等要求,然后运用经验判断法、数学分析法或实验法等方法确定最终的决策方案。

(4)执行并跟踪检查方案的实施情况。决策方案的实施需要拟定具体的实施计划和具体策略,并使决策方案为广大执行者所了解和接受,明确规定决策方案的责任和权利。在决策方案实施后,还要有一套跟踪检查执行情况的办法来掌控决策实施过程的具体情况,以便纠正偏差,确保决策方案顺利实施。

第三节　经营计划管理

企业经营计划是指在经营决策基础上,根据经营目标对企业的生产经营活动和所需要的各项资源,从时间和空间上进行具体统筹安排所形成的计划体系。事实上,经营计划管理是企业围绕市场,为实现自身经营目标而进行的具体规划、安排和组织实施的一系列管理活动。企业经营计划是企业经营活动的先导,并始终贯穿于企业经营活动的全过程。畜牧企业是实行独立核算、自主经营、自负盈亏的经济实体,拥有一定的劳力、牲畜、土地及其他生产资料;要管理好企业,必须通过合理安排和部署,使企业的人力、财力和物力科学地结合起来,以获取最大的经济效益。畜牧企业的计划包括长期计划、年度计划和阶段计划。计划的主要内容有:畜禽生产计划,饲料生产供应计划,劳力、物资供应计划,畜产品加工销售计划等。

一、畜禽生产计划

畜禽生产计划是畜牧企业年度计划的核心,包括畜禽繁殖计划、畜禽周转计划、畜产品产量计划等。

(1)畜禽繁殖计划。按企业生产任务要求,编制畜禽繁殖计划(包括配种、产仔等),保证种用畜禽适时繁殖是畜禽场维持数量和提高质量的一项重要工作,企业应根据生产方向、生产任务、饲料供应以及其他诸多方面的因素,编制畜禽繁殖计划,达到企业生产经营目标。

(2)畜禽周转计划。种畜禽场根据生产设施和设备规模,种公畜、能繁母畜、后备母畜的比例,以及繁殖率、成活率、出栏率等,编制周转计划,以确保畜群合理结构和适当规模。商品畜禽场根据生产设施、生产设备、生产工艺和畜禽饲养周期(如羔羊强化育肥期为 80 d,从 20 kg 育肥到 40 kg 出栏)编制商品畜禽周转计划,以保证生产设施、设备的最大使用效率。

(3)畜产品产量计划。根据畜群周转计划和畜禽单产水平编制,反映畜牧企业计划年生产任务及产品产出状况,并为编制畜产品销售计划、财务收入计划提供依据。在编制畜产品计划时,因畜禽种类与其产品不同,内容和指标也不同,需分别进行编制。

二、饲料生产供应计划

饲料是发展畜牧业的物质基础。家畜个体生产能力的提高是各项综合措施的共同结果,但饲料是其中的重要因素,很大程度上决定畜牧业的规模和发展速度。

因此,饲料供应计划是畜牧企业年度计划中最重要的计划之一。编制饲料供应计划需根据畜群结构、饲料消耗定额、饲料时间编制,包括饲料生产计划、饲料供应计划、饲料供需平衡等内容。

三、劳力、物资供应计划

(1)劳力利用计划。劳动力利用计划,是指在一个日历年度内对劳动力所做的预先安排,它是反映畜牧企业劳动力的分配和使用计划,根据劳动力配备定额、作业项目、生产季节的需要,确定劳动力的需要量。再按照企业实有劳力数和全年法定的工作日数,算出各月工日数,通过劳动力平衡表,将企业各月需工数和各月工日数进行对比,如有余,就要开辟生产门路,把多余的劳力充分利用起来。如不足就要充分挖掘劳动潜力,以保证生产计划的实现,个体或家庭办的企业,这种计划可适当从简,但劳动力使用还是应该有计划的。这样可以充分利用劳动力,提高企业的生产效率。

(2)物资供应计划。物资供应指企业物资供应和管理部门,根据生产建设的需要,向需用部门提供物资的经济活动;物资供应计划是指年度内物资供应所做的预先安排。畜牧企业要对全年所需的各种生产资料,诸如饲草、饲料、兽药、机械、水电等,做出全面安排。

计划中应包括各种物资的需要量、库存量、产量和采购量,必须重点保证当年生产急需的物资供应,严格控制库存数,减少资金的积压。要严格监督和促使各企业部门、经济单位合理地使用物资及节约物资,努力降低物资消耗,降低成本,提高经济效益。

四、畜产品加工销售计划

畜产品加工销售计划,是指在一个日历年度内对产品加工和销售所做的预先安排。畜产品加工是畜牧企业主要生产经营活动之一,是产品增值、增收、增加积累的极为重要的环节。畜产品加工,实际上是畜牧生产的延伸和继续,大部分畜产品与鲜活产品不易保鲜、运输和储存,容易腐败,只有加工后才能扩大产品的销售辐射范围。

畜牧企业在做好畜产品加工工作的同时,应制订切实可行的销售计划,以开拓市场,防止产品积压,实现产品增值。企业销售计划的主要内容包括:以实物表示的目标销售量;以货币表示的目标销售量,即销售收入额;销售方式和地点的选择,及分地区(部门)销售目标;新品种、新产品销售额及其占全部销售额的比重;市场占有率及其提高的程度;销售费用和销售利润等。

五、财务计划

用货币反映畜牧业全年生产成果和各项消耗的统筹计划,其内容包括:各项收入计划、各项直接费用和间接费用计划,以及在此基础上汇总的财务收支盈亏计划等。编制这种计划,要遵循增收节支、量入为出的原则。需经过多次试算,挖潜调整,力争有更多的盈余。在正常情况下,畜牧业企业不允许有亏损计划。为了加强经济核算,凡具有一定条件的畜牧企业,还应编制主要畜产品成本计划、固定资产折旧与大修等计划,对于降低畜产品成本,提高企业经济效益具有很大的作用。

六、经营计划的执行和控制

计划的执行过程,并不是单纯的技术过程,也不是指标分配问题,而是处理好计划执行过程中人与人的关系问题,计划的执行较好的形式就是通过签订经济合同和推行目标化管理。签订合同的形式,则是将计划落实到承包者实施包干,或是通过劳务合同、购销合同,沟通供产销渠道。实施目标管理,则是将计划落实到有关部门和人员,各个管理层次,实行归口管理。

畜牧企业生产计划执行过程中,必须进行检查,了解计划执行情况,同时进行必要的控制。控制的目的就是要及时发现问题,及时解决,保证企业生产活动按计划正常运行,保证计划中各项指标得以实现。控制的主要内容有:目标控制、进度控制、消耗控制、产品质量控制、库存控制、资金和成本控制等。

另外,在计划执行过程中由于客观条件的变化,出现不可控制因素时,需要对原计划进行必要的调整或修改,使计划更加符合实际情况,更具可行性和有效性。

第四节　生　产　管　理

一、劳动组织

劳动组织是指一定的生产方式下,劳动者在生产过程中进行劳动分工和协作的形式。其目的是按照生产的需要,将劳动力和生产资料科学地结合起来,达到节约劳动消耗和提高劳动生产效率的目的。

(1)劳动分工协作。劳动分工是人们把劳动过程的若干活动分割成不同的相互联系的协同劳动过程,农业的劳动分工形式有四种,即劳动对象分工、生产工艺分工、功能分工和职能分工。劳动对象分工如牛奶生产、肉类生产、蛋类生产等;生产工艺分工如屠宰、挤奶、饲养管理等;功能分工如基本劳动、辅助劳动、服务性劳动等;职能分工如会计、保管、供销、修理等。

劳动协作有两种,简单劳动协作和复杂劳动协作。简单劳动协作是共同劳动,形成某种新的具体劳动生产力的协作;复杂劳动协作,又称分工协作,是许多人在同一生产过程中,或不同生产过程中,对分解的作业进行有计划的协同劳动。

畜牧企业建立劳动组织应遵循几个原则:要与生产任务的性质相适应;有利于发挥畜舍建筑、机械设备、生产工具和劳动力的效能;有利于贯彻生产责任制。

(2)劳动组织形式。劳动组织形式多种多样,按劳动组织的时间划分,有长期固定劳动作业组织,季节性劳动作业组织和临时性劳动作业组织;按劳动组织的专业程度划分,有综合劳动组织、专业劳动组织,综合劳动组织可负责农、牧、副、渔等多种生产活动,专业劳动组织实行分部门、分生产项目组织专业劳动组,如养鸡专业组,养猪专业组等;按生产部门、项目性质划分,有畜牧业组、农业组等。目前,家庭饲养是我国畜牧业劳动组织的基本形式,一些国有农牧场实行职工家庭承包。近年来还出现了多种形式的畜牧经济联合体,一些较大的牧场还采取固定畜群组、专业组和专业队等组织形式。

二、劳动计酬形式

当前我国畜牧企业现行的劳动计酬形式,主要有基本工资制、浮动工资制、结构工资制、职务工资制、大包干制、联产计酬、奖金以及津贴等。

(1)基本工资制。基本工资制是国家对职工劳动报酬的基本形式。我国现行工资制主要有计时工资制和计件工资制两种,前者是以劳动时间来计量的,即按照一定时间内的一定质量的劳动支付工资,后者是以一定质量的劳动产品的数量支付工资。

(2)浮动工资制。浮动工资制是根据企业经营的好坏,以基本工资为水平线,发给职工上下波动的工资。它把职工基本工资分为两部分,大部分作为固定工资,把基本工资的少部分连同奖金、利润留成的一部分作为浮动工资。当企业经营得好时,把固定工资部分和浮动工资部分发给职工,当企业经营得不好时,只发给职工固定工资部分。

(3)结构工资制。结构工资制是综合考虑员工的年资、能力、职务及绩效以确定其报酬。

(4)职务工资制。职务工资制特点是员工工资主要依据其担任职务、所负责任、所需知识技能、工作负荷及环境条件等因素确定,职务变动,工资也随之调整。

(5)大包干制。大包干制是我国农村牧区实行大包干责任制后采取的一种劳动报酬制度,由合作经济组织与生产承包者双方,通过承包合同明确包干付酬的办法。畜牧业的大包干制,一般是承包者不需要把产品交回集体,只需按合同给集体上缴提留部分,并负责上交国家的税收和交售任务。群众把大包干制概括为"交够国家的,留够集体的,剩下是自己的"。这种劳动付酬制度责任最明确,利益最直接,手续最简便、深受群众欢迎。

(6)联产计酬。联产计酬是以产量为前提的计酬形式,是把劳动的最终成量——产量作为衡量劳动报酬的主要尺度,把劳动者的劳动成果与经济利益联系起来,把发展生产和增加劳动者的收入联系起来。

(7)奖金。奖金是劳动报酬的辅助形式,是对劳动者超过平均水平的劳动或对企业做出突出贡献的人员支付的一种劳动报酬。

(8)津贴。津贴用于补偿某些劳动强度大,劳动条件差的劳动者的劳动消耗。它是劳动报酬的又一种辅助形式。

第五节　畜牧企业的经济核算

经济核算是利用实物指标和价值指标对企业生产过程中物化劳动和活劳动消耗以及所获得的经营成果进行记载、计算、考查和对比分析的活动,以考核企业生产经营活动是否具有经济合理性。畜牧企业的经济核算包括两个方面:基本建设经济核算和企业生产经营过程的经济核算。

基本建设经济核算的主要内容指对于生产性建设和非生产性建设的核算。生产性建设包括畜禽圈舍的设计、建造、维修;生产设备的购置、改造、维修、保养、更新;饲料土地的平整;水源开发;灌溉用渠道的修建与维护等。非生产性建设包括房舍的建造、装潢、维修;道路的修建、维护;场内外的植树绿化、美化;交通工具的购置、维护、保养、更新等。

企业生产经营过程的经济核算包括:资产的核算、成本和费用核算、盈利及其分配的核算。

一、资产核算

资产核算主要是对固定资产、流动资产、无形资产和递延资产的核算。

(一)固定资产核算

固定资产是使用期限超过一年的建筑物、机械、运输工具、种畜、圈舍、土地以及其他与生产经营有关的设备、器具等。不属于生产、经营主要设备的物品,单位价值在 2 000 元以上,并且使用期限超过两年的,也应作为固定资产。

固定资产计价主要有三种形式,一是以原始价值计算,即企业获得该项固定资产所发生的全部实际支出;二是以重置完全价值计算,即在现有的生产技术条件下重新购置或建造同样的固定资产所需的全部支出;三是以折余价值计算,即固定资产原值或重置价值减去已提折旧额的余额。

固定资产长时间参与生产活动不断发生的价值损耗,必须在使用中通过计提折旧费的形式,逐步合理计入产品成本或期间费用中去。

固定资产折旧分为两种:为固定资产更新而提取的折旧,称为基本折旧;为支付大修理费用而提取的折旧,称为大修理折旧。计算折旧的常用公式如下。

$$每年基本折旧 = \frac{原始价值 - 预计残值 + 预计清理费用}{使用年限}$$

$$每年大修折旧费 = \frac{使用年限内大修理次数 \times 每次大修费用}{使用年限}$$

在实际工作中,固定资产折旧额是根据固定资产的原值和事先确定的折旧率来计算的。折旧率反映固定资产的损耗程度,计算公式如下。

$$折旧率 = \frac{该固定资产年折旧额}{该固定资产原值} \times 100\%$$

(二)流动资产核算

畜牧企业的流动资产是指可以在一年内或超过一年的一个营业周期内变现或者运用的资产,其价值的货币表现就是流动资金,即企业垫支在生产过程中和流动过程中使用的周转资金,在生产过程中,完全改变了原来的物质形态,一般把全部价值转入新的产品成本中去。主要包括现金、各种存款、存货和应收及预付款项等。流动资产的核算指标包括资产的周转率、产值率与利润率三类指标。

(1)流动资产的周转率。

$$应收账款周转率 = \frac{赊销收入净额}{平均应收账款余额} \times 100\%$$

其中:赊销收入净额 = 销售收入 - 现售收入 - (销售退回、折让和折旧)

$$平均应收账款余额 = \frac{期初应收账款 + 期末应收账款}{2}$$

$$存货周转率 = \frac{销货成本}{平均存货} \times 100\%$$

其中:
$$平均存货 = \frac{期初存货 + 期末存货}{2}$$

$$流动资产周转率 = \frac{销售收入净额}{流动资金平均占用额}$$

(2)流动资产的产值率。衡量流动资产利用效果还可以用流动资产产值率表示。

$$流动资产产值率 = \frac{年总产值}{年流动资产平均占用金额} \times 100\%$$

(3)流动资产利润率。在一定量流动资产条件下,流动资产利润率愈高,表明流动资产周转速度愈快。

$$流动资产利润率 = \frac{年利润总额}{年流动资产平均占用金额} \times 100\%$$

(三)无形资产、递延资产的核算

(1)无形资产。无形资产是企业长期使用但没有实物形态的资产,包括专利权、商标权、著作权、土地使用权、非专利技术、商誉等。无形资产从开始使用之日起,要在有效使用期限内平均摊入管理费用。即根据无形资产原值和规定摊销年限,平均计算各期的摊销额。计算公式如下:

$$年摊销额 = \frac{无形资产原值}{摊销年限} \qquad 月摊销额 = \frac{年摊销额}{12}$$

(2)递延资产。递延资产是指不能全部计入当年损益,需要在以后年度内分期摊入成本的各项费用,包括开办费、土地开发费和租入固定资产的改良支出等。开办费是指企业在筹建期间发生的费用,包括筹建期间的人员工资、办公费、培训费、差旅费、注册登记费以及不计入固定资产和无形资产的构建成本的汇兑损益、利息支出等。开办费从企业开始生产经营月份的次月起,按照不短于 5 年的期限分期摊入制造费用或管理费用。

二、畜产品成本核算

畜产品成本是企业生产畜产品所消耗的物化劳动和活劳动的总和。成本核算是指把畜牧企业生产和销售产品所发生的费用,按其不同用途和不同产品,进行汇总和分摊,计算出产品实际的总和和单位成本。

(一)成本构成

(1)材料。指构成产品实体或有助于产品形成的原料及材料。包括畜牧企业生产经营过程中实际消耗的精饲料、粗饲料、动物饲料和矿物饲料等饲料费用(如需外购饲料,在采购中的运杂费用也列入饲料费),以及粉碎和蒸煮饲料、孵化增温等耗用的燃料动力费等。

(2)人工。包括企业直接从事畜产品生产人员(如饲养员、放牧员、挤奶员等人)的工资、奖金、津贴和补贴和福利费等。

(3)其他支出。包括畜禽医药费、畜舍折旧费、机械设备折旧费、种畜摊销费等。

(二)成本核算方法

进行成本核算,就是考核生产中的各项消耗,并分析各项消耗和成本增减变化的原因,从而寻找降低生产成本的途径。

在畜牧企业中一般要计算畜群饲养成本、增重成本、活重成本和主产品成本等。其计算公式如下:

(1)畜群饲养日成本。

$$畜群饲养日成本 = \frac{该群饲养费用}{该群饲养只数 \times 日数}$$

(2)断奶幼畜毛重单位成本。

$$断奶幼畜毛重单位成本 = \frac{能繁母畜群饲养费用 - 副产品价值}{断奶幼畜活重}$$

能繁母畜群饲养费用包括妊娠期、哺乳期、空怀期的全部饲养费用,副产品价值包括毛绒、粪便等;断奶幼畜毛重不包括死畜的重量。

(3)幼畜和育肥畜增重单位成本。

$$幼畜和育肥畜增重单位成本 = \frac{畜禽饲养费用 - 副产品价值}{畜禽增重}$$

畜禽增重 = 期末存栏活重 + 本期出售活重 - 期初存栏活重 - 本期购入活重

(4)主产品单位成本。

$$主产品单位成本 = \frac{畜禽饲养管理费用 - 副产品的价值}{畜产品总产量}$$

同一生产过程有两种以上产品的,可只计算一种主产品成本,其余均视为副产品,也可计算几种主产品成本。

三、盈利核算

盈利核算是对企业在一定生产经营期间所取得的经营成果进行计算、考核和分析,为衡量企业的经营业绩、进行投资决策提供重要依据。

(一)营业收入和税费

营业收入是企业通过销售活畜禽、饲草、畜产品、副产品(如羊粪)等经营活动所获取的销售收入。国家对畜牧企业实行免税政策,但必须办理相关免税手续。

(二)利润的核算

利润是企业在一定生产经营期间由于生产经营活动所取得的经营成果,在数量上等于各项收入和各项支出的差额。

$$利润总额=营业利润+投资净收益+营业外收支净额$$

$$营业利润=主营业务利润+其他业务利润-管理费用-财务费用$$

$$主营业务利润=主营业务收入-主营业务成本-营业税金及附加$$

$$其他业务利润=其他业务收入-其他业务成本-其他销售税金及附加$$

其中,投资净收益是企业对外投资取得的收益扣除投资损失后的余额;营业外收支净额是企业与企业生产经营活动没有直接联系的各种营业外收入,即营业外收入减去营业外支出。

(三)衡量盈利效果的指标

(1)成本利润率。成本利润率是指畜牧企业一定时期内产品销售利润与同一时期内发生的产品销售成本之比。

$$成本利润率=\frac{销售利润}{销售产品成本}\times100\%$$

(2)产值利润率。产值利润率是企业一定时期内利润总额与同一时期内所实现的总产值之比。

$$产值利润率=\frac{总利润额}{总产值}\times100\%$$

(3)资金利用率。资金利用率是企业一定时期内利润总额与同一时期内资金占用额之比。

$$资金利润率=\frac{总利润额}{占用资金总额}\times100\%$$

(4)营业收入利税率。营业收入利税率是衡量企业营业收入的收益水平的指标。

$$营业收入利税率＝\frac{利税总额}{营业收入}\times100\%$$

第六节　畜牧企业的产品销售管理

产品销售是联系企业生产与社会需要的纽带,是企业再生产过程中的一个不可缺少的环节。对于任何企业的生产过程来说,只有把产品及时地销售出去,才能满足社会需要,回收生产垫支,并获得利润。随着畜牧企业不断走向产业化,企业的销售管理显得尤为重要。

一、销售预测

销售预测也叫市场预测、需求预测。销售预测是在市场调查的基础上,对产品生产的趋势做出正确的估计。

销售预测与市场调查密不可分,市场调查是销售预测的基础,有时也可成为销售预测的一部分,但两者又是不同的概念,市场调查是调查"过去"和"今天",其对象是已经存在的市场情况。而销售预测是预测"明天",其对象是尚未形成的市场情况。

销售预测分为长期预测,中期预测和短期预测,长期预测指五至十年的预测;中期预测一般为二三年的预测,生产项目的生产周期超过一年的,应进行中期预测;短期预测一般为一年内各季度、月份的预测,主要用于指导短期生产活动。

1. 销售预测的内容

(1)预测市场对产品品种、数量等的需求动态及其变化趋势。特别要注意影响市场需求诸因素的变化。

(2)预测产品在未来一个时期内的销售额。这就要分析产品的销路、竞争能力等因素。

(3)预测产品的寿命周期,畜产品一般要经历投入期、发展期、成熟期、衰退期几个阶段,每个阶段产品销售量各不相同,不同产品的寿命期与每个阶段时间长短也各不相同,因此,在预测时要全面考虑。

(4)预测企业生产所需资源材料的供应。

(5)新产品开发预测。

(6)价格变化预测。

(7)技术发展预测。

2.销售预测的步骤

(1)市场调查。

(2)将市场调查的信息进行分析整理。

(3)将所得信息经过数据处理和主观判断,得出这些信息中的演变规律,即过去到现在市场变化规律。

(4)预测未来市场发展趋势和强度。

3.销售预测方法

目前销售预测方法很多,但总的来讲有定性预测和定量预测两类预测法。

定性预测指的是对对象未来发展的性质、方向进行判断性的、经验性的预测,如专家会议法,就是指依靠一定数量的专家,通过信息交流取得预测结论的方法。

定量预测是通过定量分析对预测对象及其影响因素之间的密切程度进行预测。

上述两类方法各有所长,应结合使用,从当前实际情况出发,销售预测应以定性分析法为主,辅之以必要的定量分析法。

二、销售决策

畜牧企业在销售预测的基础上要做出销售决策。其主要内容包括市场的选择,市场发展策略和市场销售策略。

1.市场的选择

畜牧企业的产品销售市场是企业进行商品交换、流通的场所,是由企业产品的供应与社会对该产品的需求这两种力量形成的。一个企业面对复杂多变的市场,要充分认清何处最适于销售本企业的产品,购买本企业产品的是什么人,他们的地域分布、需求、爱好等,这样才能选择适当的市场来销售本企业产品。

2.市场发展策略

选择好市场的同时,要制订占领市场的基本策略,即市场发展策略。要注意进行市场开发,将本企业的畜产品向新的消费者进行销售,扩大销售量。进行产品开发,更新产品,以满足原有客户的需求,或者增加同类产品的品种数,以适应用户的多种需要。另外要进行多种经营。

3.市场销售策略

影响企业销售规模的因素有两个:一是市场需求,二是企业的销售能力。市场需求是外因,是企业外部环境对企业产品销售提供的机会;销售能力是内因,是企业内部自身可控制的因素,如产品计划、销售方式、推销和宣传。因此,企业在销售方面要根据本企业产品采取如下销售策略。

（1）对具有较高市场开发潜力,但目前在市场上占有率较低的产品,应加强产品的销售推广宣传工作,尽力扩大市场占有率。

（2）对具有较高的市场开发潜力,且在市场有较高占有率的产品,即企业目前的主要产品,应有足够的投资维持市场占有率。但由于其成长期潜力有限,过多投资则无益。

（3）对那些市场开发潜力小,市场占有率低的产品,应考虑调整企业产品组合。

三、销售计划

畜产品销售计划是畜牧企业经营计划的重要组成部分,科学地制订畜产品销售计划,是做好销售工作的必要条件,也是科学地制订企业生产经营计划的前提。销售计划的内容主要包括销售量、销售额、新产品销售额、销售费用、销售利润等。

（1）销售量。销售量是以实物表示的目标销售数量。包括国家下达的任务和履行合同规定的销售量,以及在计划期可销售产品的数量。

计划期可销产品数量＝计划期生产量＋期初结存量－期末结存量

（2）销售额。销售额是以货币表示的目标销售额,即销售收入额,是由产品销售量和产品销售价格所决定的。销售额可按下列公式计算:

计划期销售收入＝计划期产品销售量×单位产品销售价格

（3）新产品销售额。新产品销售额及其占全部销售额的比重,其作用在于加速新产品更新换代,提高市场竞争力。

（4）销售费用。销售费用指畜牧企业销售畜产品而发生的各种费用,包括包装费、广告费、推销费等。销售费用是产品销售成本的组成部分,因此,应改善销售工作,加速产品周转,减少流通费用。

（5）销售利润。销售利润是指在一定时期内企业销售畜产品的收入,扣除成本、税金以及加减营业外损益以后的纯收入。它是反映企业在一定时期内生产经营活动成果的一项重要指标。

制订销售计划的中心问题是要完成企业的销售管理任务,能够在最短的时期内销售产品,争取得到理想的价格,及时收回贷款,取得较好的经济效益。

四、销售形式

销售形式亦称销售方式,指产品从生产领域进入消费领域,由生产单位传送到消费者手中所经过的途径和采取的购销形式。合理的销售形式可以加速商品的传送过程,节约流通费用,减少流通过程的消耗,更好地提高产品的使用价值和实现产品的价值。

畜产品的销售形式,依不同服务领域和收购部门经销范围的不同而各有不同,概括地说有以下几种:

(1)国家预购。国家商业部门同生产单位签订合同,预先支付定金,收购畜产品的方法。合同规定:收购单位在畜产品生产前,预付一定数量的定金给畜牧业生产单位;生产单位在收获产品后按预购产品的品种、数量、价格和交售时间等,把产品交售给收购部门,并根据预定合同进行结算。

(2)国家定购。国家对关系国计民生的一些重要的农畜产品,责成有关商业部门通过定购合同,实行有计划统一收购形式。国家下达的定购指标具有一定的任务性,定购产品的价格由国家有关部门统一规定。

在某些物资短缺的情况下,国家对某些重要产品采取定购形式是完全必要的,它具有稳定物价,保证人民的基本生活需要的意义;但是,这种形式的弊端是切断了生产者与市场的联系,忽视了价值规律和市场调节的作用。

党的十一届三中全会以来,农牧业生产得到很大发展,农产品数量供求平衡,价格稳定。目前,国家对农畜产品定购的范围和数量大大减少,主要畜产品实行多渠道流通,从而进一步促进了畜牧业商品经济的发展。

(3)外贸流通。畜产品在我国出口贸易中占有重要地位,出口品种达120余种,主要为活畜、肉类、鲜蛋、皮张、猪鬃、绒、毛类、蚕丝等。

(4)企业自行销售。这种销售方式的优点是可以减少中间环节和流通费用,缩短销售时间,保持产品鲜活,价廉物美;而且,企业在自销的过程中,能够及时了解市场动态,掌握供求变化规律,调整结构,适应市场变化。

(5)联合销售。各畜牧企业为了有效地销售产品,克服各自销售方面存在的人力、物力、财力不足联合组织营销的销售方式。联合经销包括商业、物资、外贸、代销企业和畜牧企业联合经销,其特点是共同承担营销责任和风险。在选择联合对象时,要根据联合对象的情况、产品特点、与销地的距离等因素来选择。联合的形式有松散型联合、紧密型联合、长期联合、季节性联合等。

(6)合同销售。畜牧企业与畜产品经营单位签订合同销售所生产的畜产品,明确双方权益,生产者按合同规定的时间、地点、价格、数量、质量交付畜产品;经营者按合同规定向生产者支付贷款或提供饲料等生产资料或技术指导。通过销售合同,畜牧企业可以使产品销路有保障,可以将生产与销售的关系相对固定下来,解除生产者销售的后顾之忧,并能保证生产者在市场变动时也能得到基本价格。

另外通过销售合同,可以保证按期获得符合质量要求的产品,以保证自己的经营货源。销售合同属经济合同,一经公证,即具有法律效力,因此必须慎重签订并严格遵守。

第七节　畜牧企业经济活动分析

企业经济活动分析是运用会计、统计、业务核算、计划等有关资料和信息,运用科学的指标和方法,对企业生产、经营活动中要素的配置和使用情况,对企业购、销、存活动情况,对企业取得的经营成果和经济效益进行分析研究,以不断寻求有效利用企业人力、物力和财力,合理安排生产经营和购销活动,取得最佳经济成果的一种管理活动。

一、经济分析的内容和方法

(一)经济活动分析的内容

畜牧经济活动分析的内容包括:生产结构分析;饲料消耗分析;劳动力利用分析;资金利用分析;计划完成情况分析;工作和产品质量分析;产品成本分析;收支平衡分析;投资效果分析等内容。

(二)经济活动分析方法

(1)对比分析法。对比分析法又称比较法,是通过指标对比,分析经济现象间的联系和差别的一种方法。比较法有四种基本类型:本期实际与本期计划或目标任务的比较;本期实际与上期实际比较;本期实际与企业历史最好水平或特定时期相比较;本期实际与同行业条件大体相同的先进指标的标准值、临界值、最佳值相比较。需要注意的是对比指标的可比性。为使指标具有可比性可以将指标做必要的调整换算。因此,运用对比分析法时应做到"四个一致",即时期的一致性(如年度指标应与年度指标对比);经营业务的一致性(如肉牛生产企业只能与肉牛生产企业相比);指标内容的一致性;计算方法的一致性。

(2)动态分析法。经济活动是发展变化的,从经济活动在时间上的发展变化过程与特点分析,就是动态分析。进行动态分析,先要编制动态数列。把表明经济现象数量方面的统计指标,按时间的顺序排列起来,就形成一个动态数列。常用指标有:发展速度,增长速度、平均发展速度、平均增长速度等。发展速度又分定基发展速度和环比发展速度。

(3)因素分析法。因素分析法有连环替代法和差额计算法两种。连环替代法是在比较分析所确定的差异的基础上,先确定影响某一经济指标的诸因素,并加以排列,再顺序假定一个因素变动,其他因素不变,依次逐个因素替代,据此从量上测定各因素对该经济指标的影响程度。差额计算法是利用各因素的实际数与计划目标数的差额,按照一定的替代程序,直接计算各因素变动对计划目标指标完成的影响程度的一种方法。两种分析方法的分析结果是一致的,虽然差值计算是连环替代法的改进,但常用连环替代法,因其比差额计算法更直接。

(4)盈亏平衡分析法。盈亏平衡又称保本和损益平衡,是指企业收支相抵后利润为零,处于不盈不亏的状态;盈亏平衡分析,主要用来分析企业收支平衡时所必须达到的最低生产水平和销售水平。此方法是一种静态分析方法,又称保本分析、损益平衡分析和量本利分析。盈亏平衡分析的基本原理是在成本性态分析的基础上,把企业正常生产年份的总成本费用划分成变动成本和固定成本,然后通过计算达到盈亏平衡点的产销量或生产能力利用率,分析企业总成本费用与收益的平衡关系,借以判断企业承担风险的能力。盈亏平衡分析的目的并非单纯寻求盈亏平衡点,其根本目的在于通过寻找和计算盈亏平衡点,挖掘进一步突破此点后增加产销量、扩大盈利空间和提高盈利水平的潜在能力。

(5)敏感性分析。敏感性分析指在畜牧业项目评价过程中,从众多不确定因素中找出对投资项目经济效益指标有重要影响的敏感因素,并分析、测算这些敏感性因素对项目经济效益指标的影响程度和敏感程度的分析方法。敏感性分析某个或某几个敏感性较强的因素对规划和决策过程中的项目的经济效果带来的影响及其影响程度。敏感性较强是指因素变化甚至微小的变化也会导致项目方案经济效果的重大变化,以至影响方案的决策。对畜牧业投资项目进行敏感性分析的目的是要通过寻求敏感因素,观察其变化范围,了解项目可能出现的风险程度,以便集中注意力,重点研究敏感性因素产生的可能性和根源,并制定应变对策,最终使投资风险减少,提高决策可靠性,使投资效果达到最佳。

二、生产结构和饲料消耗分析

1. 生产结构分析

畜牧企业生产结构包括两个方面:外部结构,即畜牧业与种植业、林业、渔业、副业之间的比例关系;内部结构,即畜牧业生产内部结构的畜种结构、品种结构、畜群结构。

分析畜牧企业的外部结构,即分析企业的农牧业比例关系是否协调。通常根据农、林、牧各业产值在总产值中所占比重进行比较,根据农林牧各业占用土地、劳力、资金的比重,比较各业的单位面积产品率,平均每个劳动力产值以及每百元投资产值,根据各业所表现生产力大小做出结构是否合理的判断。

分析畜牧业内部畜种结构时,常用各种牲畜头数占总头数的比重进行分析;品种结构分析不同经济用途之间比例关系与分析良种畜、改良种畜与一般畜的比例关系;畜群结构分析主要分析畜群中不同年龄、不同性别、不同用途的牲畜或各畜组在畜群中占的比重。

分析生产结构要以定性为基础,并应用数学的分析法进行定量分析,把复杂的畜牧业生产结构用数学形式表达出来,找出符合企业的最佳的畜牧业生产结构。

2.饲料消耗分析

在畜产品成本中,饲料费用一般占到舍饲生产费用总额的 $60\%\sim80\%$,因此合理利用饲料资源,提高饲料利用率,降低饲料费用,对提高畜牧企业经济效益具有重要意义。分析企业的饲料消耗,除了分析其用量,还需分析饲料利用的经济效果,生产每单位畜产品耗用饲料愈少,饲料转化率愈高,经济效益就愈好。降低单位畜产品饲料费用的主要途径是节约饲料用量,降低饲料成本。影响饲料用量的因素主要有饲料利用率和饲料转化率,而影响饲料成本的因素有原料成本、饲料加工成本以及运输和存储成本。

三、生产计划完成情况分析

1.产量完成情况分析

产量完成情况分析的目的是要看畜牧企业是否正确执行了生产经营计划,有没有完成原计划任务,分析时要根据原计划中的项目逐项进行。如畜禽饲养量指标分析,包括母畜的繁殖率、仔畜成活率、雏禽成活率、牲畜出栏等;饲料生产供应计划完成情况分析;劳动、物资供应计划情况分析;畜产品销售计划完成情况分析等。分析时常用畜产品的实际产量与计划产量相比较,分析计划完成情况,用当年的实际产量与上年度或某一时期实际产量相比较,考察产量的变动及其原因。

2.质量完成情况分析

畜产品质量的高低主要取决于畜禽品种、饲料营养、饲养方式和管理水平。畜产品质量分析主要分析:奶品质量,主要鉴定单位重量奶品中脂肪和蛋白质所占的比重,营养成分易消化程度以及卫生和安全程度等;肉品质量,主要鉴定脂肪量和瘦肉率,瘦肉中的蛋白质含量以及新鲜程度和卫生安全状况;蛋品质量,主要检查单位重量,内部成分和外部蛋壳的颜色、质地和新鲜度;羊毛质量,主要鉴定纤维的平均长度、细度、弹性、保暖性等;皮张质量,主要鉴定加工后的柔软性、韧性、光泽度等。分析畜产品质量应按照质量标准,采用感官鉴定和理化鉴定,划分质量等级,再计算各个等级产品数量占总产量的比重,即可分析产品的质量状况。

四、产品成本分析

产品成本是衡量企业经营成果的综合性指标。进行产品成本分析的目的是以尽可能低的成本,尽可能生产质量高的产品。分析时应划分各种费用,统一计算口径,运用对比分析法,着重分析各种产品单位成本和成本升降的原因及成本构成。随着科技的发展,饲料营养价值的不断改善,产品率和产品质量不断提高,劳动生产率随之增加,畜产品成本中物化劳动和活劳动消耗的水平和结构也在发生变化,生产成本也会随之变化。如果费用和产量的增长速度不同比,单位产品成本的变化程度也就不同,因而需要用动态分析法对三者之间的关系进行计算和分析,以掌握成本动态变化规律,为企业进行降低成本决策提供依据。

五、投资效果分析

畜牧企业投资一般分两类:一类是畜牧企业在原有生产项目上追加的扩建、改建投资,另一类是新建某生产项目或开办一个较大农场,进行较大规模投资。前者所涉及的研究内容相对简单,主要考虑投资重点的选择和不同投资方案的经济效果。而后者必须经过详细调查、研究、分析比较,运用一系列技术经济指标进行分析、测算,并做出是否可行的判断。投资效果分析中可用的经济指标分静态分析指标和动态分析指标。其中静态分析指标如下:

$$单位生产能力投资额=\frac{项目投资总额}{投资项目生产能力}$$

$$投资利润率=\frac{年利润总额}{项目总投资}\times100\%$$

$$投资利税率=\frac{年利税总额}{项目总投资}\times100\%$$

$$资本金利润率=\frac{年利润总额}{资本金}\times100\%$$

$$投资回收期=\frac{累计净现金流量}{开始出现正值年份}-1+\frac{上年累计净现金流量绝对值}{当年净现金流量}$$

动态分析指标中内部收益率和财务净现值是项目评价中常用的动态指标,充分考虑投资收入、成本和税金等现金流入和现金流出的时间价值,用来说明企业盈利能力和水平。

思 考 题

1. 什么是畜牧业经营管理?

2. 我国畜牧业主要经营方式有哪些?

3. 什么是市场调查? 如何进行市场调查?

4. 畜牧企业经营决策的主要内容是什么? 如何决策?

5. 畜牧企业如何进行生产管理?

6. 畜牧企业的经营风险主要来自哪些方面?

7. 畜牧企业如何进行经济核算?

8. 畜牧企业怎么才能搞好营销活动?

9. 畜产品有哪些营销渠道? 举例说明。

10. 如何对畜牧企业经济活动进行科学分析?

第十二章 畜禽规模化养殖工程技术

第一节 规模猪场养殖工程技术

我国既是生猪生产大国,也是猪肉消费大国,生猪饲养量和猪肉消费量均占世界总量的 50％左右,占我国肉类消费总量的 60％以上。近年来,生猪产业的集约化、规模化、专业化、标准化程度迅速提高,从单纯"追求数量增长"到"质量、结构、效益并重",综合生产能力、市场供应能力和产业抗风险能力进一步加强,基本满足了国内不断增长的消费需求。

一、猪的生物学特性

(1)多胎高产,繁殖力强。猪为常年发情的多胎动物,一般 4～5 月龄达到性成熟,6～8 月龄就可以初次配种,妊娠期为 114 d,12 月龄即可产仔。在一般饲养条件下,母猪可以年产 2 胎,每胎平均产仔 10 头左右。

(2)生长期短,周转较快。与其他畜种比较,猪的胚胎生长期和出生后生长期较短,但其生长强度较大。据测定,初生仔猪体重约为 1.0 kg,断奶时体重则达到10～15 kg,日增重在 300 g 左右,6 月龄出栏体重可达 90～100 kg,肥育期日增重可达 800～1 000 g。

(3)杂食性强,食谱广泛。猪是杂食动物,门齿、犬齿发达且齿冠尖锐,有利于食肉;臼齿发达且齿冠上有台面和横纹,有利于食草;胃能消化多种动植物及矿物质饲料。猪的食谱广泛,但有择食性,特别喜食甜味饲料。猪具有坚强的鼻吻,拱土是其觅食的一种方式。

(4)皮脂肥厚,不耐高温。猪的汗腺退化,皮下脂肪层厚,体表散热功能很差;在高温环境下散热主要通过增加呼吸次数(喘气)和体表滚水来降温,因此不耐高温,尤其不耐高温、高湿环境。但要注意,仔猪皮脂薄,体温调节能力差,既不耐高温也不耐低温。

(5)嗅觉发达,听觉灵敏。仔猪生后几小时,就能鉴别气味,同时对声音开始有反应,到 2 月龄后能分辨出不同声音的刺激物,人们可以通过猪对声音的细致鉴别能力,调教其对各种口令的适应。猪依靠嗅觉识别选择不同的饲料或地下的食物,识别群内的个体及后代仔猪;但视觉很差。

(6)定居漫游,爱好清洁。在无猪舍的情况下,猪能自找固定地方居住,表现出定居漫游习性。同窝出生的仔猪,从小就过群居生活,合群性较好;而不同窝出生的合圈仔猪,经过几天争斗建立位次关系后,才会形成一个群居集体。

猪有爱好清洁的习性,喜欢在墙角、潮湿、蔽荫、有粪便的气味处排泄粪尿,在生产中,能够调教猪形成吃食、睡觉和排便三角定位的习惯,以保持圈舍干燥清洁。

二、猪的经济类型和品种

(1)脂肪型。①肉脂比例。有早熟易肥特性,脂肪含量占胴体重的 50% 以上,瘦肉只有 30% 左右,背膘厚度在 4 cm 以上。②体型结构。体格不大,外形丰圆,胸围大于体长 2~3 cm。整个体躯呈圆筒形,中躯短而深,后躯发育良好。颈短,胸深,腹大,腿矮。③代表品种。中国地方猪种中的太湖猪、宁乡猪、陆川猪等,培育猪种以赣州白猪为代表,欧洲的中、小型约克夏猪等。

(2)瘦肉型。①肉脂比例。瘦肉占胴体重的 55% 以上,脂肪在 30% 以下,背膘厚在 3 cm 以上。②体型结构。一般体格较大,体躯较长,体长大于胸围 15~20 cm,皮膘均薄,背腹平行,胸肋开阔,腿臀丰满,四肢较高。③代表品种。中国培育猪种中的三江白猪、湖北白猪和浙江白猪等。国外猪种有大型约克夏猪、兰德瑞斯猪、杜洛克猪、汉普夏猪等。

(3)兼用型。①肉脂比例。介于脂肪型和瘦肉型之间。按胴体瘦肉率分别为 50% 以上和 50% 以下可分为肉脂兼用型和脂肉兼用型,背膘厚在 3.5 cm 左右。②体型结构。体格大,体躯长短适中,体长一般大于胸围 5~10 cm。体质结实,结构匀称,胸深,四肢强健有力。③代表品种。中国培育猪种中的上海白猪、北京黑猪和哈尔滨白猪等。国外猪种有苏联大白猪、克洛夫猪等。

三、猪的饲养管理技术

(一)种公猪的饲养管理技术

1. 饲养

(1)营养平衡,保持中上等膘情。营养水平过高,尤其是能量饲料过高,会使种公猪过肥,性欲下降;营养水平过低造成种公猪消瘦和体质下降,配种能力下降。

(2)分期配料,按需饲喂。种公猪不同发育阶段所需营养不同,配种期与非配种期所需营养不同,日粮最好是分期配制。

(3)饲喂技术。种公猪日粮的体积不宜过大,以保证必需的营养物质浓度(即单位重量饲料中各种营养物质的含量）。采食量按体重大小确定,每天供给干粉料量 1.4~2.3 kg,日喂 3 次,自由饮水。若采用按时饮水,要注意饮水应在饲喂后进行。

2.管理

(1)单圈喂养,适度运动。成年种公猪单圈饲养,可减少外界干扰,杜绝爬跨和防止自淫。适度运动有助于种猪健康和旺盛的性欲。

(2)加强调教,科学护理。种公猪要定期称重,及时调整日粮养分,以保持中上等膘情;平常应通过临摹、调理、纠正等措施及时调教后备种公猪的性行为;猪体最好每天刷拭,夏季经常洗澡。

(3)公母分群,合理配种。公母分群饲养可以避免繁殖季节因异性气味引起咬斗,尤其要避免母猪对公猪的影响,因此,一般把母猪舍放在公猪舍的下风向,且远离公猪舍。适宜配种强度为青年公猪(1~2 岁)每周配种 1~2 次,壮年公猪(2~5 岁)每天配种 1~2 次,每周休息 1~2 d;老年公猪(5 岁以上)可每隔 1~2 d 配种 1 次。配种应在早饲或晚饲之前进行。大力推广和利用人工授精技术。

(二)种母猪的饲养管理技术

种母猪是指用于配种产仔的母猪。其中,经过鉴定合格并产仔 1~2 胎以上的母猪为基础母猪,它是猪群的主要组成部分,也是猪场规模的计算单位。种母猪的饲养目的在于保持良好的体况和正常的性机能,达到繁殖力强、仔猪成活率高和获得较大的断奶体重,从而提高养猪生产效率。

(1)空怀母猪饲养管理。空怀母猪包括处于配种准备期的后备母猪和经产母猪,在饲养管理上应保证基本的营养供给水平,达到中等膘情;加强运动,适时配种;母猪适宜的配种时间是在发情开始后 24~36 h。

(2)妊娠母猪饲养管理及其分娩护理。妊娠期母猪的配合日粮的能量和蛋白质水平应略高于营养需要量;不得饲喂发霉、变质、冰冻、带毒或有刺激性的饲料,以免造成母猪流产;不要经常更换饲料,变换时做好两种料的过渡;青粗饲料要合理加工调制,改善适口性,适当增加饲喂次数。

母猪产前 5~10 d 清扫、修理圈舍,防寒保暖,并备好垫草。产前 5~7 d,按日粮采食量减少 30%的喂料量,但对瘦弱母猪不减料;日粮应增加麸皮或麸皮汤,以防产后便秘。产后 3 d,饲料喂量不可增加过快,最好是调制成稀粥状饲料饲喂,5~7 d 开始按哺乳母猪日粮投料。天气好时,可以让母猪到舍外自由活动。

(3)哺乳母猪的饲养管理。母猪泌乳期要求饲料多样化,尤其要注意供给青绿多汁饲料,以增加泌乳量;饲喂时少喂勤添,增加喂料次数,断奶前 3~5 d 逐渐减少精料和多汁饲料的喂量,并减少饮水量,待乳房萎缩后再增加精料喂量,开始催情饲养。保证母猪适当运动、充分休息;训练母猪两侧交替躺卧,以便仔猪吃乳;母猪分娩后 5~7 d,可以按其体格大小、体质强弱、产期差异、产仔数多少等相近的原则,并群合圈饲养;仔猪断奶后 4~5 d,待母猪乳房萎缩后开始催情补饲。

(三)幼猪培育技术

幼猪阶段是猪一生中生长发育最强烈、可塑性最大、饲料利用效率最高和最有利于定向培育的阶段。在生产中,根据幼猪不同时期内生长发育的特点及对饲养管理的特殊要求,通常将其分为哺乳仔猪、断奶仔猪和后备猪三个阶段。

1. 哺乳仔猪的培育

(1)吃好初乳。仔猪出生后应尽早吃上初乳,加强保温防压护理,仔猪适宜的温度是出生后 1~3 日龄 32~30℃,4~7 日龄 30~28℃,15~30 日龄 25~22℃,此后到 3 月龄保持在 22℃。在仔猪 30 日龄左右进行猪瘟、猪丹毒、猪肺疫、仔猪副伤寒等疫苗的预防注射。

(2)适时开食。仔猪出生后 2~3 d 应补充铁、钴等矿物质元素;3~5 日龄起,在补饲间设饮水槽,引诱饮水;5~7 日龄开始,于补饲间或料槽内撒放一些炒焦的高粱、玉米、谷粒等诱导仔猪开食;10 日龄后,供应仔猪稠粥状料、幼嫩的青绿多汁饲料等采食料;20 日龄后,仔猪一般已能正常采食;30 日龄后则食量大增;35~50 日龄断奶。

2. 断乳仔猪的饲养管理

断奶仔猪是指从断奶到 4 月龄的仔猪。其主要饲养任务是保证正常生长、避免疾病发生、获得最大日增重和育成健壮的体质等;生产中要做到"两维持""三过渡",即维持原圈管理和原料饲养,实现饲料、饲养制度和环境的良好过渡,减小断奶应激。

3. 后备猪的培育

后备猪是指 4 月龄到初次配种前的青年猪,其特点是生长发育快,可进行种用价值评定和后备种猪选择。后备猪体重在 35~40 kg 以前,应多喂精料,少喂青粗饲料;日粮中加入适量的矿物质饲料,其日粮营养水平适当偏高。

四、规模猪场的工艺技术参数

规模猪场以集约化饲养为前提,集约化养猪是指以工厂化的生产工艺进行企业化高效率养猪的生产方式,把猪群按生产过程专业化的要求划分成若干生产群,种公猪群、母猪繁殖群、仔猪保育群和幼猪肥育群等,再按照生产过程即配种、妊娠、哺乳、保育、育成和育肥等环节的相应顺序组成流水式生产线,并为每类猪群配备相应数量的专门化猪舍。

1. 生产规模

规模猪场生产规模与总建筑占地面积的关系见表12-1。

表 12-1　规模猪场生产规模与总建筑占地面积对应表

规模类型	年出栏商品猪数/头	年饲养繁殖母猪数/头	头均建筑占地面积/m²
小型场	≤5 000	≤300	种猪 75～100 m²/头；商品猪 5～6 m²/头；年出栏 10 000 头的猪场占地 80～100 亩
中型场	>5 000～10 000	>300～600	
大型场	>10 000	>600	

2. 生产设施建筑面积

生产设施包括种公猪舍、后备公猪舍、后备母猪、空怀妊娠母猪舍、哺乳母猪舍、保育猪舍和生长育肥猪舍。不同规模猪场生产设施建筑面积见表12-2。

表 12-2　不同规模猪场生产设施建筑面积　　　　　　　　　m²

猪群类型	100 头基础母猪规模	300 头基础母猪规模	600 头基础母猪规模
种公猪舍	64	192	384
后备公猪舍	12	24	48
后备母猪舍	24	72	144
空怀妊娠母猪舍	420	1 260	2 520
哺乳母猪舍	226	679	1358
保育猪舍	160	480	960
生长育肥猪舍	768	2 304	4 608
合 计	1 674	5 011	10 022

3. 辅助设施建筑面积

辅助设施包括饲料加工车间、人工授精室、兽医室、锅炉房、消毒室、更衣间、办公室、食堂和宿舍等设施。不同规模猪场辅助设施建筑面积见表12-3。

4. 饲养密度及床位面积

不同类型猪的饲养密度及床位面积见表12-4。

表 12-3　不同规模猪场辅助设施建筑面积　　　　　　　　　　m²

辅助设施建筑	100 头基础母猪规模	300 头基础母猪规模	600 头基础母猪规模
饲料加工间、库房	200	400	600
人工授精室	30	70	100
兽医诊疗、化验室	30	60	100
更衣、消毒室	40	80	120
变配电室	20	30	45
办公室	30	60	90
其他建筑	100	300	500
合　计	450	1 000	1 555

表 12-4　不同类型猪的饲养密度及床位面积

猪群类别	每栏饲养猪数/头	每头占床面积/（m²/头）
种公猪	1	9.0～12.0
后备公猪	1～2	4.0～5.0
后备母猪	5～6	1.0～1.5
空怀妊娠母猪	4～5	2.5～3.0
哺乳母猪	1	4.2～5.0
保育仔猪	9～11	0.3～0.5
生长育肥猪	9～10	0.8～1.2

5. 猪群结构及配套栏位

猪群存栏结构见表 12-5，不同猪舍的栏位数见表 12-6。

表 12-5　猪群存栏结构　　　　　　　　　　头

猪群类型	100 头基础母猪规模	300 头基础母猪规模	600 头基础母猪规模
成年种公猪	4	12	24
后备公猪	1	2	4
后备母猪	12	36	72
空怀妊娠母猪	84	252	504
哺乳母猪	16	48	96
哺乳仔猪	160	480	960
保　育　猪	228	684	1 368
生长育肥猪	559	1 676	3 352
合　计	1 064	3 190	6 380

表 12-6　不同猪舍的栏位数　　　　　　　　　　　　　个

猪舍类型	100 头基础母猪规模	300 头基础母猪规模	600 头基础母猪规模
种公猪舍	4	12	24
后备公猪舍	1	2	4
后备母猪舍	2	6	12
空怀妊娠母猪舍	21	63	126
哺乳母猪舍	24	72	144
保育猪舍	28	84	168
生长育肥猪舍	64	192	384
合　计	144	431	862

6. 猪舍设备参数

猪栏参数见表 12-7,食槽参数见表 12-8,饮水器参数见表 12-9,猪场用水量见表 12-10,漏粪地板参数见表 12-11。

表 12-7　猪栏参数　　　　　　　　　　　　　mm

猪栏种类	栏高	栏长	栏宽	栅格间隙
公猪栏	1 200	3 000～4 000	2 700～3 200	100
配种栏	1 200	3 000～4 000	2 700～3 200	100
空怀妊娠母猪栏	1 000	3 000～3 300	2 900～3 100	90
分娩母猪栏	1 000	2 200～2 250	600～650	310～340
保育猪栏	700	1 900～2 200	1 700～1 900	55
生长育肥猪栏	900	3 000～3 300	2 900～3 100	85

注:分娩母猪栏的栅格间隙指上下间距,其他猪栏为左右间距。

表 12-8　食槽参数　　　　　　　　　　　　　mm

类　型	适用猪群	高度	采食间隙	前缘高度
水泥定量饲喂食槽	公猪	350	300	250
铸铁半圆弧食槽	分娩母猪	500	310	250
长方金属食槽	哺乳仔猪	100	100	70
长方金属食槽	保育猪	700	140～150	100～120
自动落料食槽	育肥猪	900	220～250	160～190

表 12-9　饮水器参数

适用猪群	水流速度/(mL/min)	安装高度/mm
成年公猪、空怀妊娠母猪、哺乳母猪	2 000~2 500	600
哺乳仔猪	300~800	120
保育猪	800~1 300	280
生长育肥猪	1 300~2 000	380

表 12-10　猪场用水量　　　　　　　　　　　　　　　　　t/d

项目	100 头基础母猪规模	300 头基础母猪规模	600 头基础母猪规模
猪场供水总量	20	60	120
猪群饮水总量	5	15	30

注:炎热和干燥地区的供水量可增加 25%。成年猪每头每日饮水量 10~15 L,断奶仔猪 5 L。

表 12-11　漏粪地板参数　　　　　　　　　　　　　　　　mm

猪栏类型	成年种猪栏	分娩栏	保育猪栏	生长育肥猪栏
漏类地板孔径	20~25	10	15	20~25

五、规模猪场的生产管理参数

猪群周转采用全进全出制,种猪每年以一定的比例淘汰更新,后备公猪和后备母猪的饲养期 16~17 周,母猪配种妊娠期 17~18 周,母猪分娩前转入哺乳母猪舍;仔猪哺乳期 4 周左右断奶,母猪转入空怀妊娠母猪舍,仔猪转入保育舍;保育猪饲养期 6 周,然后转入生长育肥猪舍;生长育肥猪饲养 14~15 周体重达到 90 kg 以上时出栏。具体参数如下:

(1)种公猪。公猪使用时间 2~3 年,更新率 35%~50%,死亡率 2%~4%,本交配种公母比例 1∶25,人工授精公母比例 1∶(75~200);年消耗饲料 0.95~1 t。

(2)后备公猪。后备公猪的配种时间为 240~250 日龄,配种体重 120~125 kg。

(3)能繁母猪。配种后原群饲养观察时间 14~28 d;妊娠期 114 d;产前进入产房的时间 5~7 d;年产 2.2~2.3 窝,配种分娩率 80%~90%,窝产仔数 10~12 头,窝产健活仔数 9~10 头,每头母猪年产肉猪 18~20 头;哺乳期 28~35 d,最短 21 d;母猪断奶到再次配种的间隔 7~10 d;母猪使用时间 4~5 胎,年更新率 30%~35%,繁殖节律 7~10 d;死亡率 2%~4%;年消耗饲料 0.95~0.98 t。

（4）后备母猪。后备母猪的配种时间为 220～240 日龄，配种体重 110～120 kg。

六、生产档案与记录

建立完备的记录制度，是集约化养猪生产实现管理现代化和决策科学化的基础性工作。此处着重介绍与生产工艺过程和经营管理有关的记录种类和内容。

（1）母猪档案。主要记录项目有耳标号（个体号）、品种、出生日期、双亲耳号与选择指数等。

（2）公猪档案。主要记录项目有来源、品种（系）、父母耳号与选择指数、个体生长记录、精液品质检查结果、繁殖性能测验结果（包括授精成绩、后裔测验成绩）、淘汰原因。公猪淘汰后应将此卡片存档。

（3）精液品质检查记录。主要记录各年度所利用的公猪精液品质、采精强度。

（4）母猪配种及受胎记录。主要记录母猪转入配种群时间、发情日期、授精时间、催情措施、受胎情况等内容，依此可检查猪群受胎情况和母猪利用效率。

（5）妊娠后期母猪记录。记录转入和转出的母猪，以反映存栏和周转情况。

（6）分娩情况日报表。由分娩舍技术员填写当日产仔的母猪情况，逐日填报。

（7）仔猪记录。按每日和每一繁殖节律填写存栏母猪数、分娩头数、产活仔数以及断乳性状，为整理与汇总季度和年度的生产情况提供基础资料。

（8）幼猪保育记录。主要记录保育舍幼猪的增重情况、转入和转出的平均活重、成活率、饲料消耗、疾病和死亡原因，按批次记录。

（9）肥育群记录。主要记录转入和转出头数、肥育期日增重和饲料消耗、疾病、死亡和出栏头数。按繁殖节律、季度和年度整理分析。

（10）防疫记录。主要记录免疫接种的药品、日期等。

（11）消毒记录。主要记录定期消毒的日期，消毒剂种类等。

七、猪场疫病防控技术

猪场应根据本地区疫病流行情况和猪群的健康状况制订免疫程序，并定期采血检测重点免疫的疫病抗体消长情况，确定疫苗的使用剂量和免疫密度，以确保免疫效果。

1. 仔猪、生长肥育猪的免疫程序

1 日龄：仔猪出生后在未采食初乳前，先肌肉注射 1 头份猪瘟弱毒苗，隔 1～2 h 后再让仔猪吃初乳。

3 日龄：鼻内接种伪狂犬病弱毒疫苗。

7～15 日龄:肌肉注射气喘病灭活菌苗、蓝耳病弱毒苗。

20 日龄:肌肉注射猪瘟、猪丹毒、猪肺疫三联苗。

25～30 日龄:肌肉注射伪狂犬病弱毒疫苗。

30 日龄:肌肉或皮下注射传染性萎缩性鼻炎疫苗;肌肉注射仔猪水肿病菌苗。

35～40 日龄:仔猪副伤寒菌苗,口服或肌注。

60 日龄:猪瘟、猪肺疫、猪丹毒三联苗,2 倍量肌注。

生长育肥期:肌注 2 次口蹄疫疫苗。

2. 后备种猪的免疫程序

配种前 30 d 肌肉注射口蹄疫、蓝耳病、细小病毒、乙型脑炎、伪狂犬病疫苗;配种前 20～30 d 肌肉注射猪瘟、猪丹毒二联苗。

3. 经产母猪免疫程序

空怀期要肌肉注射猪瘟、猪丹毒、猪肺疫三联苗。

初产猪肌肉注射细小病毒灭活苗;前 3 年每年 3—4 月肌肉注射 1 次乙脑疫苗;每年肌肉注射 3～4 次猪伪狂犬病弱毒疫苗。

妊娠母猪产前 45 d 肌注传染性胃肠炎、流行性腹泻、轮状病毒三联疫苗,K88 大肠杆菌腹泻菌苗;产前 35 d 皮下注射传染性萎缩性鼻炎灭活苗;产前 30 d 肌肉注射仔猪红痢疫苗;产前 25 d 肌肉注射传染性胃肠炎—流行性腹泻—轮状病毒三联疫苗;产前 16 d 肌肉注射仔猪红痢疫苗;产前 15 d 注射 K99 大肠杆菌腹泻菌苗。

4. 配种公猪免疫程序

每年 3—4 月肌肉注射 1 次乙脑疫苗;春秋两季各注射 1 次猪瘟、猪丹毒、猪肺疫三联苗;每年肌肉注射 2 次气喘病灭活菌苗,注射 3～4 次猪伪狂犬病弱毒疫苗。

第二节　规模鸡场养殖工程技术

鸡具有生长迅速、性成熟早、繁殖力强和饲料转化率高等特点,能在短期内生产大批量的蛋、肉产品,这也是近年来鸡生产得以迅速发展的主要原因。

一、鸡的生物学特性

(1)体温高。鸡的新陈代谢旺盛,营养物质分解产生大量热量,平均体温 41.5℃。因此,在规模化、集约化的鸡舍,要注意通风换气,保持空气的清洁和适宜的环境温度,防止夏季高温造成的热应激。

(2)生长快。经过专门培育的肉用仔鸡饲养到 8 周龄出栏时,体重可达

2.4 kg,是初生雏鸡的 60 倍。要发挥其生长迅速的优势,必须给予均衡充足的营养。

（3）消化道短。鸡无牙齿,腺胃消化性差,只靠肌胃与沙粒磨碎食物;鸡的消化道长度仅是体长的 6 倍,而牛的消化道是体长的 20 倍,猪 14 倍,因此食物通过快,消化吸收不完全。饲料粉碎、制粒后饲喂可提高饲料利用率。

（4）群集性。鸡有合群性,适宜群饲。

（5）胆小易惊。鸡神经敏感,易受惊吓引起骚动不安,从而影响生产力甚至造成死亡,因此在生产中尽量避免生人、突发声响等应激源。

（6）对光照敏感。光照刺激鸡的松果体有利于性激素的分泌,可以促进产蛋。

（7）抗病力差。在现代规划鸡场中,饲养密集,疫病防控是保证顺利生产的关键。

二、鸡的经济类型与品种

随着现代养禽业向专业化和机械化方向的发展,用于生产商品鸡蛋和鸡肉的纯种或单一鸡种已越来越少,而是普遍使用由商用配套系生产的杂交鸡为生产用鸡。所谓家禽配套系是指以最大限度地利用杂种优势为目标,用若干个禽类品系,经广泛的配合力测定选出的具有最佳杂交组合效果的几个专门化品系的总称,其常用配套模式有二系、三系和四系等,其制种级次依次为商品代、父母代、祖代（系最高制种级）和曾祖代。

1. 蛋鸡系

可分为白壳蛋系、褐壳蛋系等。

白壳蛋系,以白色来航鸡品系及其他的杂交鸡为主。特点是开产早、产蛋量高,无就巢性、体型小、耗料少和适应性强,适于高密度饲养;但蛋重小、神经质、好动爱飞和啄癖多,抗应激能力差。主要代表品种有星杂 288（加拿大）、迪卡布（美国）、海赛克斯白鸡（荷兰）、海兰白（美国）等国外鸡种,京白 904、京白 823、滨白 426 等国内鸡种。

褐壳蛋系,由洛岛红鸡等兼用品种的高产品系或品种内杂交而成的配套系。特点是蛋重大而破损率低、抗应激且耐寒性好、体重大、杂交鸡能根据羽色自别雌雄等,但耐热性差、耗料量多、占地大、易肥胖、血斑或肉斑蛋比例高等。主要代表品种有伊莎褐（法国）、罗斯褐（英国）、罗曼褐（德国）、海赛克斯褐鸡（荷兰）等国外品种,北京红鸡、农大褐、B-6 鸡等国内品种。

粉壳蛋系,利用轻型白来航鸡与中型褐壳蛋鸡杂交产生的鸡种,壳色深浅斑驳不整齐。如星杂 444、天府粉壳蛋鸡、伊利莎粉壳蛋鸡、尼克粉壳蛋鸡等。

2. 肉鸡系

按选育目标可分成父系和母系,而按商品仔鸡羽毛的色泽则可分为白羽肉鸡和红羽肉鸡。其中,父系以白科尼什鸡为主的品系组成,特点是体重大、生长快、肌肉丰满、产蛋量较少等;母系主要来自白洛克鸡的若干品系,特点是繁殖力强、体重略轻等。主要代表品种有爱拔益加、艾维菌、罗斯 1、哈伯德、红婆罗等,以及中国的三黄鸡等。

三、人工孵化技术

(一)种蛋管理

种蛋收集后需要经过选择、消毒、储存等后才能进行孵化。种蛋质量受种禽质量、种蛋保存条件等因素的影响,其质量的好坏会影响种蛋的孵化效果。

1. 种蛋的选择

(1)质量要求。种蛋应选自生产性能和繁殖性能优良的健康种禽。蛋用种禽的受精率应达到 90％以上,肉用种禽应达到 85％以上。种蛋的形状以接近卵圆形为佳,重量应符合该品种(系)的蛋重标准。蛋壳的结构要求致密均匀,厚薄适度,一般鸡蛋壳厚应为 270～370 μm,鸭蛋壳厚为 350～400 μm,鹅蛋壳厚为 400～500 μm。

(2)选择方法。种蛋的一些外观指标,如蛋形、大小、清洁程度、裂缝和破损可采用肉眼检查;种蛋的蛋壳结构如气室大小、位置、血斑等情况采用灯光或照蛋器作透视检查。

2. 种蛋的消毒

种蛋最好在产出后半小时以内收集并消毒。消毒方法有以下几种。

(1)熏蒸法。1 m^3 需福尔马林 30 mL,高锰酸钾 15 g,混合密闭熏蒸 20～30 min。为节省消毒用药,可将蛋架车用塑料布密封,熏蒸后除去塑料布。

(2)浸泡法。水禽种蛋可用新洁尔灭浸泡消毒 5 min,取出沥干装盘存放。

3. 种蛋的保存

种蛋的存放时间最好是 3～5 d 以内,一般不宜超过 1 周。保存温度为 15～16℃,相对湿度 75％～80％,贮蛋库内应有缓慢适度的通风,以防种蛋发霉。存放期在 7～10 d 以内,可将种蛋排放在蛋盘或蛋托上,放入贮蛋库内保存;保存期较长时可将种蛋装入不透气的塑料袋内,锐端向上,填充氮气,密封后放入蛋箱内保存。

4. 种蛋的包装和运输

待运送的种蛋最好采用规格化的种蛋箱包装。种蛋箱要结实,每一层有纸板做成的活动蛋格,每小格内放一个种蛋。一般鸡蛋每箱 300 枚。种蛋到达目的地后,应尽快开箱检查,剔除破损蛋,做好入孵前的消毒工作,装盘后静置 6~12 h 后入孵。

(二)孵化

1. 孵化期

孵化期是指受精蛋从入孵至出雏所需的天数,鸡 21 d。

2. 照蛋检查

照蛋是鸡蛋孵化过程中检查胚胎发育是否正常的重要方法。

3. 孵化过程

(1)孵化机的准备。孵化前应备齐照蛋灯、温度计、消毒药品、防疫注射器材、记录表格和易损电器组件、电动机等。并对孵化机认真校正、检验各机件的性能,孵化用的温度计要用标准温度计校正。

(2)种蛋预热。将入孵前种蛋放置在 22~25℃预热间,或者直接放置在孵化间内预热 8~12 h。

(3)码盘入孵。将种蛋装入孵化盘内称为码盘。国外多采用真空吸蛋器码盘,国内一般采用手工码盘,并标记品种、数量、入孵时间、批次和入孵机号等,然后推入贮存室等待入孵。入孵时间一般在下午 4:00~5:00,这样大量出雏时间可望在白天。

(4)温度调节。孵化温度为 37.8℃,出雏温度为 37.0~37.5℃,入孵 2~4 h 后,孵化机升温到规定温度,每隔 0.5 h 观察 1 次,每 2 h 记录 1 次温度。

(5)湿度的调节。孵化机湿度要求 50%~55%,出雏机则以 65%~70%为宜,孵化室、出雏室相对湿度为 60%~70%。孵化机观察窗内挂有干湿球温度计,每 2 h 观察记录 1 次。

(6)通风。目的是供给胚胎发育足够的新鲜空气。一般要求孵化机内空气中 O_2 含量为 21%。孵化初期可关闭进、排气孔,随胚龄增加逐渐打开,至孵化后期进、排气孔全部打开,尽量增加通风换气量。

(7)翻蛋。翻蛋能防止胚胎与蛋壳粘连,促进胚胎活动保持胎位正常,以及使蛋受热均匀。因此,在孵化期的前两周每天都要定时翻蛋。每次翻蛋的角度以水平位置前俯后仰各 45°为宜。每隔 1~2 h 翻蛋 1 次。

(8)凉蛋。凉蛋是指种蛋孵化到一定时间,让胚蛋温度短时间温降的一种孵化操作。一般每日凉蛋 1~3 次,每次凉蛋时间 15~30 min,以蛋温不低于 30~32℃为限,将凉过的蛋放于眼皮下稍感微凉即可。

(9)照蛋。按时照蛋,动作要稳、准、快,尽量缩短时间,统计无精蛋、死精蛋及破蛋数。

(10)移盘(落盘)。鸡胚孵至 19 d 时,将胚蛋从孵化器的孵化盘移到出雏器的出雏盘,称移盘或落盘。移盘时,注意提高室温,动作要轻、稳、快,尽量减少碰破胚蛋。最上层出雏盘加盖铁丝网罩,以防出壳雏鸡窜出。

(11)捡雏。可以在 30%～40% 出雏时捡第一次,60%～70% 时捡第二次,最后清盘再捡一次。多层盘叠放出雏时,一般在出雏量达 75%～80% 时第一次捡雏;待大部分出雏后,将已啄壳的胚蛋并盘,集中放在上层促其出壳。

(12)分级暂存。出雏后,种雏要按品系出雏和单放,并进行分级,挑选健雏销售,淘汰弱雏、残雏;分出健雏要存放在 25～29℃ 的雏鸡舍内,保持空气新鲜,光线较暗,使雏鸡有一个良好的休息环境。每 50～100 只为 1 盘叠放,最下层要用空盘或木板垫起。当发现雏鸡张嘴呼吸时说明温度过高,应将雏盘错开加强通风散热。存放雏鸡时间不宜过长,应尽快运至育雏地点。

(13)雌雄鉴别。雏鸡用翻肛鉴别法,鉴别准确率可达 96% 以上。其原理是雏鸡出壳后 4～12 h 内,公雏鸡有生殖突起,而母雏鸡大多数没有;此法必须在强光照射下进行,分为抓雏排粪、握雏翻肛和鉴别放雏三个步骤。

(14)填发出场合格证。无论买方现场提货还是委托卖方托运,雏鸡出场均应按我国农业部种畜禽管理条例的规定填发出场合格证。出口种禽应办理出境检疫手续。

(15)清扫消毒。鸡胚一般在第 22 天的上午出雏完毕,首先捡出死胎和残、死雏,并分别登记入表;然后对出雏机、出雏间彻底清扫消毒。

4. 孵化效果评价

一般要求受精蛋孵化率高水平可达 92% 以上;此外,种鸡饲养周期结束后所提供的健雏数,即每只种鸡在规定产蛋期内(蛋用鸡 72 周龄内,肉用鸡 68 周龄内)提供的健雏数,能综合说明种鸡生产性能的高低、健康情况、孵化效果及经济效益。

四、蛋鸡的饲养管理技术

蛋鸡饲养期一般分为育雏期 0～6 周龄,育成期 7～20 周龄和产蛋期 21～72 周龄。主要生产指标是:雏鸡成活率应为 95% 以上,育成鸡应为 95% 以上;产蛋鸡存活率应为 80～85%;育成率(0～20 周)应为 92% 以上。

(一)种鸡的繁殖管理

本交配种公母投放比例为 1∶10,种蛋受精率为 95%～97%。人工授精公母投放比例为 1∶(30～40);公鸡每周采精 3～5 次,母鸡每 5 d 输精 1 次;输精深度在阴道内 2～3 cm,每次输原精液 0.025～0.05 mL,输精时间在下午 3:00～6:00。

开始收集种蛋的时间一般在 25 周龄。自然交配时,提前 1 周放入公鸡;人工授精时,提前 2 d 连续输精,第 3 天开始收集种蛋。现代轻型与中型蛋用种鸡性能相近,收集种蛋时期在 25~68 周龄,以 28~56 周龄产的种蛋质量最好,蛋重应在 50 g 以上。

(二)育雏期的饲养管理

育雏期饲养管理目标是提高成活率,并达到品种标准体重范围。总体上,要做到育雏舍要求保温性能良好、干燥、光亮适度,每栋育雏舍要实行全进全出制度,以及创造良好的环境和科学的饲养管理。

1. 育雏方式与密度

(1)平面育雏。平面育雏分为地面育雏和网上育雏两种。地面育雏,其垫料厚度为 5 cm,锯末、刨花、稻壳、麦秸等垫料要求清洁、干燥、厚薄均匀,便于雏鸡活动。网上育雏,平网距离地面高 60~70 cm,网眼孔径为 1.25 cm×1.25 cm。

平养的雏鸡 6 周龄前料槽长度每只 2 cm,每 50 只用一个饮水器。

(2)笼育。即用育雏笼进行育雏,此法占地少、管理方便,雏鸡生长均匀。

(3)育雏密度。为使雏鸡有足够的面积饮食和活动,防止垫料过于潮湿,环境不洁等,育雏密度必须适当。

2. 育雏期的准备

(1)制订育雏计划。根据季节、鸡舍面积、育成率、技术水平等条件制订,内容包括育雏的时间、品种、数量、批次等。

(2)消毒鸡舍。在进鸡前 1 周内对清扫过的鸡舍进行消毒,烧笼、墙壁、地面可用火焰消毒,也可喷洒消毒液,最后用福尔马林熏蒸消毒;进雏前一天通风和清理熏蒸物品等。

(3)准备用品。料槽和水槽的数量要充足,常用的疫苗和常用药物要备齐。

(4)调试设备。调试检查各种设备是否正常。

(5)调节温湿度。在进雏鸡前 1~2 d 通过热源预热鸡舍,温度保持在 25℃ 以上,同时增加湿度。

3. 进雏

(1)选雏。选雏方法可概括为"一查、二看、三听、四触"。"一查",主要了解生产场所的情况,包括有无传染病发生、免疫程序和抗体水平、营养状况、孵化效果等;"二看",就是看雏鸡的精神状态,健雏一般活泼好动,眼大有神,羽毛整洁光亮,腹部卵黄吸收良好,而弱雏一般缩头闭目,羽毛蓬乱不洁,腹大,松弛,脐口愈合不良、带血等;"三听",主要听鸡的叫声,健雏叫声洪亮、脆短,而弱雏叫声低微、嘶哑、无力;"四触",主要是抓握雏鸡,了解发育状况、有无挣扎力等。

（2）运输。雏鸡按品系分装,做好标记。专用雏箱每箱 4 格,每格 25 只。车内温度 25～28℃。每 15～20 min 观察 1 次,并注意调整箱位。根据运输的季节不同注意车厢的保温和防暑,同时要适当通风换气。

4. 雏鸡的饲养

（1）日粮配制。日粮最好按饲料生产厂家的建议配制,也可借鉴典型配方自行配制。雏鸡营养水平要求消化能 12 MJ/kg,粗蛋白质 20%～19%,钙 1.1%,磷 0.5%。

（2）饲养方法。雏鸡出壳后,一般应在其绒毛干后 12～24 h 开始初次饮水,开食后雏鸡的饮水量是其采食干饲料的 2～2.5 倍。雏鸡第一次喂料叫开食,一般开食的时间掌握在出壳后 24～36 h 进行,此时雏鸡的消化器官才能基本具备消化功能。开食时使用浅平食槽或食盘,当一只雏鸡开始啄食时,其他雏鸡也纷纷模仿,全群很快就能学会自动吃料、饮水。

5. 雏鸡的管理

（1）温度。温度控制程序为 1～3 d 35～36℃,4～7 d 32～33℃;以后每周降低 2～3℃,直至 20℃恒温。前 3 周温度下降幅度较小,以后几周降幅略大。随着鸡龄增加,育雏器与育雏室的温度差逐渐缩小,最后保持在 16℃以上才能满足雏鸡的需要。

（2）湿度。育雏的适宜湿度为 55%～70%,在常温下很多地区都可以达到这一要求。初生雏鸡体内含水量高达 76%（成鸡 72%左右）,在干燥的环境下,雏鸡体内的水分会通过呼吸大量散发出去,这就影响到雏鸡体内剩余卵黄的吸收,使绒毛发干且大量脱落,使脚趾干枯;雏鸡可能因饮水过多而发生下痢,也可能因室内尘土飞扬易患呼吸道病。可以通过育雏室内放水盘、地面喷洒水等方法增加空气中相对湿度。

（3）通风。经常保持育雏舍内空气新鲜,这是雏鸡正常生长发育的重要条件之一。雏鸡生长快,代谢旺盛,需氧量大,单位体重排出的二氧化碳比大家畜高出 2 倍以上。育雏室内氨的浓度应低于 20 mg/m³;二氧化碳的浓度应低于 0.5%;硫化氢的浓度应低于 10 mg/m³。

（4）密度。雏鸡的适宜密度为:1～2 周龄,笼养 60 只/m²,平养 30 只/m²;3～4 周龄,笼养 40 只/m²,平养 25 只/m²。

（5）光照。光照对鸡的性成熟、排卵和产蛋均有影响。第一周强光照 20～30 lx,22～24 h/d;2～8 周光照强度在 10 lx 以下,10～12 h/d;9～18 周 8～9 h/d。

（6）称重。每 2 周末称重 1 次,测定方法及调整喂料量方法参照育成鸡管理。

（7）断喙。断喙的目的在于减少争斗和饲料抛洒,防止啄趾、啄羽、啄肛等恶癖发生。断喙宜在 6～10 日龄进行,将上喙切去 1/2,下喙切去 1/3。

(三)育成期的饲养管理

育成鸡的生理特点是机体各系统器官基本健全;生长旺盛;采食量增加;性器官发育迅速等。饲养要求为保证鸡只的正常生长、避免性成熟的过早或过晚等。

1. 饲养管理的基础工作

(1)准备。主要是鸡舍和设备,要求消毒好、数量足、功能正常。

(2)转群。选择淘汰病弱鸡、死鸡、不合格标准的鸡等。

(3)饲养。日粮配方要合理,营养水平要求达到消化能 11 MJ/kg,粗蛋白质 16%～14%,钙 1%～0.9%,磷 0.5%。料槽位置 8 cm/只,饮水位置 3 cm/只。

(4)管理。饲养密度,平养时 12～10 只/m²,笼养时 16～15 只/m²;及时添喂消毒好的沙子,以保证鸡的肌胃磨碎食物的能力。

2. 育成期过渡注意事项

(1)逐步脱温。雏鸡转入育成舍后继续给温 5～7 d,把室温保持在 15～22℃。

(2)逐渐换料。用 1 周左右时间在育雏料中按比例每天增加 15%～20% 的育成料,直到全部换成育成期料。

(3)调整饲养密度。平养 12～10 只/m²;笼养 16～15 只/m²。

3. 育成期的性成熟控制

目的是维持标准体重,减少脂肪蓄积,使鸡群发育整齐,防止过早性成熟,早产;节省饲料,降低成本。蛋鸡的性成熟控制一般从第 8 周开始,每周称重 1 次,根据体重进行限饲和控制光照。

(1)限饲。限饲可以减少每只鸡每天正常喂料量的 10%,也可以按标准体重与实测体重的差异来调整喂料量。

(2)控制光照。光照的主要作用是影响小母鸡的性成熟,通过适当的光照可使小母鸡适时开产,具体的光照控制办法见"雏鸡的管理"部分的光照管理。

4. 体重与均匀度测定

均匀度是育成鸡的一项非常重要的质量指标。均匀度与遗传有关,但主要受饲养管理水平的影响,可以用体重和胫长两指标来衡量。性成熟时达到标准体重和胫长且均匀度好的鸡群,则开产整齐,产蛋高峰高而持久。

均匀度测定方法:从鸡群中随机取样,鸡群越小取样比例越高,反之越低。如 500 只鸡群按 10% 取样,1 000～2 000 只按 5% 取样,5 000～10 000 按 2% 取样。取样群的每只鸡都称重、测胫长,不加人为选择,并注意取样的代表性。

"10%均匀度"是指群体中体重落入平均体重±10%范围内的鸡所占的百分比,一般蛋鸡群中"10%体重均匀度"应达 80%,"5%胫长均匀度"应在 90%。如果鸡群均匀度不好,应设法找到原因,以便今后改进,如疾病、寄生虫、过于拥挤、高温、营养不良、断喙过度、通风不当等。

(四)开产前的饲养管理

母鸡开产前的营养与饲养管理不仅影响产蛋率上升和产蛋高峰持续时间,而且影响死淘率。

(1)营养。开产前 2 周母鸡骨骼中沉积钙的能力最强,为了延长母鸡产蛋高峰,减少蛋壳破损率,从 17 周龄开始提高日粮中钙的含量。自由采食,保证饮水,为母鸡开产前营养储备打好基础。

(2)光照。光照能刺激鸡的松果体促进性激素的分泌从而提高产蛋率,从 17 周龄开始要把光照时间延长至 13 h 以上,以后每周增加 20 min,直到日光照时间达到 16～18 h。光照强度以 10～15 lx 为宜,光照强度过大易发生啄癖。

(3)免疫。开产前要进行抗体抽检,进行免疫接种,确保免疫效果。

(4)驱虫。主要是驱蛔虫、绦虫、球虫等。

(五)产蛋期饲养管理

1. 基本生产环节

(1)准备工作。产蛋鸡舍在转群前 3～5 d 进行消毒与清理,转群前 2～3 d 进行通风。育成鸡在转群前 7d,做好接种免疫和修喙。

(2)转群装笼。入笼时间以 18 周龄为宜(范围 17～20 周龄),并配合选淘计数,淘汰不符合标准的残次鸡。装笼时抓鸡要正确,即抓两胫,轻抓轻放,以防损伤和惊群。转运时间,冬季在中午,夏季在早、晚进行。分类入笼,把弱小、发育不良的鸡挑出放到温度较高的南侧。

(3)饲喂和饮水。转群后几天,尽快恢复喂料和饮水,饲料中添加多种维生素 200 mg/kg。2 d 内实施 48 h 连续光照,2 d 后正常光照。4～5 d 内增加喂料次数 1～2 次,4～5 d 后正常饲喂。饲喂制度可选择 1 次饲喂,即下午 15:00;或者 2 次饲喂,即上午 9:00 和下午 15:00,每天必须有一定的空槽时间。

日饮水量 170～235 mL /只,水温以 13～18℃为宜。保证充足饮水,最好为常流水或饮水器,断水不超过 30 min。

2. 日常管理

鸡舍的日常管理工作除喂料、捡蛋、打扫卫生和生产记录外,最重要的、经常性的任务是观察和管理鸡群,掌握鸡群的健康及产蛋情况,及时准确地发现问题和解决问题,保证鸡群的健康和高产。

(1)勤于观察。清晨开灯后观察鸡群状态和有无病死鸡,饲槽和水槽的结构和数量是否能满足产蛋鸡的需要,采食量是否正常。多数鸡开产后,应注意观察有无脱肛、啄肛、争斗现象,体重、体格大小是否均匀。平常要注意观察鸡的精神、食欲、粪便、行为表现等方面,以便发现问题及时解决。

(2)减少应激。蛋鸡对环境变化非常敏感,尤其是轻型蛋鸡尤为神经质,环境的突然改变能引起应激反应。如高温、抓鸡、断喙、接种、换料、断水、停电等,都可能引起鸡群食欲不振、产蛋下降、产软壳蛋、精神紧张,甚至乱撞引起内脏出血而死亡。这些表现往往需要数日才能恢复正常,因此,保持稳定而良好的环境,减少应激,对产蛋鸡非常重要。为了减少应激应严格执行鸡舍管理程序,保证适宜的环境条件(温度、光照、通风等)和饲喂制度(定时喂料、饮水、捡蛋、打扫卫生等)。

(3)平衡营养。蛋鸡饲料成本占总支出的 $60\% \sim 70\%$,节约饲料能明显提高经济效益。饲料浪费的原因是多方面的,采用新鲜全价优质饲料是防止饲料浪费的一个很有效的措施。

(4)保证饮水。产蛋鸡的饮水量随气温、产蛋率和饮水设备等因素不同而异,一般每天每只的饮水量为 $200 \sim 300$ mL。有条件的最好用乳头式饮水器。

(5)定时捡蛋。捡蛋次数为每日上午、下午各捡一次(产蛋率低于 50% ,每日可只捡一次)。捡蛋的同时要注意检查蛋壳颜色、蛋壳质量、蛋的形状和重量有无异常变化。

(6)及时记录。日常的生产记录很多,主要含有以下内容:日期、鸡龄、存栏数、产蛋量、存活数、死亡数、淘汰数、耗料量、蛋重和体重。

(7)防寒防暑。冬季要防寒保温,提高日粮中能量水平、补充光照;春季要提高日粮营养水平(满足产蛋需要)、搞好繁殖配种(如加大多维素用量)、增加通风量、做好卫生防疫。夏季要防暑降温,注意控制舍温(30℃以下)、促进食欲、提高日粮营养水平、保证饮水。秋季更新鸡群前淘汰不产蛋或早期换羽鸡,延长光照 $1 \sim 2$ h。

五、肉仔鸡饲养管理技术

肉仔鸡在 10 周龄前生长发育最快,体重达成年的 2/3,饲料效率高,生活力强;屠宰率高、肉质嫩,是肉鸡产业的重要生产途径。

(一)饲养方式

(1)地面平养。把肉仔鸡养在铺设垫料的地面上,垫料一般选择无灰尘、无霉菌、吸水力强的锯末、干草、蒿秆粉、干沙等,厚 $5 \sim 10$ cm。其优点是投资少,简单易行,节约劳力,而且肉仔鸡的残次品少,胸囊肿发生率低;缺点是鸡舍利用率低,球虫病严重。

(2)网上平养。把肉仔鸡养在网床上面,其优点是干净卫生,有利于消毒,球虫病、胸囊肿和消化道疾病发病率大大降低;缺点是需要制作网床,投资较大。

(3)笼养。把肉仔鸡养在鸡笼里,其优点是鸡舍利用率高,饲养密度大,球虫病发生率低;缺点是胸囊肿发生率高,肉仔鸡商品合格率低。

(二)常用设备

(1)保温伞。1台直径 2.1 m 的伞形育雏器可为 500 只肉鸡提供热源。另外,也可用火坑、烟道育雏以降低生产成本。

(2)护围。育雏初期为防止雏鸡远离温源而受凉,在保温伞周围可用厚纸或苇席圈起,护围高 45~50 cm,与保温伞边缘的距离为 70~150 cm,依育雏季节、雏龄而异。护围通常从第 2 天扩大,至 7~10 d 即可撤除。

(3)饲料盘、饲槽和料桶。育雏初期用饲料盘,10 日龄以后更换成料槽或料桶。

(4)饮水器。一般采用吊式钟形自动饮水器。

(三)进雏前准备

(1)鸡舍。进雏前鸡舍及用具消毒,用高约 50 cm 的隔网分开小圈,每圈饲养数量不超过 2 500 只。

(2)设备。提前 1~2 d 调节温控设备,对鸡舍进行升温;检查饲喂、饮水、照明、通风等相关设备,以便按照饲养要求控制畜舍的温湿度、光照和空气质量。

(3)备好垫料、饲料、疫苗、药品等。垫料要在鸡舍熏蒸消毒前铺好,进雏前还要在上面铺纸,以便雏鸡活动和防止雏鸡误食垫料。

(四)肉仔鸡的饲养管理

1. 肉仔鸡的饲养

(1)饲粮配制。肉用仔鸡饲粮中,应以含高能量、低纤维的谷物为主,必要时可加少量的油脂,饲料力求稳定、全价,成本低廉。

(2)饮水。雏鸡入舍后 2 h 初次饮水,水温以 20~35℃为宜,初饮水为 0.01%高锰酸钾水,以清洗胃肠道并促胎粪排出,0.5 h 后饮水中加入 5%~10%的红糖水和 0.1%维生素 C,减小环境应激。肉仔鸡的饮水量为采食量的 2~3 倍,尤其在热天应保证清洁充足的饮用水,1 周龄以内用真空式饮水盘供水,7~10 日龄时引导雏鸡全部到自动饮水器饮水后,可将真空式饮水盘全部移出,饮水面距地面的高度要随鸡龄不断调整,保持与鸡背等高。饮水方式为自由饮水。

(3)饲喂。雏鸡饮水好 2~3 h 后开食,即雏鸡出壳后 24~36 h 开食,当有 60%~70%的雏鸡出现啄食行为时为最适开食时间。前 3 d 用过筛的全价破碎颗粒料作为开食料,也可用拌湿的粉料,开食料每 2 h 饲喂 1 次,每次的饲喂量以雏鸡在 30 min 内吃完为宜;从 4 日龄起饲具要逐步过渡到用料桶喂食,7～8 日龄后完全用料桶喂食。

日饲喂次数本着少喂勤添的原则,1～15 日龄每天饲喂 6～8 次,两次之间间隔 3～4 h,16～56 日龄每天饲喂 3～4 次,每次喂料量应随鸡龄的增长而逐渐增加。每次添料不要超过饲槽深度的 1/3,饲槽高度随鸡龄增长而调整,保持与鸡背同一水平,以免啄出饲料。

饲喂方式一般为全价日粮自由采食,但在饲养管理及环境控制条件较差时,应在饲养早期进行适当的限制饲养(限质或限量),以降低腹水症发生率。

要投喂不溶性沙砾,第 2 周龄内按每千只鸡 4.6 kg 细沙砾分 2 次投喂,第 3～5 周龄期间按每千只鸡 9.2 kg 粗沙砾,分 2 次投喂。

2. 肉仔鸡的管理

(1)进雏。雏鸡必须购自健康高产的父母代鸡生产的商品杂交鸡,种鸡无白痢病,无霉形体病,种蛋大小符合标准,孵化厂清洁卫生。雏鸡站立平稳、活泼健壮、发育整齐,脚的表皮富有光泽。

(2)饲养密度。依鸡舍类型、垫料质量、养鸡季节和出场体重而异,1 m² 以 10～15 只为宜,体重小则收容鸡数可多些,夏季舍温高或出场体重大则饲养鸡数可少些。

(3)温度。开始 32～35℃,以后每周下降 3℃,直到 21～23℃为止。温度计应距热源 21 cm,离地面 5 cm 处。

(4)湿度。育雏第 1 周舍内保持 60%～65% 的稍高湿度。2 周以后体重增大,呼吸量增加,应保持舍内干燥,注意通风,避免饮水器漏水,防止垫料潮湿。

(5)通风换气。良好的空气环境有利于鸡的健康和快速生长,肉用仔鸡空气中的氨(NH_3)的含量以不超过 20 mg/kg 为宜。

(6)光照。光照有连续和间歇光照两种方法。连续光照:施行 23 h 连续光照,1 h 黑暗;间歇光照:在全密闭鸡舍,光照和黑暗交替进行,即全天施行 1～2 h 光照、2～4 h 黑暗交替。在整个饲养期,光照强度原则是由强到弱。

六、规模鸡场工艺技术参数

集约化、规模化、标准化养鸡是现代蛋鸡、肉鸡产业的主导生产方式。

1. 生产规模

不同类型规模鸡场的生产规模划分见表 12-12。

表 12-12　不同类型规模鸡场的生产规模划分　　　　万只

类别			大型场	中型场	小型场
种鸡场	祖代种鸡		≥1	0.5~<1	<0.5
	父母代	蛋鸡	≥3	1~<3	<1
		肉鸡	≥5	1~<5	<1
商品鸡场	蛋鸡		≥20	5~<20	<5
	肉鸡		≥100	50~<100	<50

2.生产设施和辅助设施建筑面积

生产设施和辅助设施包括鸡舍、饲料库、饲料加工间、发电室、兽医室、锅炉房、焚尸炉、粪污处理设施等。公共设施包括办公室、门房、消毒通道等。规模鸡场主要设施建筑面积见表 12-13。

表 12-13　规模鸡场主要设施建筑面积　　　　m²

类别	规模/万只	占地面积	建筑面积	生产设施	辅助设施	公共设施
商品蛋鸡场	20	99 000~107 000	24 800~26 400	21 820~23 140	600	1 000
	10	55 300~60 000	13 320~14 310	10 900~11 640	500	800
	5	32 000~35 500	9 390~7 970	5 480~5 870	400	600
商品肉鸡场	100	63 300~109 000	15 620~28 500	13 380~25 820	600	900
	50	33 570~57 600	8 580~15 150	6 780~12 980	500	700
	10	10 830~13 760	2 600~3 690	1 470~2 330	400	500

3.饲养密度与只均占位面积

规模鸡场只均占地面积见表 12-14。

表 12-14　规模鸡场只均占地面积　　　　m²/只

鸡场类型	1 万~5 万只种鸡场	10 万~20 万只商品蛋鸡场	年出栏 100 万只肉鸡场
占地面积	0.6~1.0	0.5~0.8	0.2~0.3

七、规模鸡场生产管理参数

1.鸡群结构

规模鸡场周转采用全进全出制,其鸡群结构和周转方式见表 12-15。

表 12-15　20 万只规模蛋鸡场鸡群结构与周转

鸡群类别	生理持续期/周	饲养周龄/周	孵化率或成活率/%	选留率/%	入舍（入孵）数/（万枚/万只）	期末数/（万只）
种 蛋	3	—	88	95	65.29	27.29
育雏鸡	7	0～7	93	95	27.29	24.11
育成鸡	13	8～19	97	95	24.11	22.22
产蛋鸡	52～54	20～74	90	—	22.22	20.00

　　肉鸡种蛋孵化后就育肥，一般为 6～8 周龄出栏，空舍消毒时间 1～2 周，周转程序简单。

　　2. 蛋鸡生产性能（表 12-16）

表 12-16　蛋鸡生产性能

生产性能（20～78 周）	罗曼-95	罗曼-99	海塞-95	海塞-97
50%开产日龄/d	152～158	145～150	158	155
产蛋高峰产蛋率/%	90～93	92～94	92	92
入舍 78 周龄产蛋量/个	285～295	295～305	299	306
平均蛋重/g	63.5～64.5	63.5～65.5	63.2	63.2
总 蛋 重/kg	18.2～18.5	18.5～20.0	18.9	19.3
产蛋期日均饲料消耗/g	115～122	108～116	115	115
料蛋比（x：1）	2.2～2.4	2.0～2.2	2.39	2.34
产蛋期成活率/%	94～96	94～96	95	95

　　3. 肉鸡生产性能（表 12-17）

表 12-17　肉鸡（罗斯 308）生产性能

类别	项目	周龄								
		0	1	2	3	4	5	6	7	8
公鸡	体重/g	42	184	471	920	1505	2173	2867	3541	4162
	料重比（x：1）		0.88	1.151	1.308	1.442	1.572	1.701	1.83	1.958
母鸡	体重/g	42	180	439	828	1318	1869	2436	2986	3493
	料重比（x：1）		0.889	1.148	1.322	1.487	1.648	1.811	1.973	2.135

4.饮水量

成年鸡每日每只需水量为 1 L。

八、鸡场疫病防控技术

(一)免疫的目的

制订完善的蛋鸡免疫程序,进行程序化免疫,其目的如下。

(1)预防临床疾病,降低蛋鸡的死亡率、发病率以及因疾病暴发而引起的生产损失。

(2)预防亚临床感染引起的生产损失(如引起免疫抑制的传染性法氏囊病可增加蛋鸡对细菌性感染的易感性)。

(3)促进高水平母源抗体的产生。免疫可刺激蛋种鸡生产高水平的抗体,通过蛋黄传递给后代。

(二)免疫的方法

1.群体免疫

随着群体规模不断扩大,蛋鸡数量不断增加,采用活苗群体免疫可以降低劳动成本、减少应激、产生良好的黏膜免疫力。主要方法如下:

(1)饮水免疫。免疫前短时间内不提供饮水,直接将疫苗溶液加入饮水器,限制饮水 1~2 h,实现全群免疫。

(2)喷雾免疫。用鸡新城疫和传染性支气管炎等呼吸道活苗进行免疫时,喷雾免疫是特别有效的方法。

2.个体免疫

对于不适用于饮水和喷雾的疫苗,要逐个个体进行免疫。

(1)刺种免疫。刺种免疫时,保定蛋鸡,除去刺种区的羽毛,避开血管、肌肉和骨骼,用刺种器在翅下刺种。禽脑脊髓炎、病毒性关节炎、鸡痘炎和禽霍乱疫苗可通过刺种方法来免疫。

(2)点眼滴鼻。用滴瓶在鸡的眼睛或鼻孔内滴一滴疫苗,每滴大约 0.03 mL。

(3)皮下注射。皮下注射是将疫苗注入颈部背侧皮下的疏松组织。

(4)肌肉注射。在腿部和胸部肌肉注射疫苗。

(三)蛋鸡免疫程序

1.父母代蛋鸡免疫程序

7~10 日龄,"新城疫-传支"二联苗 1 头份点眼,鸡痘接种。

16~18 日龄,法氏囊中等毒力活苗 1 头份点眼。

23～24 日龄,"新城疫-传支"二联苗 1 头份点眼,灭活苗 0.5 头份皮下注射。

28～30 日龄,法氏囊中等毒力活苗 2 头份饮水。

38～40 日龄,法氏囊中等毒力活苗 2 头份饮水。

60～65 日龄,根据抗体效价决定是否进行"新城疫-传支"二联油苗肌肉注射。

75～80 日龄,传染性脑脊髓炎活苗 1 头份饮水。

95～100 日龄,减蛋综合征油苗 1 头份肌注。

115～120 日龄,"新城疫、传支、法氏囊、减蛋综合征"四种油苗肌注,新城疫Ⅳ系 2 头份饮水。

270～280 日龄,"新城疫、传支、法氏囊"三联油苗肌肉注射,新城疫Ⅳ系 3 头份饮水。

2.商品代蛋鸡免疫程序

7～10 日龄,"新城疫-传支"二联苗 1 头份点眼,鸡痘接种。

15～17 日龄,法氏囊中等毒力活苗 1 头份点眼。

23～24 日龄,"新城疫-传支"二联苗 1 头份点眼,灭活苗 0.5 头份皮下注射。

28～30 日龄,法氏囊中等毒力活苗 2 头份饮水。

38～40 日龄,法氏囊中等毒力活苗 2 头份饮水。

60～65 日龄,新城疫Ⅳ系 2 头份饮水或喷雾。

70～80 日龄,传支活苗 2 头份饮水。

95～100 日龄,减蛋综合征油苗 1 头份肌注。

105～110 日龄,传支活苗 3 头份饮水。

115～120 日龄,"新城疫-传支"二联苗肌注,新城疫Ⅳ系 2 头份饮水。

280～300 日龄,新城疫Ⅳ系 3 头份饮水。

(四)肉鸡免疫程序

1 日龄,新城疫苗,群体气雾消毒。

4 日龄,传支苗 1 头份点眼、滴鼻;新城疫Ⅱ系、Ⅳ系苗肌肉注射。

8 日龄,"新城疫-禽流感"二联苗颈部皮下注射。

14 日龄,法氏囊中等毒力活苗 1 头份饮水。

21 日龄,新城疫活疫苗 2 头份饮水。

28 日龄,法氏囊中等毒力活苗 1 头份饮水。

第三节　规模牛场养殖工程技术

一、牛的生物学特性

(1)适宜温度。牛生活的适宜环境温度是 10～21℃,高温导致采食量减少,生长速度、母牛产奶量和公牛精液品质下降。

(2)食性。喜欢采食草类饲料,尤其是青绿饲料和块根块茎饲料,采食时依靠灵活有力的舌头卷食饲草。

(3)群集性。牛是群居家畜,群体中有等级制度,不同个体混群后通过角斗决定优胜序列。

(4)运动性。牛喜欢自由活动,尤其幼牛特别活跃,饲养管理上应保证牛的运动时间,宽大的运动场或者散养方式有利于牛的健康和生产。

(5)休息。牛每天需要 9～12 h 休息,休息的方式有游走、站立或躺卧,一昼夜躺卧的时间至少 3 h 以上。

(6)反刍。牛是反刍动物,采食过后在休息的时候反刍。

(7)嗳气。瘤胃中微生物发酵产生大量的挥发性脂肪酸、二氧化碳、甲烷等气体,这些气体部分通过食道进入口腔排出体外,牛平均每小时嗳气 18～20 次。

(8)排泄。牛每天排尿 9～11 次,排粪 12～20 次,成牛每天粪尿总量为 31～35 kg。

(9)繁殖。牛的性成熟年龄为 8～12 月龄,妊娠期 280 d,哺乳期 2～3 个月,繁殖年限 11～12 年。

二、牛的经济类型与品种

按照经济学用途把牛分为乳牛、乳肉兼用牛、肉牛、肉乳兼用牛、肉役兼用牛和役肉兼用牛。

1.奶牛品种

(1)荷斯坦牛。世界第一大乳用品种。全身毛色黑白相间,额星、腹下、四肢下部、尾帚为白花。荷斯坦牛 305 d 泌乳量为 8 085 kg,世界个体产奶量最高纪录 365 d 产奶 30 833 kg。中国荷斯坦牛是从国外引进的荷斯坦牛与我国黄牛杂交,经长期选育而成,是我国唯一的乳用品种;产奶量可达 7 000～8 000 kg,一些优秀牛群和个体的 305 d 产奶量达到 10 000～16 000 kg。

(2)娟姗牛。毛色以褐色为主,鼻镜、副蹄和尾梢呈黑色。成年公牛体重

650~700 kg,母牛 360~400 kg。平均产奶量 4 954 kg,乳脂率 6.3%,乳蛋白4%。其每千克体重的产奶量超过其他品种,且耐热力强,被公认为效率最好的乳牛品种。

2. 肉牛品种

(1)夏洛来牛。原产于法国,属大型肉牛品种。被毛为乳白色,臀部肌肉圆厚丰满,尻部常出现隆起的肌束,称"双肌牛"。在强度饲养条件下,12 月龄体重可达500 kg 以上,最高日增重 1.88 kg。成年公牛体重 1 100~1 200 kg,母牛 700~800 kg。一般屠宰率为 60%~70%,胴体净肉率为 80%~85%,肉质好,瘦肉多。具有适应性强,耐粗饲,耐寒,抗病等特点,但繁殖率低,难产率高。

(2)利木赞牛。原产于法国,属大型肉牛品种。被毛为黄红色,但深浅不一。在良好饲养条件下,10 月龄活重可达 408 kg,12 月龄达 480 kg。一般屠宰率为63%~71%,瘦肉率高达 80%~85%。具有适应性强,耐粗饲,适于放牧,补偿生长能力强,饲料利用率高的特点。

(3)安格斯牛。原产于英国,属早熟的中小型肉牛品种。无角,全身被毛黑色或红色。育肥牛 12 月龄体重可达 400 kg。成年公牛体重 800~900 kg,母牛500~600 kg。成熟早,适应性强。一般屠宰率为 60%~65%。性情温驯,适于放牧饲养。

(4)日本和牛。原产于日本,分为褐色和牛和黑色和牛两种。成年母牛体重约620 kg、公牛约 950 kg,犊牛经 27 月龄育肥,体重达 700 kg 以上,平均日增重1.2 kg 以上。日本和牛是当今世界公认的品质最优秀的良种肉牛,其肉大理石花纹明显,又称"雪花肉"。

3. 役肉兼用品种

(1)秦川牛。原产于陕西,毛色多为紫红色或红色,鼻镜和眼圈为肉红色。成年公牛体重 470~700 kg,母牛 320~450 kg,18 月龄平均屠宰率 58.3%;净肉率50.5%,肌肉细嫩多汁,大理石纹明显。

(2)南阳牛。原产于河南,毛色以黄色居多,其次为红色和草白色。成年公、母牛平均体重分别为 650 和 410 kg,中等膘情公牛屠宰率 52.2%,净肉率 43.6%。

(3)鲁西牛。原产于山东,毛色以黄色居多,眼圈、口轮、腹下和四肢内侧色淡。成年公、母牛平均体重分别为 644.4 和 365.7 kg,产肉性能好,肉质细嫩,18 月龄育肥牛屠宰率 59.2%,净肉率 48.1%。

(4)晋南牛。原产于山西,毛色以枣红色居多,其次为黄色、褐色,鼻镜和蹄为粉红色,成年公、母牛体重分别为 607.4 和 339.4 kg。18 月龄育肥牛屠宰率59.2%。

(5)延边牛。原产于吉林省,毛色多为深浅不同的黄色,成年公、母牛平均体重分别为465.5和365.5 kg,18月龄育肥公牛屠宰率57.7%。

4. 乳肉兼用品种

(1)西门塔尔牛。原产于瑞士。分为乳肉和肉乳兼用两种类型,毛色为黄白花,头部、腹下、四肢下部和尾帚为白色,成年公牛体重1 000～1 300 kg,体高148 cm;母牛650～800 kg,体高134.4 cm。泌乳期平均产奶量4 000～5 000 kg,乳脂率3.9%～4.2%;屠宰率65%。

(2)短角牛。原产于英国,有乳肉兼用、肉用、乳用三种类型。短角牛有有角和无角之分,毛色多数为紫红色,少数为红白沙毛或白色,被毛卷曲。成年公牛体重800～1 000 kg,体高142.8 cm;母牛600～750 kg,产奶量2 800～3 500 kg。乳脂率3.5%～4.2%,屠宰率65%～68%,肌纤维细嫩。

三、种牛饲养管理技术

(一)种公牛饲养管理技术

1. 种公牛饲养

种公牛饲养原则是保持强壮的体质、品质优良的精液和较长的利用年限。培育种公牛时保证其生长发育符合种用公牛的体型,避免形成草腹。

饲养上保持营养物质的全价性、均衡性和长期性,注意Ca、P和维生素A、维生素E的供给,保证蛋白的品质和适量供给,否则影响公牛性欲和精液质量。日粮的容积不能大,干物质进食量为体重的1.3%～1.6%,日粮干物质中1.68 NND/kg,可消化粗蛋白5.3%。

2、种公牛管理

(1)运动。10～12月龄时种用青年牛必须穿鼻戴环,每天自由活动。

(2)护理。每天梳刷牛体1～2次,每年修蹄1～2次,保持阴囊的清洁卫生。

(3)采精。每周采精2次,每次射精2次,间隔10 min。

(4)严禁粗暴对待种公牛。严禁打骂、逗引种公牛。

(二)繁殖母牛的饲养管理技术

1. 妊娠母牛的饲养管理

妊娠前6个月,不必为母牛增加营养。胎儿增重主要在妊娠的最后3个月,此期的增重占犊牛初生重的70%～80%。一般在母牛分娩前,至少增重45～70 kg,才足以保证产犊后的正常泌乳与发情。

日粮按以青粗饲料为主适当搭配精饲料的原则。粗料以秸秆为主时,必须搭配优质豆科牧草,补饲饼粕类饲料,根据膘情补加混合精料 1～2 kg,不能喂冰冻、发霉饲料。饮水温度要求不低于 10℃。怀孕后期应做好保胎工作,防止挤撞、猛跑。临产前注意观察,保证安全分娩。应避免过肥和运动不足。纯种肉用牛难产率较高,尤其初产母牛较高,必须做好助产工作。

2. 哺乳期母牛的饲养管理

在饲喂青贮玉米或氨化秸秆保证维持需要的基础上,补喂混合精料 2～3 kg,并补充矿物质及维生素添加剂,精料搭配多样化。在此期间,应加强乳房按摩,经常刷拭牛体,促使母牛加强运动,充足饮水。

泌乳 3 个月以后,母牛产奶量下降。避免母牛过肥,影响繁殖。应根据体况和粗饲料供应情况确定精料喂量,混合精料 1～2 kg,并补充矿物质及维生素添加剂。多供青绿多汁饲料。肉犊牛一般随母哺乳,4～6 月龄断奶。

四、奶牛场高效生产技术

(一)犊牛与育成牛的饲养管理技术

出生到 6 月龄的牛称为犊牛。

1. 初生犊牛的护理

(1)消除黏液。初生犊牛的鼻和身上沾有许多黏液,应及时擦干。如呼吸困难,应使其倒挂,并拍打胸部,使黏液流出。犊牛的脐带如果没有自然扯断,用消毒剪刀在距腹部 6～8 cm 处剪断并用碘酊药液浸泡 2～3 min 即可。

(2)早喂初乳。初乳即母牛分娩后 7 d 内分泌的母乳。初乳的营养丰富,尤其是蛋白质、矿物质和维生素 A 的含量比常乳高。在蛋白质中含有大量的免疫球蛋白,对增强犊牛的抗病力具有重要作用。初乳中镁盐较多,有助于犊牛排出胎粪。初乳中还含有溶菌酶,具有杀灭各种病菌的功能,同时初乳进入胃肠具有代替胃肠壁黏膜作用,阻止细菌进入血液。从犊牛本身来讲,初生犊牛胃肠道对母体原型抗体的通透性在生后很快开始下降,在 18 h 就几乎丧失殆尽。在此期间如不能吃到足够的初乳,对犊牛的健康就会造成严重的威胁。因此,犊牛出生后应在 0.5～1 h 尽量让其吃上初乳,可人工喂饮 2 kg,也可以人工灌服 4 kg,6～12 h 后再灌服 2 kg。

2. 常乳期犊牛的饲养管理

(1)定质、定量、定温、定时饲喂。定质是指保证乳汁的质量;定量是指按饲养方案标准合理投喂乳汁;定温是指饲喂乳汁的温度保持 38～40℃;定时指两次饲喂之间时间间隔 8 h 左右。

(2)犊牛的补饲。在犊牛 1 周龄时开始饲喂优质干草,精料在犊牛 10～15 日龄时补饲,训练犊牛自由采食,以促进瘤网胃发育,并防止舔食异物。青贮料应在2月龄后饲喂。

(3)犊牛的管理。①称重和编号:一般在初生、6月龄、周岁、第一次配种前应予以称重。在犊牛称重的同时,还应进行编号,佩戴耳标。②去角:一般在15日龄左右。用特制的去角器去角,通电加热后,放在犊牛角部,烙15～20 s,使犊牛角四周的组织变为古铜色为止。③饮水:哺乳期要供给充足的饮水。开始补充温水,再逐渐过渡到常温水。④运动:天气晴好时让犊牛户外自由活动,以增强体质。⑤做好卫生:勤打扫圈舍,勤换垫草,每次用完的奶具、补料槽、饮水槽等一定要洗刷干净,保持清洁。

(4)犊牛的断奶。目前生产中,一般全期哺乳量控制在250～350 kg,喂乳期45～60 d,犊牛全期平均日增重670～700 g,6月龄体重可达到160～165 kg。

3. 育成牛的饲养管理技术

育成牛指断奶后到配种前的母牛。育成牛培育的主要任务是保证牛的正常发育和适时配种,但不能养得过肥。

3月龄以后的犊牛采食量逐渐增加,应特别注意控制精料饲喂量,每头每日不应超过2 kg;要尽量多喂优质青粗饲料。7～18月龄育成牛的日粮,应以优质青粗饲料为主,精饲料最多不超过2 kg。管理上要加强运动,对周岁至配种期间的青年牛每天应按摩一次乳房,初配怀孕后的奶牛,每天可按摩两次。为促进皮肤代谢和养成温驯的习性,育成牛每天应刷拭1～2次。初次配种在14～16月龄初配,或按达到成年体重70%时才开始初配。

(二)干奶牛的饲养管理

进入妊娠后期,停止挤奶到产犊前15 d,称为干奶期。干乳方法、干乳期的长短以及干乳期规范化的饲养管理对于胎儿的发育,母牛的健康以及下一个泌乳期的产奶量有着直接的关系。

1. 干奶的方法

一般可分为逐渐干奶法、快速干奶法和骤然干奶法三种。逐渐干奶法一般需要10～15 d时间,快速干奶是在4～7 d内停奶。这两种方法都是改变奶牛饲喂制订,打破挤奶规律而使奶牛减少产量。骤然干奶法是在奶牛干奶日突然停止挤奶。三种方法最后一次挤奶后都要注入抑菌的药物(干奶膏),将乳头封闭。

逐渐干奶法一般用于高产奶牛以及有乳腺炎病史的牛。快速干奶法和骤然干奶法现在应用较多,因为这两种方法干奶所需要时间较短,省工省时,并且对牛体健康和胎儿发育影响较小,乳房承受的压力大,有乳腺炎病史的牛不宜采用。

2.干奶期奶牛的饲养

饲喂视母牛体况而定,其原则为使母牛日增重在 500～600 g 之间,全干奶期增重 30～36 kg,达到中上等膘情。不喂或少喂多汁料及副料,适当搭配精料。增加粗饲料(干草)的采食量,精料喂量最大不宜超过体重的 0.6％～0.8％,以防奶牛产犊时过肥,造成难产和代谢紊乱。

3.干奶期奶牛的管理

绝对不能供给冰冻、腐败变质的饲草饲料,冬季不应饮过冷的水。为了促进乳腺发育,经产母牛在干奶 10 d 后开始按摩,每天一次,但产前出现水肿的牛应停止按摩。自由活动。

(三)围产期奶牛的饲养管理

奶牛产前 15 d 称为围产前期,产后 15 d 称为围产后期。这一时期的饲养管理直接关系到奶牛的体质、分娩情况,产后泌乳和健康状况。

1.围产前期的饲养管理

营养水平:干物质采食量占母牛体重的 2.5％～3％;日粮干物质 2～2.3 NND/kg;可消化粗蛋白占日粮干物质 9％～11％;钙为 40～50 g,磷为 30～40 g。中性洗涤纤维 33％、酸性洗涤纤维 23％、非纤维性碳水化合物 42％。

一般于分娩前 15～21 d 开始逐渐增加精料,可每次增加 0.3～0.5 kg,直至临产前精料饲喂量达到 5.5～6.5 kg,但最大喂量不超过体重的 1％～1.2％,以促进瘤胃微生物适应产后的高精料日粮。母牛临产前 2～3 d 内,为防母牛发生便秘可在每 100 kg 精料中加入 30～50 kg 麸皮饲喂母牛。母牛一般在分娩前两周转入产房,以使其习惯产房环境。产栏应事先清洗消毒,并铺以垫草。

2.奶牛分娩期的饲养管理

(1)临产牛的观察与护理。注意观察母牛的临产症状,观察乳房能挤出乳白色初乳;观察阴门有分泌物;观察尾部两侧肌肉明显塌陷;观察宫缩。观察到以上情况后,应立即将母牛拉到产间,做好接产准备。

(2)分娩后的护理。刚分娩母牛大量失水,要立即喂母牛以温热、足量的麸皮盐水(麸皮 1～2 kg,盐 100～150 g,碳酸钙 50～100 g,温水 15～20 kg),可起到暖腹、充饥、增腹压的作用。同时喂给母牛优质、嫩软的干草 1～2 kg。母牛产后经 30 min 即可挤奶,挤奶前先用温水清洗乳房和牛体等,每个乳头的第一二把奶要弃掉,挤出 2～2.5 kg 初乳尽快饲喂犊牛。

产后 4～8 h 胎衣自行脱落,如 12 h 还不脱落,要采取兽医措施。每日测 1～2 次体温和其他,监测是否异常,若有异常应查明原因进行处理。

母牛在分娩后 1～3 d,食欲低下,在饲料的调配上要加强其适口性,刺激牛的食欲。粗饲料则以优质干草为主,精料不可太多,但要全价,适口性好,4 d后逐步增加精料及青贮。一般产后1～5 d应饮用温水,水温37～40℃,以后逐渐降至常温。

产犊的最初几天,不能将乳汁全部挤净,否则由于乳房内压显著降低,微血管渗出现象加剧,会引起高产奶牛的产后瘫痪。第4天才可将奶挤尽。分娩后乳房水肿严重,要加强乳房的热敷和按摩,促进乳房消肿。

3.围产后期奶牛的饲养管理

营养水平:干物质占母体体重的3%～3.8%;干物质含2.3～2.5 NND/kg;粗蛋白17%～19%(非降解蛋白含量达粗蛋白40%);分娩后立即改为高钙日粮,钙占日粮干物质的0.7%～1%,磷占日粮干物质的0.5%～0.7%。粗纤维含量不少于17%,中性洗涤纤维28%～45%。

精料增加不宜过快,否则会引起瘤胃酸中毒、真胃移位、乳脂率下降等一系列问题,一般前2周精料添加速度为0.5 kg/d左右;由于新产牛干物质采食量不高,且动员体内蛋白质的能力有限,因此提高日粮蛋白质浓度很重要,一般日粮粗蛋白含量推荐为17%～19%,其中应包括足够的瘤胃降解与非降解蛋白,非降解蛋白含量达到粗蛋白40%左右。饲喂质量最好的粗料,中性洗涤纤维含量为28%～33%,并保证有充足的有效长纤维(大于2.6 cm)。可饲喂2～4 kg/d优质长干草(最好是苜蓿),确保瘤胃充盈状态和健康功能,添加瘤胃缓冲剂小苏打添加量为0.75%。产后奶牛体内的钙、磷也处于负平衡状态。母牛产后需喂给充足的钙、磷和维生素D。分娩10 d后,头日喂量钙不低于150 g,磷不低于100 g。

(四)泌乳母牛的饲养管理

1.泌乳早期母牛的饲养管理技术

产后16～100 d为泌乳早期(泌乳盛期)。高峰奶出现在产后40～60 d,此阶段乳牛能量代谢呈负平衡,体况评分可以从3.5下降到2.5,动用体贮支持泌乳,体重下降。泌乳盛期的泌乳量,占整个泌乳期产乳量的50%左右。

(1)泌乳早期奶牛的饲养。日粮干物质要求占体重3.5%以上,干物质含2.4 NND/kg,粗蛋白16%～18%,钙0.7%,磷0.45%,精粗比60:40,粗纤维不少于15%,中性洗涤纤维28%～30%、酸性洗涤纤维19%～20%,非纤维性碳水化合物35%～38%。

要求日粮适口性好、体积小、饲料种类多。饲养上要适当增加饲喂次数,保证饲料相对稳定。蛋白质类型和水平对达到产奶量泌乳高峰至关重要,蛋白质饲料包括高过瘤胃率的优质蛋白质饲料,满足奶牛对蛋氨酸和赖氨酸的需要。在不影响粗饲料消化的情况下,也可以在日粮中加入不超过7%的脂肪。饲养目标:使能量负平衡的程度最小、时间最短。改善泌乳的持续性,提高繁殖力。

饲喂方法可采用引导饲养法(俗称奶跟着料走),从母牛干乳期的最后两周开始,直到产犊后泌乳达到最高峰时,喂给高水平的能量,有助于维持体重和提高产奶量。母牛产犊后,仍继续按每天 0.45 kg 增加精料,直到产乳高峰或精料不超过日粮总干物质的 65% 为止。

(2)泌乳早期奶牛的管理。①采用"TMR"饲喂技术,精粗饲料混合均匀饲喂,并保证自由采食。每天食槽的空置时间不应超过 2~3 h,剩料的重量不应大于 3%~5%。②高产奶牛容易感染乳腺炎,因此必须严加预防。挤奶前、后两次药浴乳头。③注意泌乳早期牛的发情,以产后 70~80 d 配孕最佳。④保证充足清洁的饮水和自由运动。⑤做好奶牛防疫灭病和牛舍内外清洁卫生工作,做好夏季防暑降温和冬季的防寒保暖。

2. 泌乳中期母牛的饲养管理技术

产后 100~200 d 称泌乳中期。产奶量开始缓慢下降,每月下降 5%~7%。

(1)泌乳中期奶牛的饲养。日粮中干物质为体重的 3% 左右,干物质含 2.13 NND/kg,粗蛋白质 13%,钙 0.45%,磷 0.4%。中性洗涤纤维 33%、酸性洗涤纤维 25%,非纤维性碳水化合物 33%。精粗比例 40:60。

根据产奶量变化调整精料饲喂量,减少谷物饲料供给,大量供给粗饲料,减少精料成本较高的高过瘤胃率的蛋白质饲料和脂肪。粗料每日每头牛 20 kg 玉米青贮、4 kg 干草。精料按每产 2.7 kg 奶供给 1 kg;每产 2.5~3 kg 奶给 1 kg 鲜啤酒糟。

(2)泌乳中期奶牛的管理技术要点。加强日常管理如梳刮牛体,按摩乳房,加强运动,饮水充足,保证母牛高产稳产。如果体况评分大于 4.0(理想 3.5~3.75)分,可以考虑控制干物质采食量。检查是否怀孕,防止空怀。

3. 泌乳后期母牛的饲养管理技术

产后 200 d 至干奶前称泌乳后期。此阶段产奶量急剧下降,每月下降幅度达 10% 以上,此时母牛处于怀孕后期,应做好牛体况恢复工作。

(1)泌乳后期奶牛的饲养。日粮干物质应占体重的 3.0%~3.2%,干物质含 2 NND/kg,粗蛋白 12%,钙 0.45%,磷 0.35%,中性洗涤纤维 33%、酸性洗涤纤维 25%,非纤维性碳水化合物 33%。精粗比为 30:70,粗纤维含量不少于 20%。饲养上以优质青粗料为主,适当补充精料。在满足胎儿发育需要时,防止喂得过肥,保持中等偏上体况即可。

(2)泌乳后期奶牛的管理。在预计停奶以前必须进行一次直肠检查,确定一下是否妊娠。禁止喂冰冻或发霉变质的饲料,注意母牛保胎,防止机械流产。

五、肉牛场高效肥育技术

(一)小白牛肉生产技术

小白牛肉一般是指将犊牛培育至 6～8 周龄体重 90 kg 时屠宰,或 18～26 周龄,体重达到 180～240 kg 屠宰,犊牛完全用全乳、脱脂乳、代用乳饲喂,少喂或不喂其他饲料,因此白牛肉生产不仅饲喂成本高,牛肉售价也高,其价格是一般牛肉价格的 2～10 倍。

小白牛肉生产的饲养模式主要有单笼拴系饲养、单笼不拴系饲养、圈舍群养和群饲与单独饲养结合模式。生产白牛肉的犊牛品种很多,肉用品种、乳用品种、兼用品种或杂交种牛犊都可以,目前以奶牛公犊为主。传统的白牛肉生产,由于犊牛吃了草料后肉色会变暗,不受消费者欢迎,为此犊牛肥育不能直接饲喂精料、粗料,应以全乳或代乳品为饲料。1 kg 牛肉约消耗 10 kg 牛乳,很不经济,因此,近年来采用代乳料加人工乳喂养越来越普遍。采用代乳料和人工乳喂养,平均每生产 1 kg 小白牛肉需 1.3 kg 的干代乳料或人工乳。

(二)小牛肉生产技术

犊牛出生后饲养至 7～8 月龄或 12 月龄以前,以乳和精料为主,辅以少量干草培育,体重达到 300～450 kg 所产的肉,称为"小牛肉"。小牛肉分大胴体和小胴体。犊牛育肥至 7～8 月龄,体重达到 250～300 kg,屠宰率 58%～62%,胴体重 130～150 kg 称小胴体。如果育肥至 8～12 月龄屠宰活重达到 350 kg 以上,胴体重 200 kg 以上,则称为大胴体。

(1)犊牛品种的选择。生产小牛肉应尽量选择早期生长发育速度快的牛品种,在国外奶牛公犊被广泛利用生产小牛肉。

(2)育肥技术。小牛肉生产实际是育肥与犊牛的生长同期。采取人工哺乳,犊牛出生后吃足初乳,1 月龄内按体重的 8%～9%喂给牛奶。在国外广泛采用代乳粉,精料量从 7～10 日龄开始添加,逐渐增加,青干草或青草任其自由采食。1 月龄后喂奶量保持不变,精料和青干草则继续增加,直至育肥到 6 月龄为止。可以在此阶段出售,也可继续育肥至 7～8 月龄或 1 周岁出栏。出栏时期的选择,根据消费者对小牛肉口味喜好的要求而定,不同国家之间并不相同。国外小牛肉生产主要以精饲料(占 80%以上)为主,辅以少量优质粗饲料。

(三)快速育肥技术

快速育肥是指犊牛断奶后或在 6 月龄以后转入育肥阶段进行育肥,在 18 月龄左右体重达到 500 kg 以上时出栏。

方法一：品种可以选择肉用良种牛、杂交牛或奶公犊,7 月龄体重 150 kg 开始育肥至 18 月龄出栏,体重达到 500 kg 以上,平均日增重 1 kg。育肥期日粮粗饲料为青贮玉米秸、谷草;精料为玉米、麦麸、豆粕、棉粕、石粉、食盐、碳酸氢钠、微量元素和维生素预混剂。

方法二：利用奶公犊快速育肥。国家肉牛牦牛产业技术体系利用奶公犊(4 月龄左右)进行快速育肥。奶公犊初生时吃足初乳(12 h 6 kg),1~50 日龄,每日每头全乳喂量 6 kg;51~60 日龄 5 kg;犊牛 10 日龄自由采食开食料和干草。2 月龄断奶,当体重 150 kg 时开始育肥,采用阶段育肥技术,即不同阶段采用不同营养水平日粮。经过 12 个月的育肥,16 月龄左右出栏,体重达到了 580 kg,日增重为 1.11 kg,屠宰率和净肉率分别达到 53.52% 和 43.51%。

(四)架子牛育肥技术

1. **架子牛选择**

(1)架子牛品种选择。架子牛应选择生产性能高的肉用型品种牛和肉用杂交改良牛。生产性能较好的杂交组合有:利木赞、夏洛来牛、西门塔尔牛或安格斯牛与本地牛杂交改良后代等。其特点是体型大,增重快,成熟早,肉质好。在相同的饲养管理条件下,杂种牛的增重、饲料转化效率和产肉性能都要优于我国地方黄牛。

(2)架子牛年龄、性别与健康的选择。大多选择在牛 2 岁以内,最迟也不超过 36 月龄。性别影响牛的育肥速度,以公牛生长最快,阉牛次之,母牛最慢。生产普通牛肉时可以不去势,而阉牛和母牛的肉质优于公牛。

2. **隔离与过渡饲养**

隔离:新购入牛进场后应在隔离区,隔离饲养 15 d 以上。防止随牛引入疫病。

过渡饲养:长途运输的架子牛,第一次饮水量半饱为宜,可加人工盐;第二次饮水在第一次饮水后的 3~4 h,饮水时,水中可加些麸皮。饲料首先饲喂优质青干草,第一次喂量应限制,每头 4~5 kg;第二三天以后可以逐渐增加喂量到自由采食。架子牛进场以后根据体况 4~5 d 可以饲喂混合精饲料,混合精饲料的量由少到多,逐渐添加,15 d 内一般不超过 1.5 kg。

3. **短期育肥技术**

(1)饲养。①分群饲喂。按体重大小、强弱等分群饲养,每群牛数量以 10~15 头较好。②营养充足。配合饲料中精饲料和粗饲料的比例,育肥前期,精饲料占 30%~40%,粗饲料 60%~70%;育肥中期,精饲料占 45%~55%,粗饲料 45%~55%;育肥后期,精饲料占 60%~80%,粗饲料 20%~40%。采用"TMR"饲喂技术,精粗混匀,预防瘤胃疾病。③按时按量饲喂。每天的喂量,特别是精料量按每

100 kg 体重喂精料 1～1.5 kg,自由饮水。④采取阶段饲养法。根据肉牛生产发育特点及营养需要,架子牛从异地到育肥场后,把 120～150 d 的育肥饲养期分为 2～3 个阶段。⑤不同季节应采用不同的饲养方法。

夏季饲养:气温过高,肉牛食欲下降,增重缓慢。环境温度 8～20℃时,牛的增重速度较快。因此夏季育肥时应注意适当提高日粮的营养浓度,延长饲喂时间。气温 30℃以上时,应采取防暑降温措施。

冬季饲养:在冬季应给牛加喂能量饲料,提高肉牛防寒能力。不饲喂带冰的饲料和饮用冰冷的水。气温 5℃以下时,应采取防寒保温措施。

(2)管理技术。①保持牛舍清洁卫生、干燥,保持环境的安静。肉牛夏季要防暑,冬季防冻保温。减少应激。②做好防疫保健工作。定期做好疫苗注射、防疫保健工作。饲养员对牛随时观察,看采食、看饮水、看粪尿、看反刍、看精神状态是否正常。③定时刷拭。每天上、下午定时给牛体刷拭一次,以促进血液循环,增进食欲。④注意饲槽、水槽卫生。牛下槽后及时清扫饲槽,防止草料残渣在槽内发霉变质,注意饮水卫生。⑤牛舍及设备常检修。缰绳、围栏等易损品,要经常检修、更换。⑥及时出栏。肉牛达到出栏标准时及时出栏,尽快淘汰不增重或有病的牛。

六、规模牛场工艺技术参数

集约化、规模化、标准化的奶牛场日益成为奶牛产业的主体,肉牛产业正在从粗放散养向集约化、规模化的生产方式转变。

1. 生产规模

不同类型规模牛场的生产规模划分见表 12-18。

表 12-18　不同类型规模牛场的生产规模划分　　　　　　　　　　　　　　头

类别	大型场	中型场	小型场
奶牛场(基础母牛规模)	>800	>400～800	200～400
肉牛场(肉牛存栏规模)	>1 000	>400～1 000	200～400

2. 生产设施和辅助设施建筑面积

生产设施和辅助设施包括牛舍、饲料库、饲草料加工间、干草棚、青贮窖、凉棚、隔离舍、水塔、发电室、兽医室、锅炉房、粪污处理设施等。公共设施包括办公室、门房、消毒通道等。规模奶牛场主要设施建筑面积见表 12-19。

表 12-19　规模奶牛场主要设施建筑面积

基础母牛存栏量/头	生产设施/m²	辅助设施/m²	公共设施/m²
800～1 200	12 000～13 000	8 000～12 000	2 000～3 000
400～800	6 000～12 000	4 300～8 000	1 600～2 000
200～400	3 000～6 000	2 200～4 300	1 200～1 600

3.饲养密度与头均占位面积(表 12-20)

表 12-20　规模奶牛场头均占地面积　　　　　　　　　　m²/头

类别	成乳牛舍	青年牛舍	犊牛舍	分娩牛舍
牛舍占地面积	8～10	6～8	2.5～3	13～16
运动场占地面积	25～30	20～25	8～10	30～40

4.牛床

规模奶牛场牛床尺寸及坡度见表 12-21。

表 12-21　规模奶牛场牛床尺寸及坡度

类别	成乳牛床	产床	青年牛床	育成牛床	犊牛床
卧床尺寸/m	1.8×1.2	2.4×1.4	1.6×1.1	1.6×1.1	1.6×0.9
卧床坡度/%	1.0	1.0	1.0	1.0	1.0

七、规模牛场生产管理参数

1.牛群结构

商品肉牛场用于育肥的肉牛一般为收购来的犊牛和架子牛,群体结构简单。下面重点介绍规模奶牛场牛群结构(表 12-22)。

表 12-22　规模奶牛场牛群结构

类别	成乳牛	育成牛	青年牛	幼牛	犊牛
所占群体比例/%	60	12	13	5	10

2.生产管理参数

奶牛的性成熟期为 6～12 月龄;适配年龄公牛 2～2.5 岁,母牛 1.5～2 岁;发情周期 19～23 d,发情持续期 1～2 d;情期受胎率 60%～65%;年繁殖次数 1 次,每胎产犊 1 头;泌乳期 300 d,干奶期 60 d,自然交配公母比例 1∶20;奶牛利用年限 8～10 年;犊牛期限 1～60 日龄,青年牛期限 7～18 月龄,育成牛期限 19～30 月龄,成年母牛更新率 20%。泌乳奶牛每头每日饮水量为 80～100 L,公牛和后备牛为 40～60 L,犊牛为 20～30 L;肉牛为 40～50 L。

八、牛场疫病防控技术

1.建立牛场卫生消毒制度

(1)环境消毒。牛舍周围环境及运动场每周用 2%氢氧化钠或撒生石灰消毒 1 次;场周围、场内污水池、下水道等每月用漂白粉消毒 1 次;在大门和牛舍入口设消毒池,车辆、人员都要从消毒池经过,使用 2%氢氧化钠消毒,消毒池内的药液要经常更换。

(2)人员消毒。外来人员严禁进入生产区,必须进入时应彻底消毒,更换场区工作服和工作靴,且必须遵守牛场卫生防疫制度;工作人员进入生产区应更衣、手臂消毒和紫外线消毒,禁止将工作服穿出场外。

(3)牛舍消毒。牛舍卫生要保持干净,经常清扫,每季度用生石灰或来苏儿消毒一次,每年用火碱消毒一次,饲槽及用具要勤清洗,勤消毒。牛只下槽后应进行彻底清扫,定期用高压水枪冲洗牛舍并进行喷雾消毒或熏蒸消毒。

(4)用具消毒。定期对饲喂用具、料槽、饲料车等进行消毒,可用 0.1%新洁尔灭或 0.2%～0.5%过氧乙酸;日常用具,如兽医用具、助产用具、配种用具等在使用前后均应进行彻底清洗和消毒。

(5)带牛环境消毒。定期进行带牛环境消毒,有利于减少环境中的病原微生物,减少疾病的发生。可用 0.1%新洁尔灭、0.3%过氧乙酸、0.1%次氯酸钠等。

(6)牛体消毒。助产、配种、注射及其他任何对牛接触操作前,应先将有关部位进行消毒擦拭,以减少病原体的污染,保证牛体健康。

2.建立完善的疫病防控制度

(1)疾病报告制度。发现异常牛后,饲养人员应立即报告兽医人员,兽医人员接到报告后应立即对病牛进行诊断和治疗;在发现传染病和病情严重时,应立即报告相关部门,并提出相应的治疗方案或处理方案。

(2)检疫与隔离制度。牛场应建立隔离圈,其位置应在牛场主风向的下方,与健康牛圈有一定的距离或有墙隔离。新引入种用牛应在隔离圈内隔离饲养两个月,确认健康后才能与健康牛合群饲养。禁止从疫区购牛;引进种牛前,须经当地兽医部门对口蹄疫、结核病、布氏杆菌病、蓝舌病、地方流行型牛白血病、副结核病、牛传染性胸膜肺炎、牛传染性鼻气管炎和黏膜病进行检疫,签发检疫证明书;引进育肥牛时,必须对口蹄疫、结核病、布氏杆菌病、副结核病和牛传染性胸膜肺炎进行检疫。

发现疫情,严格封闭,严格监测,严格消毒,禁止病牛流动,禁止人员流动,禁止车辆进出场区,病牛粪便、褥草、尸体焚烧等无害化处理。直到疫情解除,报请上级有关部门查验批准后方可解除封闭。

(3)消毒与杀虫制度。谢绝无关人员进入牛场,工作人员进入生产区更换工作服;消毒池的消毒药水要定期更换;车辆与人员进出门口时,必须从消毒池上通过。牛场应做好杀虫工作。杀虫的方法很多,可根据不同的目的、条件,分别采用物理杀虫、生物杀虫或药物杀虫的方法。

(4)预防接种制度。牛场应根据《中华人民共和国动物防疫法》及其配套法规的要求,结合当地的实际情况,有选择地进行疫病的预防接种工作,且应注意选择适宜的疫苗、免疫程序和免疫方法。配合畜牧兽医行政部门定期监测口蹄疫、结核病和布鲁氏菌病,出现疫情时,采取相应净化措施。新引入牛隔离饲养期内采用免疫学方法,两次检疫结核病和布鲁氏菌病,结果全部阴性者,方能与健康牛合群饲养。每年春、秋两季各用同型的口蹄疫弱毒疫苗接种 1 次,肌肉或皮下注射,14 d 产生免疫力,免疫期 4~6 个月。

(5)定期驱虫制度。一般每年春、秋两季各进行一次全群驱虫。犊牛在 1 月龄和 6 月龄各驱虫 1 次。依据牛群内寄生虫的种类和当地寄生虫病发生情况选择驱虫药。驱虫后排出的粪便应集中处理,防止散布病原。

第四节 规模羊场养殖工程技术

一、羊的生物学特性

(1)群集性强。羊以群居生活,头羊和其中的优胜序列维系着整个群体。在羊群放牧过程中,利用羊的合群性,引导头羊即可管理全群。

(2)食性广。在天然草场上,山羊能食用其中的 88%,绵羊为 80%,而牛、马、猪则分别为 73%、64% 和 46%。绵羊和山羊的采食特点不同,山羊喜登高,有助于采食高处的灌木或乔木的嫩幼枝叶,而绵羊只能采食地面上或低处的杂草与枝叶。

(3)喜干爱洁。潮湿的环境下羊只易患寄生虫病和腐蹄病,甚至毛质降低,脱毛加重。不同的绵羊、山羊品种对气候的适应性不同,如细毛羊喜欢温暖、干旱、半干旱的气候,而肉用羊和肉毛兼用羊则喜欢温暖、湿润、全年温差较小的气候。

(4)嗅觉灵敏。羊的嗅觉比视觉和听觉灵敏,母羊靠嗅觉识别羔羊,采食时靠嗅觉辨别植物种类,饮水时靠嗅觉辨别饮水的清洁度,对污水、脏水等拒绝饮用。

(5)善于游走。游走有助于增加放牧羊只的采食空间,特别是牧区的羊终年以放牧为主,需长途跋涉才能吃饱喝好。山羊平衡感好,能够在陡坡或峭壁上行走,而绵羊则需斜向作"之"字形游走。

二、羊的经济类型与品种

我国绵羊、山羊品种168个,其中绵羊品种98个,包括地方品种44个,培育品种21个,引入国外品种33个;山羊品种70个,包括地方品种56个,培育品种9个,引入国外品种5个。根据绵羊、山羊的生产方向,羊的经济类型主要分为以下几种。

(1)肉用型。肉用型是指以生产羊肉为主的绵羊、山羊品种(系)及其杂交类型。引进品种有杜泊羊、萨福克羊、无角陶赛特羊、夏洛来羊和波尔山羊等;培育品种有巴美肉羊、昭乌达肉羊、察哈尔羊、南江黄羊和简州大耳羊等;地方绵羊品种有巴音布鲁克羊、湖羊、小尾寒羊、阿勒泰羊、苏尼特羊、乌珠穆沁羊、哈萨克羊等;地方山羊品种有黄淮山羊、云岭山羊、马头山羊、雷州山羊、川南黑山羊、贵州黑山羊等。

(2)皮毛型。皮毛型是指以生产皮毛为主的绵羊、山羊品种(系)及其杂交类型。毛用型品种有澳洲美利奴羊、新疆细毛羊、中国美利奴羊、内蒙古细毛羊、东北细毛羊、甘肃高山细毛羊等;皮用型品种有滩羊、中卫山羊、济宁青山羊等;绒用型品种有内蒙古白绒山羊、辽宁绒山羊、山西晋岚绒山羊等。

(3)肉毛兼用型。肉毛兼用型是指兼有高产肉、产毛性能的一种类型品种。如引入品种德国美利奴羊、南非肉用美利奴羊等,地方品种蒙古羊、西藏羊、长江三角洲白山羊等。

(4)乳用型。乳用型是指以产乳为主的羊品种,产乳性能稳定,产乳量高,乳质优良,如关中奶山羊、崂山奶山羊、萨能山羊等。

三、种羊饲养管理技术

1.种公羊的饲养管理

种公羊的基本要求是"强健的体质、旺盛的性欲、优质的精液和持久的配种能力",其饲养管理应做好以下两个方面。

(1)饲养。种公羊的日粮应营养全面,适口性好,易消化,保持较高的能量、蛋白水平和充足的钙磷,同时满足维生素 A、维生素 D、维生素 E 及微量元素的需要。

日粮应以青绿多汁饲料、优质青干草、混合精料等搭配构成。青绿多汁饲料有鲜草、青贮玉米、胡萝卜等;青干草有苜蓿草、羊草、燕麦草等;混合精料有玉米、豆饼、麦麸等。

(2)管理。单圈饲养,充分运动,定时、定量饲喂,保持中等偏上的膘情。圈舍清洁,阳光充足,通风良好;要定期消毒,按规程进行免疫、驱虫;不过度配种。

2. 能繁母羊的饲养管理

母羊是整个羊群的基础,母羊的饲养管理对羔羊的发育、生长和成活有很大的影响,能繁母羊的饲养管理可分为空怀期、妊娠期和泌乳期三个阶段。

(1)空怀期的饲养管理。空怀期是指母羊从哺乳期结束到下一配种期的时间。空怀母羊营养消耗比较少,饲养管理相对粗放,一般以干草、青贮玉米为主,适当补饲精料,保持中等膘情。在配种前1个月,增加精料的比例,提高膘情,为配种期做好营养储备。

(2)妊娠期的饲养管理。羊妊娠期一般分为前期(3个月)和后期(2个月)。

妊娠前期胎儿发育较慢,所增重量仅占羔羊初生重的10%,保持中等营养水平即可,但饲养管理要特别精细,不饲喂冰冻、霉变的饲草料,不饮用冰水,不能拥挤与惊吓,以防止流产。要多晒太阳,多运动,增强体质,改善食欲。

妊娠后期胎儿生长快,所增重量占羔羊初生重的80%~90%,母羊营养供应不足,容易流产、死胎,或者影响羔羊的体质和成活率。饲养管理上除了上述注意事项防止流产外,在饲喂方面要少量多次,少喂勤添,先粗后精。

(3)泌乳期的饲养管理。母羊泌乳期管理的好坏直接影响羔羊成活率的高低,母羊产奶多,羔羊发育好,抗病力强,成活率高。母羊产羔后,体力消耗较大,胃肠空虚,有饥饿感,产羔前后3 d应减少精料和多汁饲料,适量运动,以防消化不良或发生乳房炎。羔羊出生后15~20 d,母乳是唯一的营养物质,应保证母羊全价饲养,以提高产乳量,促进羔羊发育。母羊分娩后3月龄起,母羊泌乳力下降,母乳只能满足羔羊营养的5%~10%,加之羔羊已具有采食植物饲料的能力,已不再完全依赖母乳生存,母羊的补饲标准可降低些,增加干草和青贮的饲喂量。

四、羔羊高效育肥技术

羔羊肉高蛋白、低胆固醇,细嫩多汁,无膻味,具有温补作用,是天然的保健食品。随着养羊业生产方式的转变,羔羊集约化、规模化高效育肥成为羊肉生产的主导方向。羔羊高效育肥包括收羊、检疫、运输、剪毛、驱虫、饲养管理等环节,具体如下。

(1)收羊。用于强化育肥的羔羊最好是3月龄断奶后体重达到20 kg左右的杂种羊,国外专门化的肉羊品种如杜泊、道赛特、特克赛尔、萨福克等,其杂种后代生长速度快,特别适合舍饲圈养条件下的高效育肥。收羊就要赌眼力:

一看体重,收羊时切不可称重,以防养羊户销售前大量饲喂饲料和饮水,好羊贩子一眼看下去一只羔羊体重不差半斤。

二看长势,好羔羊毛色光亮,毛色暗淡、杂乱不是好羊。

三看体型,体型呈枣核型的羔羊大多是僵羊,生长缓慢。

四看皮毛,细毛羊、半细毛羊及其杂种羊板皮不值钱。

(2)检疫。跨省外购育肥羊需要严格检疫,经过省界时要检查检疫证、准运证、车辆消毒证明,并对照检查耳标和数量。外购羊只运送到指定地点后,在隔离舍饲养 1 个月左右,确认无疫病、不带毒方可进场;如有疫病,严格消毒防疫,并及时上报当地防疫部门。重点防控布病、羊痘、口蹄疫。

(3)运输。羊只在长途运输前不喂草料、不大量饮水,运输中要防应激(维生素 C 饮水)、防拥挤(加横隔栏)、防暴晒(加篷布,夏季运羊晚上走车)、防暴饮暴食,车速平稳,勤查看。

(4)饲喂。卸车 0.5 h 后饲喂少量(0.25 kg 以下)柔软、易消化的干草;1 h 后,用多维、活力素、红糖姜水的温水饮水;2～3 h 后,只饲喂粗饲料,不饲喂精料,半饱即可。2 d 后开始加精料,开始少加点,10 d 左右加足。饮水也是开始少饮,慢慢加量。

(5)防病防疫。羊长途运输后常见问题:感冒、食欲差、10 d 后出现口炎、饲养管理不当发生羊痘。

对应措施:①精神不振、流鼻涕、咳嗽,有感冒症状的打复方氨基比林等感冒药,配合消炎针(如青霉素),药量比规定的药量加大 1/3,病愈后多打 2 d 巩固疗效。②让羊进行适量活动,饲喂一些乳酶生。③休息 2 d 后注射羊口疮弱毒疫苗。④间隔 10 d 注射羊痘疫苗。

(6)剪毛。外购的育肥羔羊过了应激期(10～15 d),就可以剪毛了,剪毛有助于羊只快速生长,在 2～3 个月的强化育肥期,一般剪毛 1～2 次。剪毛时一般要雇用经常剪毛的熟练工人,尽量不要剪破皮肤,不然会降低板皮的等级,影响价钱。剪毛后的几天内要注意羊舍保温。

(7)驱虫、健胃。寄生虫不但消耗羊的大量营养,而且还分泌毒素,破坏羊只消化、呼吸和循环系统的生理功能,造成严重危害。

驱虫方法:内服丙硫苯咪唑,同时肌肉注射伊维菌素,对体外寄生的羊螨和体内多种线虫驱虫效果好。

健胃方法:可饲喂"牛羊健胃散",能够加强胃肠蠕动,消除积食,增强反刍;对瘤胃胀气,积食等有明显效果,另外还有助长催肥之功效。

(8)生产管理。日粮结构:粗饲料为主,精饲料为辅,先粗后精。

羔羊育肥从体重 15～20 kg 开始,经过 2.5～3 个月育肥,体重增至 35～40 kg,需要先拉架子,后增体膘,最后 1 个月精料迅速增加到 1 kg 左右。

饲喂制度:定时、定量,注重晚上的饲草料充足供应。

巡查制度:羔羊强化育肥过程中,精料比例偏大,羊患尿结石病例增加,育肥羊没有治疗的价值,要及时发现,及时屠宰,减少损失。

五、羊场生产工艺

为了提高生产效率,使生产和管理方便、系统,养羊业科技工作者在总结传统养殖经验的基础上,经过长期探索实践,形成了一套符合现代化养羊生产工艺的流程。

(一)引种

引种指从国外或外地引入优良品种(含冻精或冷冻胚胎),用来直接改良当地羊群。引种工作一般在每年 4—5 月和 9—10 月进行。根据引种的目的、当地气候特点和饲养条件、引入种羊的适应能力,正确选择引入的羊品种。引进种羊要有合理的羊群结构,成年羊、青年羊和羔羊的比例为 60∶20∶20。引进孕羊的妊娠期不超过 2 个月。引进种公羊还必须检查其生殖器官发育情况及精液品质(精子活力在 0.8 以上,密度中等以上)。引入公母羊的比例一般为 1∶(20～30)。对引入种羊要封闭管理、全群防疫、加强消毒。

(二)分群

根据羊只的性别、年龄、生理阶段、健康状况等分群饲养管理。

(三)配种

羊的配种方法有两种,即自然交配和人工授精。自然交配公母比例为 1∶30,人工授精因种羊精液质量、操作人员的技术水平、饲养条件而异,一般公母比例为 1∶(100～200)。

(四)妊娠

母羊妊娠期 145～150 d。

(五)哺乳

哺乳前期,尤其是出生后 15～20 d 内,母乳是羔羊主要的营养物质来源,应保证母羊全价营养,以提高产乳量,保证羔羊发育。哺乳后期,母羊泌乳力下降,加之羔羊已逐步具有采食能力,应适时补料。

(六)产羔

做好接产准备以及产后羔羊护理工作。羔羊出生后,应尽早吃到初乳。初乳中含有丰富的蛋白质(17%～23%)、脂肪(9%～16%)、矿物质等营养物质和抗体,对增强羔羊体质、抵抗疾病和排出胎粪具有重要的作用。

(七)羔羊管理

1. 耳号编制

种羊个体编号是开展育种工作不可缺少的技术环节,耳号编制的总体要求是"简明、清晰、不易脱落","科学、系统、便于查询"。绵羊编号常采用金属或塑料耳标。打耳标时应选择羊耳上缘血管较少处打孔、安装,耳标上可打上品种代号、年号、个体号(个体号以单数代表公羊,双数代表母羊),总字符数不超过 8 位,有利于资料微机管理。

(1)品种代号。道赛特(D)、萨福克(S)、特克赛尔(T)、德国美利奴(M)、杜泊(B)、小尾寒羊(H)等。

(2)年号。取公历年份的后两位数,如"2016"取"16"作为年号。

(3)个体号。根据各场羊群大小,取三位至四位数,尾数单号代表公羊,双数代表母羊。例如"D-16-0036"代表种羊场 2016 年度出生的道赛特羔羊,个体号为 36,母羊。

2. 绵羊断尾

绵羊羔羊出生后 7～15 日龄断尾,断尾方法有以下两种方法。

(1)热断法。羔羊断尾时,需一特制的断尾铲和两块 20 cm 见方(厚 3～5 cm)的木板,在一块木板一端的中部锯一个半圆形缺口,两侧包以铁皮。术前用另一块木板衬在条凳上,由一人将羔羊背贴木板进行保定,另一人用带缺口的木板卡住羔羊尾根部(距肛门约 4 cm),并用烧至暗红的断尾铲将尾切断,下切的速度不宜过快,用力均匀,使断口组织在切断时受到烧烙,起到消毒、止血的作用。尾断下后如仍有少量出血,可用断尾铲烫一烫即可止住,最后用碘酒消毒。

(2)结扎法。用橡胶圈在距尾根 4 cm 处将羊尾紧紧扎住,阻断尾下段的血液流通,经 10 d 左右尾下段自行脱落。

3. 去势

如需去势,在羔羊 2～3 周龄时进行。

4. 断奶

传统养羊方式下羔羊 3 月龄断奶,随着养羊技术的不断提高,在使用全价代乳料的前提下,可以提前到1月龄左右断奶。

(八)育成羊管理

羔羊断奶后进入育成期,育成期要根据生产性能测定结果和父母生产性能进行后备种羊的选择,选出的后备种羊按种羊培育规程进行饲养管理,其余育成羊及时育肥出售。

(九)成羊管理

1.绵羊剪毛

细毛羊和半细毛羊一般每年剪毛一次,粗毛羊可剪两次。剪毛时间主要取决于当地的气候条件和羊的体况。北方地区通常在5月中下旬剪毛。剪毛时一般按公羊、育成羊和带仔母羊的顺序来安排剪毛,患有疥癣、痘疹的病羊留在最后剪,以免感染其他健康羊只。剪毛时,羊毛留茬高度为0.3～0.5 cm,尽可能减少皮肤损伤。剪毛前绵羊应空腹12 h,以免在翻动羊体时造成肠扭转。剪毛后1周内尽可能在离羊舍较近的草场放牧,以免突遇降温降雪天气而造成损失。

2.羊的修蹄

羊蹄过长或变形,会影响行走,甚至发生蹄病,一般每半年修蹄一次。修蹄可选在雨后进行,此时蹄壳较软,容易操作。修蹄时要细心操作,动作要准确、有力,要一层一层地往下削,不可一次切削过深,一般削至可见到淡红色的微血管为止,不可伤及蹄肉;修完前蹄后,再修后蹄。修蹄时若不慎伤及蹄肉,造成出血时,可视出血多少采用压迫法止血或烧烙法止血,烧烙时应尽量减少对其他组织的损伤。

(十)饲料与饮水

饲草是羊只营养的重要来源,草为主,料为辅。精料要合理搭配,按照羊只不同用途、不同生长阶段、不同生理时期的饲养标准和当地主要饲料原料的营养价值表进行科学调制。成年母羊和羔羊舍饲条件下每天只均需水量分别为10和5 L,放牧条件下相应为5和3 L。

(十一)环境卫生与防病防疫

羊舍定期清粪、消毒、驱虫,按照免疫规程严格防疫。

六、规模羊场工艺技术参数

养羊业长期以来以放牧为主,粗放散养,近年来随着国家生态保护政策日益增强,以及农业部标准化羊场示范创建活动的积极推进,肉羊产业率先向集约化、规模化、标准化方向转变,羔羊集约化、规模化强化育肥成为肉羊规模养殖的成功范例。

1.生产规模

羊场的生产规模划分见表12-23。

表 12-23　羊场的生产规模划分　　　　　　　　　　　　只

类别	大型场	中型场	小型场
繁殖场(基础母羊规模)	>800	500～800	200～499
育肥场(肉羊年存栏规模)	>1 000	500～1 000	200～499
育肥场(肉羊年出栏规模)	>3 000	1 500～3 000	600～1 499

2.生产设施和辅助设施建筑

生产设施和辅助设施包括羊舍、兽医室、饲料库、饲草料加工间、干草棚、青贮窖、隔离舍、水塔、药浴池、粪污处理设施等。公共设施包括办公室、门房、消毒通道等。各种设施的面积根据如下参数计算(表12-24)。

(1)羊舍、运动场。羊舍应高出地面25～30 cm,运动场应有1‰～3‰的坡度。

表 12-24　规模羊场只均占位

项目	种公羊舍	妊娠/产羔舍	羔羊舍	育肥羊舍
羊舍/(m²/只)	3.0～5.0	2.5～3.0	1.0～1.2	0.8～1.0
运动场/(m²/只)	6.0～10.0	5.0～6.0	2.0～2.2	1.5～2.0
槽位/(cm/只)	35～45	30～40	30～35	30～35

注:槽位是指每只羊占有饲槽的尺寸。

(2)饲料库及饲料加工间。成羊精料日消耗量不超过1 kg,精料供应不受季节限制,一般储备量以1～2个月为宜。

(3)青贮窖。青贮窖应建于地下水位低,排水良好的地方,呈倒梯形,用石料、砖等砌制,窖底用混凝土浇筑,并在最低处设排水降口。青贮饲料密度为600～700 kg/m³,成羊日消耗量不超过1 kg。

(4)干草棚。秸秆、饲草的供应受季节限制,规模化羊场对干草的储备应一次到位,至少满足8～10个月的生产需要。用打捆机打捆的干草密度为150～200 kg/m³,成羊日消耗量按2 kg计算,干草棚的净高应不低于6 m。

(5)药浴池。长12.5 m,池顶宽0.8 m,池底宽0.6 m,深1.2 m,混凝土结构。药浴池出入口处设置围栏,围栏高1.2 m,入口处围栏面积25～30 m²,出口处围栏30～40 m²。

3.羊场机械设备

养羊机械化是羊产业现代化的重要组成部分。我国养羊业生产中使用的主要机械有牧草收割机械、饲料加工机械、剪毛和药浴机械等。牧草收获机械主要有割草机、切割压扁机、搂草机、打捆机、搬运与堆垛机械等。饲草加工机械包括切碎、揉搓、粉碎、混合、压块和制粒机械等。规模化羊场普遍使用 TMR(全混合饲粮)搅拌机,将容重不同的粗饲料、青饲料、青贮饲料、混合精料进行混合,加工成精粗比例稳定、营养浓度一致的全价日粮。

七、规模羊场生产管理参数

1. 肉用羊生产管理参数(表 12-25)

表 12-25　肉用羊生产管理参数

项　目	肉用绵羊	肉用山羊
性成熟月龄/月	公羊 8～10,母羊 6～8	公羊 5～7,母羊 3～6
适配月龄/月	公羊 14～18,母羊 9～12	公羊 14～18,母羊 8～10
产羔率/%	150～200	120～150
6 月龄胴体重/kg	15～17	8～10
成年羊胴体重/kg	公羊 50～55,母羊 30～35	公羊 30～35,母羊 30～35
6 月龄屠宰率/%	48～52	40～45
成年羊屠宰率/%	48～52	40～50
成年羊净肉率/%	40～45	30～35
羔羊日增重/g	200～300	100～150
成年羊日增重/g	0～150	0～100

2. 毛用羊生产管理参数

成年绒山羊母羊生产管理参数见表 12-26,成年细毛羊生产管理参数见表 12-27。

表 12-26　成年绒山羊母羊生产管理参数

品　种	平均产绒量/g	羊绒长度/cm	羊绒细度/μm
辽宁绒山羊	641.94±145.23	6.3±0.53	15.41±0.80
内蒙古绒山羊(阿拉善)	404.5±76.97	5.0±0.57	14.46±0.56
陕北白绒山羊	430.37±76.80	4.96±1.03	15.05±0.82
山西晋岚绒山羊	485.21±102.57	5.18±1.07	14.81±2.17

表 12-27　成年细毛羊生产管理参数

品　种	平均产毛量/kg	羊毛长度/cm	净毛率/%	细度/支
新疆细毛羊	5.0～5.4	6.9～7.5	48.1～51.5	64～66
中国美利奴羊	7.3～7.9	10.0～10.4	51.61～54.83	64～70
内蒙古细毛羊	6.4～7.0	6.8～7.6	36～45	60～64

3.温热环境控制参数

绵羊抓膘的适宜环境温度见表 12-28。

表 12-28　绵羊抓膘的适宜环境温度　　　　　　　　　℃

温　度	细毛羊和半细毛羊	粗毛肉用羊
抓膘气温	8～22	8～24
最适气温	14～22	14～22
掉膘极端低温	≤-5	≤-15
掉膘极端高温	≥25	≥30

4.羊舍湿度

羊舍应保持干燥,地面不能太潮湿,空气相对湿度为 50%～70% 为宜。

5.羊舍采光

羊舍要求光照充足,采光系数成年绵羊舍为 1∶(15～25),高产绵羊舍 1∶(10～12),羔羊舍 1∶(15～20)。

6.劳动定额

一个羊工能够饲养管理的羊只数量见表 12-29。

表 12-29　一个羊工能够饲养管理的羊只数量　　　　　　只

地　区	成年母羊	育成母羊	育肥羊
牧区	180～210	230～270	250～300
农区	100～120	100～150	200～400

八、羊场疫病防控技术

怀孕母羊产前 40～30 d,肌肉注射破伤风类毒素疫苗,预防破伤风,1 个月产生免疫力,免疫期 1 年。

母羊产后 1 月和 1 月龄羔羊,肌肉或皮下注射口蹄疫疫苗,预防口蹄疫,10～

15 d产生免疫力,免疫期6个月。

每年3月上旬,成羊和羔羊按说明注射羊五联苗(羊快疫、羊肠毒血症、羊猝疽、羊黑疫病、羔羊痢疾),10~14 d产生免疫力,免疫期6个月。

羔羊1月龄,注射羔羊痢疾疫苗,相隔10 d连续免疫注射2次,预防羔羊痢疾,10~14 d产生免疫力。

每年2—3月,皮下注射0.5 mL羊痘鸡胚化弱毒苗,预防羊痘,6~10 d产生免疫力,免疫期1年。

每年3—4月,按说明使用羊链球菌氢氧化铝菌苗,预防羊链球菌病,免疫期6个月。大小羊一律口腔黏膜内注射0.2 mL口疮弱毒细胞冻干苗,预防羊口疮病,免疫期1年。

每羊配种前,每年8—9月,肌肉或皮下注射口蹄疫疫苗,预防口蹄疫,10~15 d产生免疫力,免疫期6个月。

每年9月上旬,按说明使用布氏杆菌苗,预防布氏杆菌病,免疫期1~3年。

每年9月下旬,注射羊五联苗。

每年9月,注射口疮弱毒细胞冻干苗,羊链球菌氢氧化铝菌苗。

第五节　特种动物养殖工程技术

特种经济动物是指那些已经人工驯养成功,但尚未在生产中广泛应用和尚未被国家认定为家养畜禽的动物,以及正在驯化和有待驯化的珍稀动物。其种类繁多,可概括地分为毛皮动物、药用动物、肉用动物和观赏动物等。特种经济动物生产是一项新兴的非传统性养殖业或特种养殖业。发展特种养殖业的意义在于发掘与利用地球上现有动物种质资源的经济潜能,增加动物产品的种类,满足人民生活的多种需求;以及解决许多珍稀野生动物种群资源下降乃至濒临灭绝的境况,对野生动物实行更为有效地保护措施。

一、毛皮动物生产技术

毛皮动物主要指其产品(毛皮)提供制裘原料的动物。其毛皮特点是毛绒品质优良、毛色美观和皮板轻柔结实。毛皮动物的人工驯化养殖大部分始于近200年间,目前经人工驯养成功并达到一定饲养规模的品种,主要有狐、貉、水貂、艾虎、海狸鼠、毛丝鼠、麝鼠等。本文以狐狸为例介绍毛皮动物的生产技术。

(一)品种

狐狸是一种珍贵的毛皮动物,是我国三大裘皮支柱之一,在全国分布很广,目前人工养殖的主要品种是蓝狐和银狐。

(二)生物学特性

狐狸在动物分类学上属于哺乳纲、食肉目、犬科；外形如犬，四肢较短，尾长而蓬松，行走时足迹呈一条直线。狐狸的嗅觉及听觉灵敏，适应性很强，昼伏夜出，以鸟类、小型哺乳动物等为食，也可采食野菜、野果等植物。

人工养殖护理品种有蓝狐和银狐。蓝狐，又叫北极狐，有白色和浅蓝色两种色型。体型较小，四肢较短。银狐，又叫银黑狐，体躯较小，体表针毛分为 3 个色段，毛尖黑毛，中段为白色，基部为黑色。全身均匀生有白色外毛。绒毛灰色，尾端白色。

(三)饲养管理

1. 准备配种期

此期可分为准备配种前期(8 月底到 11 月上旬)和准备配种后期(11 月中旬到翌年 1 月中旬)。

(1)饲养。在前期饲养上，应以满足成龄狐体质恢复，促进育成种狐的生长发育，有利于冬毛成熟为重点。日粮中，动物性饲料应占 70%～76%，谷物性饲料 10%～16%，蔬菜 8%～12%。后期的任务是通过正确的饲料配比平衡营养，来调整种狐的体况。日粮中，动物性饲料应占 75%～80%，谷物性饲料 7%～15%，蔬菜 8%～10%。

(2)管理。不能把狐放到阴暗的室内或小洞内饲养，要保证光照尤其是自然光照。每天要有足够的、清洁的饮水，天气寒冷时可以每天饮 1 次温水。对个别营养不良或患有疾病的种狐在取皮期淘汰。做好种狐体况的鉴定和调整工作，防止过肥或过瘦。准备配种后期应把公狐笼和母狐笼间隔摆开，使公母狐接触时间延长，刺激性腺发育。采取多种方式，促使种狐运动，增加活动量，可使种狐的食欲增强，体质健壮。配种开始前(1 月初)就要做好人员安排和培训，制订出选配方案，落实生产指标等工作。在 1 月上旬应对全群母狐进行 1 次发情检查，对狐群的发情状况做到心中有数。

2. 配种期

(1)饲养。饲料要求营养全价，适口性好，体积小，易消化。公狐在配种期内每天补饲一次，补饲的饲料以优质和适口性好为主。通常在动物性饲料中肉、鱼类占 40%，肝占 15%，奶、蛋占 45%。

(2)管理。保持安静，避免外人进场，全部操作由饲养员负责进行。配种期可采用下午 1 次喂食，早晨和上午的时间用来配种，上午配种结束时，进行种公狐补饲。尽量避免跑狐,以防抓狐、追狐时对整个狐场造成惊扰。做好配种记录,结束交配的母狐归入妊娠母狐群饲养。

3. 妊娠期

交配后的母狐,一般都视为孕狐进行饲养管理。

(1)饲养。除满足狐蛋白质、能量的需要外,还要合理添加各种维生素、矿物质元素。在日粮中,补充硫酸亚铁,可预防初生仔狐缺铁症;补充钴、锰、锌时,可降低仔狐的死亡率。初产母狐由于其自身尚处于生长发育阶段,能量水平要比经产狐高一些。狐在产前一段时间食量减少,要适当减少饲料的供应。

(2)管理。创造安静的环境,因狐在妊娠末期和产仔泌乳初期,对外界反应尤为敏感。推算受配母狐的预产期,并将其记录在产仔箱上,以便作好母狐临产前的准备工作。一般预产期前两周,将产仔箱清理、消毒。

4. 产仔哺乳期

即从母狐产仔到仔狐分窝的时期,约 8 周。

(1)饲养。哺乳期母乳的日粮水平,应根据胎数和仔狐周龄进行调整。一般地,母狐产仔前一周的日粮中,每天约需 12 g 可消化脂肪;当仔狐达到 5～8 周龄时,可消化脂肪增至 60 g。

当仔狐 3 周龄左右时,应开始训练仔狐采食。仔狐饲料应以营养丰富,易于消化的蛋、奶、肝和新鲜的肉为主,调制粥样。补饲量可根据母狐及仔狐的营养状况灵活掌握。一般地,仔狐 20 日龄日补饲量 70～125 g、30 日龄 180 g、40 日龄 280 g 和 50 日龄 300 g。

(2)管理。保持狐场的安静,异常声音惊吓可引起弃仔、咬仔现象;一旦发现个别母狐惊恐不安弃仔不护时,应把母仔分开,进行寄养或代养。

加强产仔母狐的护理,若母狐产仔前出现 1～2 顿厌食或拒食现象,应视为正常,不要随便投药;产仔期的饮水盒内要保持经常有清洁的饮水。

产后 24 h 之内检查仔狐,内容包括仔狐的只数、健康状况、哺乳情况、垫草以及窝是否保暖等。加强仔狐的护理,包括及时采取代养或人工喂养、增加母狐维生素 C 和维生素 A 的给量、保证垫草充足和窝形完整、防止中暑死亡,以及保持饲料和笼舍的卫生等。

5. 育成期

育成期指仔狐断乳分窝后到取皮前的时期。

(1)饲养。仔狐一般在 35～45 日龄断奶分窝。断乳后前 10 d 的日粮,仍按哺乳期补饲的日粮饲喂,饲料的种类和比例保持不变。在 2～4 月龄期间,幼狐日粮必须含有足够量的各种营养物质,要求蛋白质含量占干物质重达到 40% 以上,以保证幼狐快速生长的需要。

（2）管理。在分窝2～3周后可根据狐群的状况，注射犬瘟热、狐脑炎、病毒性肠炎等疫苗。不喂腐败变质的饲料，饮水要清洁卫生，经常冲洗食具，以防止通过饲料和饮水传播疾病。种狐（包括经产母狐和幼种狐）的初选，应根据母狐哺乳表现和仔狐生长发育情况，在分窝时进行。幼狐育成期一般气温较高，笼舍要有遮阴设备，防止阳光直射在狐身上，供水要充足。此外，还要对仔狐的成活情况、毛色分离情况等做好记录。

6.恢复期

种公狐配种结束后或母狐断乳分窝后到配种准备期的时期，空怀母狐也归入恢复期饲养。恢复期狐的饲养管理常常被饲养者所忽视，事实上，此期的饲养管理好坏，对第二年的种狐繁殖有着重要意义。基本要求是恢复期前2～3周的日粮应保持繁殖期水平，以后逐渐转入恢复期饲养。

（四）发情鉴定

母狐为严格的季节性一次发情，即一年只发情一次，发情期持续的时间为2～4 d。因此，进入发情季节要对母狐勤于观察，母狐有发情表现时要通过发情鉴定掌握最佳配种时间。

（1）发情前一期。阴门开始肿胀，呈粉红色，阴毛分开，阴门露出，阴道有时流出具有特殊气味的分泌物。此期一般持续2～3 d，个别母狐可持续达1周以上。

（2）发情前二期。阴门肿胀更大，粉红色，阴蒂也有增长。持续1～2 d。

（3）发情期。阴门肿胀呈圆形，外翻，颜色变深呈暗红，有细小皱褶，有弹性；阴道流出微黄色至白色黏液或凝乳状分泌物。此期是交配最佳时期，持续2～4 d。

（4）发情后期。外阴干燥，颜色呈黑色，外阴部很快萎缩，颜色变白，恢复正常，此期母狐拒绝交配。

（五）毛皮成熟鉴定

狐狸每年春季就开始换毛，从头、颈和前肢开始，接着是两肋、背部和腹部，最后才脱换臀部和尾毛。

毛皮成熟度的鉴定主要依据被毛的色泽、密度、长度、柔软灵活性以及皮板的颜色等指示进行鉴定。

鉴定狐皮成熟的具体方法：①重点观察臀部和尾部毛峰是否长齐，全身毛绒丰厚，被毛灵活，有光泽，尾毛蓬松；用嘴吹开被毛，皮板颜色为浅色（玫瑰色、琥珀色或乳白色）表明狐皮已成熟。②通常，狐在每年冬季11—12月毛皮成熟，即农历的小雪到冬至之间毛皮成熟。

(六)处死的方法

(1)原则。毛皮动物处死以操作简便实用、处死速度快、不损伤毛皮、不污染被毛为原则。

(2)方法。①药物法。所用药物为氯化琥珀胆碱,商品名叫司可林。用药剂量0.5～0.75 mL/只,3～5 min 起效。②注气法。将注射针刺入心脏,推入 10～20 mL 空气,因心脏瓣膜受损坏而很快死亡。③电击法。用专门的电击装置,插入肛门,接通电源,电击致死。

(七)狐皮的加工

(1)挑裆。用剪刀从狐一侧后肢掌中挑破皮肤,沿后腿内侧长短毛分界线挑至肛门前沿,横过肛门,再挑另一后肢,由肛门后缘沿尾腹面中央挑尾至尾中后部,将肛门四周的皮肤挑开,使之呈三角形。

(2)固定胴体。用钩把狐尸体固定倒挂在操作台上。

(3)剥皮。将两后肢剥离,使爪、掌完整保留在皮上,抽出尾椎骨,从后部向头部翻剥。当剥到阴茎口(雄性狐)时,紧贴体表剪断。剥至前脚时,同后肢一样,剥成筒状,保留掌爪。剥至头部时,用剪刀紧贴头骨先后将耳根、眼睑、嘴角、鼻皮剪断,使耳、眼、口唇、鼻完整无损地保留在毛皮上。

(4)刮油。剥下的狐皮,毛朝内,皮板向外套于木棒或胶皮棒上,用竹片刀或电工刀或专制刮油刀,将附于皮板上的脂肪、残肉等刮去。刮油的方向由后臀部开始向头部平推,用力要均匀,切勿用力过猛而刮伤皮肤和毛囊。公狐阴茎口处和母狐乳房四周的皮板薄,刮油到此处,刮刀要轻而平稳,不能用力过猛,否则刀片会损伤被毛。

(5)修剪。皮板上附着的脂肪、残肉刮净后,用剪刀修剪去耳根四周、嘴、鼻部以及肛门四周多余的肌肉结缔组织。

(6)洗皮。用无油脂锯末搓洗,先搓洗皮板,直搓洗至皮板不粘锯末为止。翻转狐皮,使毛朝外,板朝内,再用干净的无脂锯末洗被毛,先顺毛搓洗,再逆向搓洗,洗至毛不粘锯末,一抖即掉时为止。

(7)上楦。洗好的狐皮,用木制楦板上楦,其目的是使狐皮规格化,防止狐皮干燥后折皱和收缩。首先是将狐皮毛朝外套于楦板上,头部摆正,左右对称,下部拉平齐,用小钉固定后肢和拉宽的尾部。楦板多用红松或椴木板制作,表面光滑带槽。

(8)干燥。狐皮上楦后,移入干燥室内,将每个上好狐皮的楦板分层放置在吹风干燥机架上干燥。

(9)整理和包装。干燥好的狐皮,再用锯末搓洗一次,使整张狐皮蓬松、光亮、灵活美观。

(八)狐场的工艺技术参数

狐狸是单笼饲养。狐棚是安放狐笼舍的简易设施,其作用是遮阳防雨,结构简单。主要包括棚柱、棚梁和棚顶三部分,不需建造四壁,可就地取材,用水泥柱和石棉瓦等搭建。

(1)狐棚。狐棚坐北向南,东西走向,夏天能遮挡阳光的直射,冬天可获得充足的光照。棚长一般 50~100 m,单列式跨度 4~8 m,双列式跨度 8~10 m,棚脊高 2.2~2.5 m,檐高 1.3~1.5 m,饲养通道 1.2 m。

(2)笼舍。笼舍是狐活动、采食、排便和繁殖的场所。狐笼长 1~1.2 m,宽 0.8 m,高 0.9 m,笼的一侧设 0.3 m×0.3 m 的小门。笼底离地面 0.5~0.6 m,笼的侧壁上悬挂饮水盒,笼内放置饲料盆。

(3)产箱或小室。用木板制作,也可以用砖砌成,是母狐产仔哺乳的场所。规格为长×宽×高=0.7 m×0.7 m×0.7 m,产箱与狐笼之间有 0.3 m×0.3 m 的出入通道,产箱过道一侧的上方设 0.3 m×0.7 m 箱盖,以便观察仔狐生长发育情况。

(4)机械与设备。常用的饲料加工设备有蒸锅、绞肉机、磨面机等;冷藏设备有冰柜;皮张加工设备有屠宰、剥皮、刮油脂、上楦板以及风干皮张的全套设备;兽医室有常规的显微镜及存放疫苗、药品的冰箱。

(5)生产管理参数。狐狸性成熟期:8~10 月龄;妊娠期:52 d;哺乳期:45~50 d;产仔数:蓝狐 8~10 只,银狐 3~5 只;发情特点:严格的季节性一次发情;发情周期:1 年;配种期:蓝狐 2 月中旬至 5 月上旬,银狐 1 月中旬至 3 月中旬。

二、药用动物生产技术

药用动物是指身体的全部或局部可以入药的动物,它们所产生的药物统称为动物药。人工养殖的药用动物主要有茸鹿、小灵猫、蛤蚧、毒蛇、蟾蜍、蚂蚁、麝鼠、蝎子、蜘蛛、斑蝥、蚯蚓、蜈蚣等。本文以茸鹿为例介绍药用动物的生产技术。

(一)品种

茸鹿是我国具有代表性的药用动物,有几千年的驯养历史,鹿茸是名贵药材,李时珍在《本草纲目》上称鹿茸"善于补肾壮阳、生精益血、补髓健骨"。我国人工养殖的茸鹿品种主要有梅花鹿和马鹿。

（二）生物学特性

茸鹿在分类学地位上属于哺乳纲、偶蹄目、鹿科，属于反刍动物，有发达的瘤胃，能够消化粗纤维饲料，喜欢群居生活，虽然经过几千年的驯养但未被彻底驯化，野性依然很强。

（三）饲养管理

1. 雄鹿的饲养管理

以梅花鹿为例，为了满足其各个生理时期的营养需要，可分为生茸前期（1月下旬至3月中旬）、生茸期（3月下旬至8月中旬）、配种期（8月中旬至11月15日）、恢复期（11月15日至翌年1月中旬）；各个时期的时限因鹿种、营养、地理位置、气候条件等有所差异。

（1）生茸前期。此期处于冬季，公鹿经过配种后，体质瘦弱，并且又逢气温较低，饲养上的要求是迅速恢复其体质，为来年长茸提供物质基础。在饲养上应予以含淀粉和矿物质较丰富的饲料和一定量的蛋白质饲料。

（2）生茸期。雄鹿生茸期性欲消退，新陈代谢旺盛，食量增加，需要同时满足自身生存和生长鹿茸的双重营养需要，必须供应充足的营养物质来满足其生理上的需要；除饲喂各种青草、棉籽皮、麸皮、米糠等一般饲料外，另外添加含蛋白质较高的精饲料，头、二锯梅花公鹿生茸期日粮中的蛋白质水平应不低于23%，三锯鹿应不低于21%，同时还应保证矿物质和维生素的需要量。

（3）配种期。公鹿性欲旺盛，食欲显著下降，锯茸基部已形成花盘并骨化。争偶角斗体质消耗较大，身体变得瘦弱。为了增加公鹿体质，有利于配种，饲养时必须选喂营养价值较高、适口性好的精饲料，维生素含量丰富的块根类多汁饲料，幼嫩的青绿饲料等，但量可适当减少。

（4）恢复期。公鹿经过配种期以后，食欲逐渐恢复，在增加饲料时，应由少到多，切不可骤然大量投喂。精料每天定时投喂两次，青料充足时，可任其自由采食。对体质较差的老、弱、残鹿，应分出小群单圈精心饲养，以使其迅速恢复体质。

2. 雌鹿的饲养管理

雌鹿的生理时期分为配种期（9月至11月中旬）、妊娠期（11月至翌年5月）、产仔哺乳期（5—8月）。

（1）配种期。母鹿配种期应供给一定量的蛋白质和丰富的维生素饲料，如豆饼、青刈大豆、切割的全株玉米以及胡萝卜、大萝卜等，使膘情达到中等水平，保证正常的发情、排卵。同时淘汰不育、老龄的母鹿，然后按其繁殖性能、年龄、膘情及避开亲缘关系组建育种核心群和普通生产群。为了保证系谱清楚,采用单公群母一配到底的本交配种方法。

(2)妊娠期。妊娠前期按照稍高于空怀期的营养来配制饲料,以青饲料、块根类饲料和质量良好的粗饲料为主;妊娠中后期应保证妊娠母鹿和胎儿的营养需要,要供给优质充足的蛋白质饲料,要适口性好、质量高、体积小,同时注意维生素、矿物质的适量补加。饲喂时少量勤添,不饮冰水,不喂冰冻、霉变的饲料,避免惊群和拥挤,以防流产。

(3)产仔哺乳期。产仔时要专人护理,一是防止母鹿难产,二是保证仔鹿吃到初乳,提高仔鹿的成活率。梅花母鹿每天泌乳量为 700 mL,哺乳期母鹿需要大量的营养物质,必须加强饲养管理。饲料要多样,适口性好,增加青绿多汁饲料如青绿玉米、小米麸皮粥、豆浆等有利于产奶。

3. 哺乳仔鹿的饲养管理

母鹿分娩后会为仔鹿舔干身体,进行哺乳;初产母鹿和母性不好的母鹿需要人工辅助仔鹿哺乳。仔鹿的哺乳期约为 90 d,主要依赖母乳中的营养进行生长发育,因此,母鹿日粮应合理搭配精料和青绿多汁料,保证全面的营养。要注意观察和提防,有些母鹿护仔性强,性情暴烈,有时会攻击饲养人员。此外,仔鹿比较脆弱,饲养人员每天都要认真观察仔鹿的精神状态、哺乳、排便、步态等,发现异常,马上诊治。

4. 幼鹿的饲养管理

(1)哺乳仔鹿。仔鹿出生后应及时哺喂初乳,对母性不好或泌乳少的母鹿,要人工辅助哺乳或转由其他母鹿代养,或人工哺乳。两周龄后,要补饲营养丰富易消化的配合精料、鲜嫩的青绿多汁料及质地柔软的青干草,并设置水槽,提供洁净饮水,逐渐锻炼其采食消化饲料能力。

(2)离乳仔鹿。一般等仔鹿能采食消化大量青粗料而满足自身生长发育需要时予以断奶。断奶后的仔鹿,应按性别、日龄、体质强弱等情况每 30～40 只组成群,饲养在远离母鹿的圈舍内。刚离乳的仔鹿,往往鸣叫不安,食量大减,应精心护理并多呼唤接触鹿群,以使仔鹿尽快适应新环境并建立人鹿亲和。离乳鹿舍要清洁、温暖、干燥,饲料要适口而富于营养。

(3)育成鹿。即生后第二至第三年的幼鹿。其生长速度快,一般一年后公鹿平均体重在 50 kg 以上,约为成年体重的 70%。在饲养上,精、粗料要配合饲喂,有条件的可对育成鹿施行放牧,以促进生长发育及驯化。

(四)鹿茸的采收

1. 保定

目前常用药物有司克林、静松灵、眠乃宁等注射药品,其中以眠乃宁注射液最为确实、可靠,易于使用,并有解药苏醒灵。眠乃宁注射液用量:梅花鹿每 100 kg体重 1.5~2.0 mL,马鹿 1.0~1.5 mL;解药苏醒灵静脉注射,用量为眠乃宁的1.0~1.5 倍。给药途径可用麻醉枪和吹管枪等器具。

2. 锯茸

锯茸应于早晨凉爽时、饲喂之前进行,并应保证环境的安静。待鹿保定后,锯茸前用麻绳将鹿茸根部"草桩"扎紧,然后锯茸,以减少出血量。锯茸人一手持锯,另一手轻握茸体,在珍珠盘上 1.5 cm 左右处将茸锯下,要求"持锯要稳、下锯要狠、动作要快、锯口要平"。

3. 止血

常用的止血药:①七厘散和氧化锌各半,混合后研成粉末备用;②七厘散和炒黄土,混合后研成粉末备用;③白藓皮粉末等。方法是将上述止血药放在牛皮纸上,待茸锯下,立即将止血药扣敷在锯口上,用手垫着牛皮纸捻压几次即可,然后用麻绳把牛皮纸扎在创口上,防止感染。

(五)鹿茸的分类

按品种分为马鹿茸和花鹿茸,按茸形分为二杠、三杈、四杈茸,按收茸方式分为锯茸和砍头茸,按加工方式分为排血茸和带血茸,其他还有再生茸和初角茸。

(六)鹿场的工艺技术参数

鹿场的生产设施和辅助设施包括鹿舍、运动场、饲料库、饲草料加工间、干草棚、青贮窖、凉棚、隔离舍、水塔、兽医室、鹿茸加工室、粪污处理设施等。公共设施包括办公室、门房、消毒通道等。

1. 鹿舍和运动场

规模鹿场头均占位见表 12-30。

表 12-30　规模鹿场头均占位　　　　　　　　　　　　　　　m²/头

鹿舍及运动场	梅花鹿舍	梅花鹿运动场	马鹿舍	马鹿运动场
公鹿舍	2.5~3.0	9~11	4.0~4.5	20~22
母鹿舍	2.5~4.0	11~14	5.0~5.5	23~28
育成鹿舍	1.8~2.0	7~9	2.0~2.2	14~16

2.料槽与水槽

料槽：宽 75 cm，深 25 cm，料槽底距地面 35～45 cm。

水槽：铁皮水槽宽 60 cm，深 30 cm，北方冬季需喂饮温水，可在水槽下方加热带线进行加热。

3.生产管理参数

茸鹿性成熟期 28 月龄；妊娠期 7.5～8 个月；哺乳期 3 个月；发情特点为季节性多次发情，配种期 9—11 月；生茸期 4 月中旬到 8 月下旬，8 月下旬锯茸。

三、肉用动物生产技术

特种肉用动物中特禽类是一个大家族，包括鸵鸟、蓝孔雀、七彩山鸡、美国鹧鸪、肉鸽、火鸡、珍珠鸡、乌骨鸡、宫廷黄鸡、鹌鹑等，其中肉鸽产业最大、最普遍，本文以肉鸽为例介绍特种禽类的饲养管理。

(一)肉鸽品种

(1)王鸽。成鸽体重 1 kg 左右，年产乳鸽 6～8 对，主要为白色，又称大白鸽，除白色外还有银灰、红、蓝、棕、黑和杂色等。

(2)贺母鸽。成鸽体重 0.8～0.9 kg，年产乳鸽 7～8 对，以其肉质好，产仔多，耗料少为优势，羽色以蓝灰棕黑色居多。

(3)鸾鸽。成鸽体重高达 1.15 kg，年产乳鸽 8～10 对。以不善飞、体重大、繁殖力强为品种优势。羽色有黑、白、红、灰、蓝、银白等色。

(4)石歧鸽。石歧鸽是我国优良的肉用品种之一，成鸽体重 0.8 kg 左右，年产乳鸽 7～8 对，肉质鲜美，有丁香花的味道，以骨软、肉嫩、味美为特点而驰名中外。羽色有灰二线、白、红、浅黄及杂色。

(5)佛山鸽。佛山鸽是我国广东佛山育成的优良肉用品种，成鸽体重 0.8～0.9 kg，年产乳鸽 6～7 对，体形除脚短外其他均与石歧鸽相似，羽毛多为蓝间红条、白色，多数为珠色眼。

(6)杂交王鸽。杂交王鸽也称香港杂交王鸽或东南亚鸽。成鸽体重 0.7～0.8 kg，年产乳鸽 6～7 对，羽色有白灰红黑蓝棕和杂色。因是杂交培育，遗传不稳定，必须不断进行选育，防止退化，保证其优良性状的稳定遗传。

(二)生物学特性

鸽在动物学分类上属于鸟纲、鸽形目、鸠鸽科、原鸽属，家鸽。

(1)配对。鸽子对配偶具有选择性，一旦配对就感情专一，形影不离。鸽子配对后，雌雄鸽共同筑巢、孵化和哺育幼鸽活动。

（2）晚成鸟。刚出壳的雏鸽，软弱无力，全身赤裸，需经亲鸽用自己嗉囊中产生的鸽乳哺喂约 25 d。

（3）记忆力强，易于调教。鸽子记忆力很强，对固定的饲料、饲养管理程序、环境条件和呼叫信号均能形成一定的习惯，甚至产生牢固的条件反射。

（4）反应灵敏，胆小怕惊。在日常生活中鸽对周围的刺激反应十分敏感，闪光、怪音、移动的物体、异常颜色等均可引起鸽群骚动和飞扑。

（5）喜干爱洁。鸽子对周围刺激性气候或有害的气味敏感度很高，最怕潮湿闷热，不仅影响繁殖和生长，而且易患病死亡。

（6）群集性好。鸽子喜欢成群结队地飞翔，离群的肉鸽很孤独。

（7）夜息昼出。鸽子的活动特点是白天活动，晚间归巢栖息。

（8）归巢性强。鸽子具有强烈的归巢性，任何生疏的地方，对鸽子来说都是不理想的地方，都不安心逗留，时刻都想返回自己的巢穴。

（三）种鸽的饲养管理

由生长鸽转入配对后的鸽被称为种鸽，已经配对准备下蛋或正在孵化和育雏的成年鸽成为产鸽，已经带仔育雏的鸽成为亲鸽。

（1）配对期的饲养管理。配对的鸽子要戴上编号的足环，同时做好记录，以利查对，并要进行认巢训练。配对后的鸽子，对营养要求较高，代谢能 17.72～12.14 MJ/kg，粗蛋白含量为 15％～16％，并注意供给新鲜的饮水和充足的保健沙。

（2）孵化期的饲养管理。交配后的 10 d 左右产下第一枚蛋，以后隔一天再产下一枚蛋，然后雌雄鸽交替进行孵蛋。饲养员应在鸽子产蛋前及早给巢盘上铺巢草，并给每对产鸽配上记录卡，及时记录种鸽产蛋时间；蛋的受精、破蛋、死胚、死精等情况，出仔时间以及出售、留种、转移的日期和数量，以便及时发现生产上的问题，采取有效措施。鸽蛋一般孵化 18 d 出雏。遇到已啄壳但又不能出壳的，应人工帮助出壳。出壳后，亲鸽会将蛋壳衔出巢箱。在出壳后的两天内，应注意管理亲鸽，避免生人进入鸽舍。而且要保持外界环境安静，防止种鸽压伤雏鸽。

（3）哺育期的饲养管理。提高亲鸽日粮的营养水平，蛋白质饲料达到 30％～40％，能量饲料占 60％～70％。保健沙应在平时成分的基础上，增加蚝壳片、生长素、微量元素、多维素、酵母片的供给，在夏天适当加入抗生素如土霉素碱等。

雏鸽出壳后 4～5 h，亲鸽开始哺喂乳鸽，如仔鸽出壳 5～6 h 仍不见亲鸽给它灌喂，应及时将亲鸽隔离治疗，并将仔鸽并窝。

（四）肉仔鸽的强制育肥

肉用仔鸽一般长到 20～25 日龄，体重达到 350～500 g 时即可上市。但为了提高乳鸽的肉质、增强适口性和获得更好的经济效益,一般在售前进行 5～7 d 的育肥。育肥饲料配方为:玉米、小麦等能量饲料占 75%～80%,豆类占 20%～25%。

(五)鸽场的工艺技术参数

对于自繁自养的鸽场,应设有种鸽舍、育成舍、成鸽舍、饲料加工调制间、病鸽隔离区、兽医室、粪便处理场及公共设施等。

1. 鸽舍

鸽舍多采用砖瓦结构,三面有墙,向南一面可设置门窗,温暖地区可以开放。房顶呈坡式,盖有石棉瓦,坡度 5%～10%,前高后低。

(1)多列式单笼鸽舍。砖混结构的长条形鸽舍,长×宽×高=50 m×10 m×3 m,舍内由东向西排成 6 排鸽笼,过道约 1.2 m,配套有通风、供暖、光照等设施,可饲养约 1 800 对生产鸽,适于大批量乳鸽生产。

(2)双列式单笼鸽舍。每个鸽舍单元尺寸为长×宽×高=25 m×4 m×3 m,可养 300 对生产鸽,适用于小型鸽场。

2. 设备及用具

养鸽用具一般包括鸽笼、巢盆、食槽、饮水器、保健沙钵、栖架、澡盆、捕鸽网、脚环、垫料、配对笼和乳鸽运输笼等。

(1)鸽笼。鸽笼用于饲养种鸽、生产鸽和乳鸽育肥,青年鸽采用散养方式,不需要鸽笼。一般每组生产鸽笼规格为:三层重叠式长×宽×高=200 cm×60 cm×167 cm,可饲养生产鸽 12 对;乳鸽育肥笼则采用单层三单元长×宽×高=180 cm×60 cm×100 cm,可饲养育肥鸽 30 只。鸽笼一般用镀锌铅丝网做成,底网镀塑料,底网眼 2 cm×2 cm,养殖场户可到金属加工厂定做或到专业厂家购买。

(2)巢盆。巢盆供鸽子产蛋、孵育使用,巢盆可使用方形或圆形塑料盆、木盆或石膏盆,其直径为 20 cm,高 8 cm,巢盆内必须垫好垫料,垫料要求具有良好的保温性、通气性与弹性,能保持孵化蛋的蛋温,蛋不易滚动,不易碎损,使产鸽抱窝时感到舒服,从而有利于孵化率的提高。

(3)食槽。自取食槽,顶部是一带盖的贮料箱,鸽子根据自己的需要来采食;自取食槽(长×宽×高=91 cm×15 cm×90 cm)可盛放玉米、大豆、小麦、高粱等共 65～70 kg,可供 30 对肉鸽 7～10 d 采食。为了避免羽毛和垃圾扬落饲料内,食槽应离地 10～25 cm。

(4)饮水器。杯式饮水器有陶瓷杯、塑料杯、玻璃质缺头瓶等,容积在 400 mL 以上,敞口,每对种鸽或两对种鸽共用 1 个。槽式饮水器用锌皮、塑料制成,长短与鸽笼排列长度相同,适于大中型养鸽场使用。

（5）保健沙钵。保健沙钵可用木板、竹筒、空罐头盒做成，一般不要太大，盛保健沙也不要太多，以免盛放时间过长，受潮变质。保健沙钵规格要求深 6～8 cm，下底直径 4～5 cm，上口直径 6 cm。

（6）栖架。栖架通常以竹木为材料制成，其长度为 2～4 m，宽为 0.4～0.6 m 或稍宽些。栖架数量以每只鸽子都有一处栖息为宜。

（7）水浴盆。水浴盆供鸽子洗浴用，浴盘可用塑料盆、瓷盆和木盘，可大可小，可方可圆。一般每 40～50 只鸽子配一个浴盘，盘中水以 6 cm 深为宜。

（8）脚环。脚环又称为脚圈或鸽环，用塑料或铝片制成。为了辨认鸽子和进行鸽的系谱记录，种鸽和留种的童鸽都应套上编有号码的脚环。

（9）捕鸽罩。在种鸽人工配对、出售种鸽及隔离诊治病鸽时，常用到捕鸽罩。

（10）乳鸽运输笼。用方木料制成四层方形立体架，每层高 18 cm，四周和各层都用小号铁丝网钉上隔开，且各层都分别设有笼门，每只笼一般可装 60～80 只乳鸽。

四、宠物生产技术

宠物，是为了精神目的（消除孤寂或娱乐）而非经济目的饲养的动物。谈到宠物，人们通常会想到犬、猫、鸟、鱼等小动物。此外，还有龟、蜥蜴、变色龙、蛇等"另类宠物"。本文以宠物犬为例介绍其生产技术。

（一）宠物犬的品种分类

（1）玩赏犬。如博美犬、巴哥犬、贵宾犬、蝴蝶犬、京巴犬、吉娃娃。

（2）牧羊犬。如德国牧羊犬、比利时牧羊犬、喜乐蒂牧羊犬。

（3）家庭犬。如卷毛比雄犬、灵提犬、松狮犬、沙皮犬。

（4）运动犬。如波音达犬、拉布拉多犬、金毛寻回犬。

（5）狩猎犬。如腊肠犬、藏獒、惠比特犬。

（二）宠物犬的生物学特性

宠物犬在分类学上属于哺乳纲，食肉目，犬科。犬的汗腺不发达，性成熟期 7～12 月龄，妊娠期 60 d；哺乳期 6～7 周龄；雄犬的适配年龄 18～24 月龄；寿命一般为 10～30 年，平均寿命小型犬长。

犬的生活习性如下：

（1）食性。犬为食肉动物，但经长期强化，已变得食性较杂，喂料前最好切碎或煮熟。

（2）喜欢啃咬硬物。在喂养时要经常给它一些骨头，利于磨牙。

（3）有等级制度和人从关系。

（4）有强烈的护主和归家性。在主人受侵犯时，犬常表现出护主和救主行为，当犬在远处丢失时，许多犬能自行归家。

（5）有领地观念。

（6）喜欢接近人，易于驯养，冬天爱晒太阳，夏天爱洗澡，嫉妒心强，有害羞心，怕火，胆小，表情丰富。

（三）宠物犬的饲养管理

（1）饲养。幼犬专用食品有奶粉、狗粮和罐头，此外，还有①肉类。宜选择不含脂肪的部分，且必须煮熟。②蛋黄。蛋黄含有丰富的蛋白质、维生素 A、钙质及矿物质。③维生素和矿物质。体质较差的幼犬，补充一些维生素和矿物质，也有宠物专用的幼犬金维他。

（2）管理。仔犬产后尽快吃到初乳，9～13 d 睁眼，1 周龄内体温调节能力差，温度要求 29～32℃；以后逐渐降温到常温。3 周内开始驱虫，以后每隔 3 周 1 次，直到 16 周龄。45 d 训练开食，50 d 断奶。3 月龄前每天早 7 点至晚 10 点，喂食 4 次；4～8 月龄早、中、晚喂食 3 次，食量为成犬的 1/3～1/2。幼犬在 3 月龄内，牙齿和下腭尚未发育完全，应把肉类切成细块饲喂，黄油、奶酪等也比较适宜。6 月龄内幼犬的食物构成将决定它终生的饮食习惯。出生后 6 月龄至 1 岁是犬成长最旺盛的时期，应该多喂食一些动物性蛋白食品。

（四）宠物犬的美容

（1）被毛梳理。宠物毛发的日常梳理非常重要，不仅可以减少被毛毛结的形成，还可促进皮肤血液循环，加速毛囊的修复生长。

（2）脚部护理。户外饲喂的犬，在奔跑过程中因指甲与地面摩擦而生长缓慢，无须修剪；室内养犬，要定期修剪指甲，修剪时避开血管，用锉刀锉平。

（3）耳道护理。犬的耳道会分泌大量的耳垢，对于长毛、大耳朵、垂耳的犬种，由于耳道密闭、透气性差，常常是细菌、真菌、寄生虫等滋生的最佳场所，诱发耳炎、耳螨。耳道的护理包括拔除耳毛和清洁耳道；耳道内涂撒耳毛粉，轻轻按摩涂匀，徒手拔去裸露的耳毛，用专用钳轻轻拔除内侧的耳毛，并用洁净脱脂棉球包裹钳端部，缓慢清洁耳道内的分泌物。护理耳道时，涂撒耳毛粉可起到消炎、止痒、干燥内环境的作用，避免拔耳毛引发人为的感染。

（4）洗浴护理。犬的毛发的新陈代谢周期约为 20 d，洗浴时要结合这个周期，洗澡过于频繁或间隔时间太长，都会影响毛发生长和发质。洗浴时要选择弱酸性的浴液或温和的、刺激性小的香波,以免造成犬的皮肤过敏、被毛干燥。

(5)染色与造型。染色是利用化学或天然染色剂将犬浅色的毛发染成其主人需求的颜色;在创意设计中,可以做很多新颖的造型。

(五)宠物犬的防病防疫

宠物犬主要预防的疫病有狂犬病、犬瘟热、犬细小病毒、犬副流感、犬传染性肝炎、钩端螺旋体病、支气管炎等。

幼犬断奶后,约 50 日龄,即可接种疫苗。

(1)选择国外进口的六联苗,连续注射 3 次,每次间隔 4 周或 1 个月;如果幼犬 3 月龄以上,则可连续接种 2 次,每次间隔 4 周或 1 个月;此后,每年接种 1 次六联苗。

(2)选择国产五联苗,幼犬断奶后连续注射疫苗 3 次,每次间隔 2 周;此后每半年接种 1 次五联苗。

(3)3 月龄以上的犬,每年应接种 1 次狂犬病疫苗。

幼犬舔舐物品的过程中易感染寄生虫,必须定期驱虫。

思 考 题

1.种猪饲养管理的关键环节是什么?

2.规模猪场的工艺技术参数涉及哪些方面?

3.鸡场人工孵化技术的关键环节是什么?

4.如何进行蛋鸡的饲养管理?

5.如何进行肉仔鸡的饲养管理?

6.规模鸡场工艺技术参数涉及哪些方面?

7.如何做好种公牛和能繁母牛的饲养管理?

8.架子牛如何高效育肥?

9.规模牛场的工艺技术参数涉及哪些方面?

10.如何做好种羊的饲养管理?

11.如何进行羔羊集约化高效育肥?

12.规模羊场的工艺技术参数涉及哪些方面?

13.特种动物按产品用途如何分类?

14.如何做好狐狸的饲养管理?

15.狐场的工艺技术参数涉及哪些方面?

16. 狐皮加工工序有哪些环节？

17. 如何做好茸鹿的饲养管理？

18. 鹿场的工艺技术参数涉及哪些方面？

19. 鹿茸如何采收与分类？

20. 如何做好种鸽的饲养管理？

21. 鸽场的工艺技术参数涉及哪些方面？

22. 如何做好宠物犬的饲养管理？

23. 宠物犬的美容技术有哪些？

参 考 文 献

［1］岳文斌.畜牧学.北京:中国农业大学出版社,2002.9.

［2］李建国.畜牧学概论.北京:中国农业出版社,2002.7.

［3］黄启贤.畜牧学.北京:中央广播电视大学出版社,2003.8.

［4］吴健.畜牧学概论.北京:中国农业出版社,2010.4.

［5］傅传臣.畜牧养殖学.北京:中国农业科学技术出版社,2011.12.

［6］黄涛.畜牧工程学.北京:中国农业科学技术出版社,2007.3.

［7］王清义.中国现代畜牧业生态学.北京:中国农业出版社,2008.12.

［8］乔娟,潘春玲.畜牧业经济管理学.2版.北京:中国农业大学出版社,2010.6.

［9］刘鹤翔.家畜环境卫生.重庆:重庆大学出版社,2007.6.

［10］刘凤华.家畜环境卫生学.北京:中国农业大学出版社,2004.10.

［11］李如治.家畜环境卫生学.3版.北京:中国农业出版社,2011.11.

［12］安立龙.家畜环境卫生学.北京:高等教育出版社,2005.3.

［13］马美蓉,陆叙元.动物营养与饲料加工.北京:科学出版社,2012.7.

［14］杨孝列,刘瑞玲.动物营养与饲料.北京:中国农业大学出版社,2015.9.

［15］苏玉虹.动物遗传育种技术.北京:中国农业科学技术出版社,2012.8.

［16］李婉涛,张京和.动物遗传育种.北京:中国农业大学出版社,2007.8.

［17］王锋.动物繁殖学.北京:中国农业大学出版社,2012.5.

［18］刘铁梅,张英俊.饲草生产.北京:科学出版社,2012.12.

［19］孔保华,于海龙.畜产品加工.北京:中国农业科学技术出版社,2008.1.

［20］余四九.特种经济动物生产学.北京:中国农业出版社,2003.6

［21］熊家军.特种经济动物生产学.北京:科学出版社,2009.5.

［22］李和平.经济动物生产学.哈尔滨:东北林业大学出版社,2009.2.

［23］中华人民共和国农业部畜牧业司.标准化规模养猪场建设规范:NY/T 1568—2007.北京:中国农业出版社,2008:3.

［24］全国畜牧业标准化技术委员会.规模猪场建设:GB/T 17824.1—2008.北京:中国标准出版社,2008:7.

［25］黑龙江省质量技术监督局.奶牛场建设标准:DB23/T 1285—2008.北京:中国标准出版社,2008:8.

［26］吕帆.规模猪场种猪生产水平及指标参数.吉林畜牧兽医,2013(5):23.

［27］申祖鹏等.猪场设计主要技术参数.畜牧兽医杂志,2001,20(4):19-23.

［28］赵有璋.中国养羊学.北京:中国农业出版社,2003.12.